写给设计师的技术书

从智能终端到感知交互

薛志荣 ——————— 著

清華大学出版社
北 京

内 容 简 介

随着人机交互和人工智能技术在各个领域的快速发展，设计师需要从基于屏幕的图形用户界面设计思维，转变为空间交互及智能交互的设计思维。

本书从设计师要懂技术的原因讲起，引导设计师结合技术去思考设计，并针对跨设备交互设计、基于人工智能的设计及各种传感技术（姿态和手势识别、人脸识别和追踪、眼动追踪等）进行解读与案例分析，帮助设计师更好地应对未来的工作挑战。

本书适合设计师及相关专业的学生阅读，也可供想往新领域转行的人士学习参考。

图书在版编目（CIP）数据

写给设计师的技术书：从智能终端到感知交互 / 薛志荣著. —北京：清华大学出版社，2023.4

ISBN 978-7-302-62812-5

Ⅰ. ①写… Ⅱ. ①薛… Ⅲ. ①人机界面－程序设计－研究 Ⅳ. ①TP311.1

中国国家版本馆CIP数据核字(2023)第031876号

责任编辑：杜　杨
封面设计：杨玉兰
责任校对：徐俊伟
责任印制：宋　林

出版发行：清华大学出版社
网　　址：http://www.tup.com.cn，http://www.wqbook.com
地　　址：北京清华大学学研大厦A座　　**邮　　编：**100084
社 总 机：010-83470000　　**邮　　购：**010-62786544
投稿与读者服务：010-62795954，jsjjc@tup.tsinghua.edu.cn
质 量 反 馈：010-62772015，zhiliang@tup.tsinghua.edu.cn
印 装 者：小森印刷（北京）有限公司
经　　销：全国新华书店
开　　本：170mm×240mm　　**印　　张：**16.75　　**字　　数：**290千字
版　　次：2023 年 4 月第 1 版　　**印　　次：**2023 年 4 月第 1 次印刷
定　　价：99.00元

产品编号：097667-01

前言

PREFACE

大家好，我是《AI 改变设计》和《前瞻交互》的作者薛志荣，这次带来的是我的第三本书《写给设计师的技术书》。写这本书的初衷是我在工作初期有一个较大的困惑：为什么身边的设计师在做方案时不考虑技术是否支持自己的设计？很多产品经理和设计师给到的回复是：先不用管技术能不能做到，优先把最佳方案设计出来，再推动工程师实现这个方案就行。当时，拥有计算机背景的我对这个回复是持怀疑态度的，既然我知道这个设计方案技术难度大或者实现成本高，工程师没时间也不太愿意做出来，那我为什么要坚持这个设计方案？

在后续的工作经历里我几乎每天都在和上下游打交道，随着时间的推移，我发现在做设计方案时考虑技术实现方案和成本，让我的设计稿能比其他设计师更顺利地通过评审，原因在于开发人员不会在评审阶段告知我做不了（当然前提是我的设计方案得到了产品经理和设计师的认可），这有效提升了我的工作效率，可以不再花大量时间改稿和沟通。因此，设计师懂技术还真的挺好的。

在 2020—2022 年，我去了一家企业的人机交互实验室做设计与研究，这才发现如果实验室里的设计师不懂技术，那基本做不出什么东西来。为什么？因为各种设计创新的背后都需要有技术的支撑，而且在日常工作中我们都需要经常和技术人员进行交流。如果不懂技术盲目做设计方案，结果大概率只有两个：无从下手和自娱自乐。所以，设计师懂技术真的很重要。

因此，写这本书的第一个目的是帮助设计师更好地理解技术，让设计师在做方案时更有理有据；第二个目的是告诉设计师其实技术并不可怕，并不是懂代码才算懂技术；第三个目的是希望有更多设计师能发现技术带来的乐趣，这说不定能激发出更多的灵感。

接下来我介绍一下这本书的大概内容：本书前两章介绍了设计师为什么要懂技术，以及最需要掌握的计算思维是什么；第3、4章重点介绍软件开发以及跨设备交互设计中有哪些技术细节需要设计师关注；第5～9章重点介绍智能设计中各种算法和传感器的技术基础和设计注意事项；第10章列举了智能座舱、虚拟现实、数字人等领域未解决的技术难题，这些问题在未来数年里都会影响设计和体验。

我认为，2023年对于设计师来说是开启新篇章的一年，无论是AICG、Web 3还是XR都将为设计师带来新的机会点，只是看我们有没有能力抓住这些机会点。尤其是XR方向，2022年11月1日工业和信息化部、教育部、文化和旅游部、国家广播电视总局、国家体育总局联合发布了《虚拟现实与行业应用融合发展行动计划（2022—2026年）》，这大大增强了XR从业人员对未来的信心。报告指出感知交互技术对于关键技术融合创新工程的重要性，而感知交互技术中涉及的全身动捕、手势追踪、表情追踪和眼动追踪技术会在第6～8章介绍，希望这些内容能对读者有所启发和帮助。

薛志荣

2022年12月8日

目录
CONTENTS

第1章 设计师为什么要懂技术

第 2 章 | 必须掌握的计算思维

第 3 章 | 学会从架构的角度理解技术

第 4 章 | 如何为跨设备交互进行设计

第 5 章 | 基于人工智能的设计

第 7 章 | 人脸识别和追踪

第 8 章 | 眼动追踪

第 9 章 | 感知、互联和追踪

第 10 章 | 未来设计方向存在的挑战

第 1 章

设计师为什么要懂技术

“设计师要不要学技术？”“设计师应该怎么学技术？”“设计师怎么学写代码？”相信这类问题会不时出现在设计师的脑海里。笔者将从三个角度讲述设计师为什么需要了解技术。

1.1 原因一：行业的改变和进步

1.1.1 海外懂技术的设计师好像有点多

如果读者平时关注 Google、Meta、Apple 等海外公司的设计招聘广告，不难发现有些招聘信息会提及设计师需要懂得 HTML5、CSS3、JavaScript 等技术；如果读者平时会浏览一些海外设计师的个人博客，可能会发现他们的网站采用了大量精湛的动画效果。这时候大家脑海可能会出现一个想法：为什么海外设计师好像都懂技术？

其实海外设计师懂得网站和应用开发并不是一件罕见的事情，因为海外教育更多以实践为主，近几年流行的 STEM（Science，Technology，Engineering 与 Mathematics 的缩写，指科学、技术、工程、数学四门学科）教育是一个很好的例子。在欧美很多大学的设计专业会涉及一部分技术课程和作业，例如网站开发、应用开发、新媒体技术开发等，为了实现自己的想法和拿到毕业证书，学生不得不自学掌握更多的技术来完成毕业作品。所以，海外懂技术的设计师确实比较多。

1.1.2 我们期待你是全链路设计师

2017 年中国互联网突然涌现的“全链路设计”“全栈设计”“大设计”等名词引起了设计师的热议，这些名词的诞生意味着设计师应该掌握商业分析、界面设计、交互设计、动效设计、运营设计和技术实现等能力，成为多专多能的人才。

在此之前，互联网大厂的设计师分工相当明确，交互设计师、UI 设计师、视觉设计师各司其职，突如其来的“全链路设计”让一部分设计师手足无措。

有些设计师可能认为交互设计就是画画线框图，其实不然。交互设计是产品设计和技术实现的桥梁，如果交互设计师画的线框图无法被开发人员实现，那么返稿是必需的，所以交互设计需要较强的逻辑和综合能力，这导致部分 UI 设计师转型时会遇到一定的挑战。另外，动效设计是很多设计师和开发人员的“噩梦”，因为开发人员看到一个复杂的完整动效时脑海里不知道怎么把它实现，而不懂开发实现的设计师更不知道怎么和开发人员阐述自己的想法，设计师与开发人员沟通就如鸡同鸭讲，所以如何把一个复杂的动效设计拆解成可被实现的代码同样需要设计师拥有较好的技术能力。

1.1.3 互联网泡沫、新一代设计师和人工智能同时带来的挑战

2015—2022 年，整个互联网行业饱受资本寒冬和互联网泡沫的影响，在此期间同类竞品的同质化越来越高，整个互联网行业不再需要这么多设计师，有些领导还希望两三个设计师的活可以由一个设计师完成。但是，非互联网行业的从业人员又因为互联网行业工资高一直想加入，一堆质量参差不齐的设计培训班快速培养了一群能力参差不齐的设计师，并通过各种方式将他们推荐到各个公司，导致整个互联网设计行业供大于求，就业环境更加恶劣。

除此之外，设计师同时迎来了同辈和“后浪”的冲击。美国近年来减少了 H-1B 签证的发放，加上 2020 年新型冠状病毒感染疫情的全球暴发，使得部分综合能力较强的在海外发展的设计人才和留学生回流中国。与此同时，一出生就成长在互联网时代的“95 后”也逐渐步入社会，这一代新晋设计师在校期间涉及 Web、Arduino、Processing 等课程的学习，综合能力得到较好的锻炼，所谓“长江后浪推前浪”，这一现象也加剧了互联网行业的就业竞争。

2016 年起，人工智能技术逐渐火爆全球。例如 2017 年 Adobe 推出的 Adobe Sensei 极大降低了 Photoshop、Premiere 等编辑软件的使用难度，同时推出了搜图功能；阿里巴巴推出的基于图像智能生成技术的鹿班系统改变了传统的 Banner 设计流程，输入相关的素材和想要的风格、尺寸，鹿班就能代替设计师完成素材分析、抠图、配色等耗时耗力的设计制作，迅速生成多套符合要求的设计解决方案。那时起互联网出现了一波热烈的讨论：人工智能会不会取代设计师？

由于以上原因，部分设计师将眼光转向当年在微信朋友圈、抖音流行的Python、Java等技术培训班广告，为了建立自己的求职优势以及和其他设计师产生差异化，开始了自学技术生涯。

1.1.4 AR/VR、车联网、智能硬件等新赛道的出现

随着人工智能和新型人机交互技术逐渐成熟，AR/VR、车联网、智能硬件等领域在不断壮大。这些新领域的设计和传统互联网设计是有明显区别的。每一次技术革新必定引起新一轮设计的颠覆，所以不懂技术的设计师很难把握设计的“度”。

绝大部分的互联网产品基于一个屏幕的图形界面进行设计，用户通过鼠标、键盘和触摸屏等设备和产品交互。AR/VR的交互界面涉及三维空间，此时基于二维界面的鼠标、键盘和触摸屏如何沿用成为研究重点。另外，基于手势和语音的多模交互成为新的交互方式，然而多模交互暂时没有明确的设计规范，因此需要设计师更多地探索和实践。

同样，座舱的设计也是基于空间的设计，除了多模交互，仪表盘、中控屏和AR-HUD（Augmented Reality Head Up Display，增强现实抬头显示）等多个屏幕如何联动是一个全新且重要的设计问题，因为它会直接影响驾驶员在动态驾驶过程中的注意力和工作负荷。和互联网设计不一样的是，在座舱交互中人机工程和心理学将贯穿整个座舱的体验设计，其中基于驾驶员的疲劳/分神检测、基于驾驶任务的环境及汽车检测等技术和驾驶/非驾驶过程中的体验设计息息相关。以上同样没有明确的设计规范，需要设计师结合场景和技术做更多的探索和实践。

智能硬件不一定有屏幕，所以基于图形界面的设计经验和理论基础不一定适用于智能硬件设计。此外，由不同技术组合成的智能硬件有着不一样的设计限制和体验差异。以智能座舱的疲劳检测为例，为什么绝大部分的DMS（Driver Monitoring System，疲劳驾驶预警系统）采用红外摄像头而不是普通的RGB摄像头？因为RGB摄像头在夜间或者通过隧道以及阴暗路面时识别率骤降，而红外摄像头可以有效避免该问题，并且能避免驾驶员眼镜反光或者佩戴墨镜的影响，这些都是RGB摄像头很难做到的。如果设计师不知道这些技术细节，无论怎样设计也无法实现良好的疲劳检测效果。

基于以上介绍，相信读者能大概了解技术对于新领域的设计影响有多大，这也导致了想拥抱新领域的互联网设计师出现水土不服的现象。如果要解决该问题，最简单、最有效的方法是多了解技术原理和细节，成为一名跨学科、一专多能的设计师。

1.1.5 政策对于设计师的影响

2018年我国第一本面向中学生的人工智能教材——《人工智能基础（高中版）》正式出版，人工智能相关课程进入了浙江、上海等地区的高中课堂；2019 年北京、浙江和山东确定把 Python 编程基础纳入信息技术课程和高考的内容体系，山东省 2019 年出版的小学信息技术六年级教材也引入了 Python 内容；2021 年全国已有数百所的高校开设了人工智能专业……这意味着未来的设计师在校期间已经拥有一定的编程能力和技术基础。

2021 年发布的《中华人民共和国国民经济和社会发展第十四个五年规划和 2035 年远景目标纲要》指出，国家将对人工智能、量子信息、脑科学等前沿领域实施一批具有前瞻性、战略性的国家重大科技项目；同时国家正在推进产学研深度融合，支持企业牵头组建创新联合体，承担国家重大科技项目。“十四五”规划意味着国家正在大力推动科技创新，未来需要越来越多的跨学科人才成为推动创新的关键角色，设计师也应该成为这样的关键角色。

1.2 原因二：技术和设计之间有着密切的关系

相信读者对图 1-1 并不陌生，用户体验由设计、技术和商业决定。笔者认为，优秀的用户体验最重要的是在特定场景下解决用户痛点或者满足用户需求，而设计师的工作是通过各种方式解决问题实现该目标。解决问题的方法有很多，重点在于设计师能不能识别到关键路径和设计出解决方案，尤其是在 VR/AR、智能家居和机器人等处于“从 0 到 1”的新兴领域，这时候会用到很多新型技术，例如多模交互、空间交互、传感设备、智能织物等，设计师了解技术的先进性和局限性对于设计和创新变得非常重要。

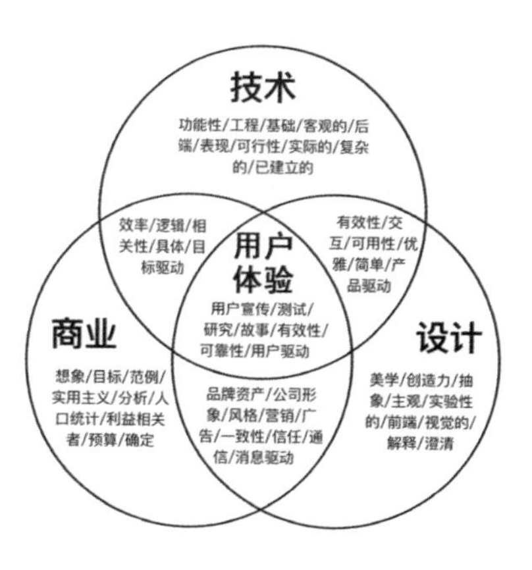

图 1-1　用户体验的组成

1.2.1　技术、设计和创新之间的关系

在 *Incremental and Radical Innovation*：*Design Research vs. Technology and Meaning Change* 一文中，Donald Norman 和 Roberto Verganti 提出了两种创新方式，它们分别是渐进式创新和激进式创新，如图 1-2 所示。以用户为中心的设计属于渐进式创新的一种，它就跟从 A 爬到 B 或者 C 爬到 D 一样，尽管它能有效让产品做出改进，但容易陷入局部的最大值，因为“登山者”在爬山过程中无法知道这座山的背后是否存在其他更高的山丘，例如位于 A 的登山者只知道 B 的存在，却不知道 D 的存在。激进式创新由意义变革和技术变革驱动，例如家庭电灯、汽车和飞机、广播和电视都属于激进式创新。和渐进式创新不同的是，每一个激进式创新都是在没有对个人甚至社会需求进行仔细分析的情况下完成的，但它能让“登山者”发现更高的山丘或者直接创造更高的山丘，就如同位于 B 的登山者发现了 C 和 D 一样。

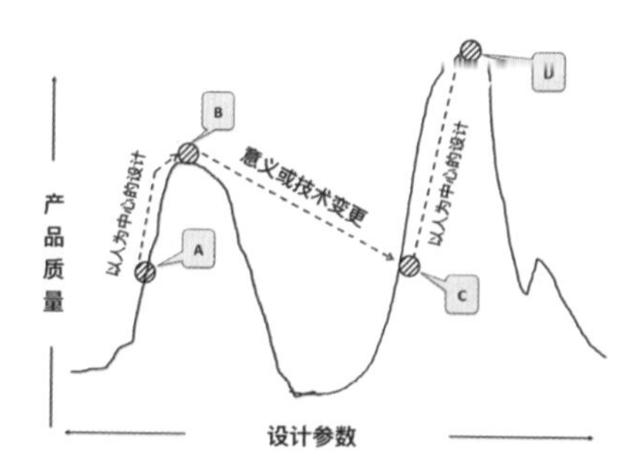

图 1-2　渐进式创新和激进式创新的区别

什么样的创新才算是激进式创新？文章中提及了 Kristina Dahlin 和 Dean Behrens 提出的三个标准：

标准 1：发明必须是新颖的，它需要和以前的发明不同。

标准 2：发明必须是独一无二的，它需要和当前的发明不同。

标准 3：发明必须被采用，它需要影响未来发明的内容。

标准 1 和标准 2 定义了创新的激进性，它们可以随时发生；标准 3 定义了创新需要是成功的，它只有在社会、市场和文化等因素协调时才会发生，简单理解就是实现天时、地利、人和。文章中提及了成功的激进式创新可能每 5 ～ 10 年发生一次，在错误的时间即使有正确的想法也会失败，例如 Apple 在 20 世纪 90 年代初期推出的 QuickTake 数码相机和 Newton 个人数字助理，它们尽管满足了标准 1 和标准 2，但因为在市场上失败了，所以并不满足标准 3，导致它们不能被认定为激进式创新。

文章里提到，完全新颖的创新是不可能的，它们更多来自前人的想法和工作。有些是通过改进前人的工作，例如爱迪生没有发明灯泡但延长了灯泡寿命；还有就是通过将几个已有想法创新组合，例如基于触控和手势的 iPhone。多点触控系统在计算机和设计实验室已经有 30 多年的历史，手势识别技术也有悠久的历史，苹果公司既没有发明多点触控界面，也没有发明手势控制，但它确实改变了人类的生活习惯。所以研究前人的工作内容有助于探索新的创新方向，为设计奠定更扎实的基础。

上文提到激进式创新由意义变革和技术变革驱动，在图 1-3 中，Norman 从技术和意义两个维度定义了四种不同类型的创新，它们分别是：

技术推动式创新：创新来自技术的根本性变革，而不是基于用户的需求和痛点，所以产品的含义没有任何变化，彩色电视机的发明（在现有的黑白电视机之上）就是一个很好的例子。

技术顿悟：创新来自新技术的出现或者现有技术在全新环境中的使用。例如，Wii 视频游戏机属于技术顿悟创新，它使用的新技术和新意义从根本上改变了电子游戏的空间。

市场拉动式创新：创新来自对用户需求的分析并开发出满足用户需求的产品。文章中把以用户为中心的设计和传统的市场拉动方法都放在这里。以人为中心的设计虽然允许技术和意义的局部变化，但基本上它使产品保持在左下象限内。

意义推动式创新：创新来自对社会文化的动态理解。例如从手表作为工具到手表作为时尚配饰的转变。以 20 世纪 60 年代的迷你裙为例，它不仅仅是一条不同的裙子，还是女性自由的全新象征，标志着社会发生了根本性的变化，但没有涉及新技术。

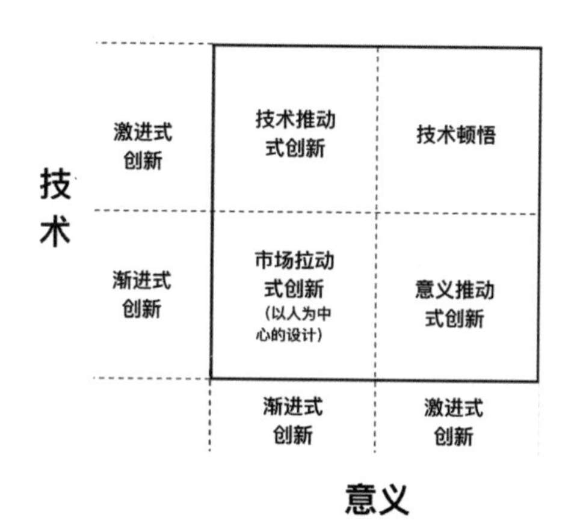

图 1-3　四种不同类型的创新

总的来说，从上述内容可以了解到技术将不断推动产品和体验的创新和进步，因此在涉及前沿项目的设计时，了解技术的先进性和局限性是设计过程中必不可少的一环，如何将技术和体验完美融合，需要更多关注用户需求和使用场景。

1.2.2　技术、设计和用户之间的关系

在互联网公司，大部分的工作流程跟流水线没有太大差异：产品经理定义和挖掘用户场景—设计师设计解决方案—开发人员实现解决方案。这样的工作流程导致一部分从业人员认为用户场景、设计方案和技术方案是前后决定的关系。从 1.2.1 节可以了解到，新技术的诞生和成熟也可以定义新的用户场景，因此用户场景、设计方案和技术方案可以相互影响，如图 1-4 所示。

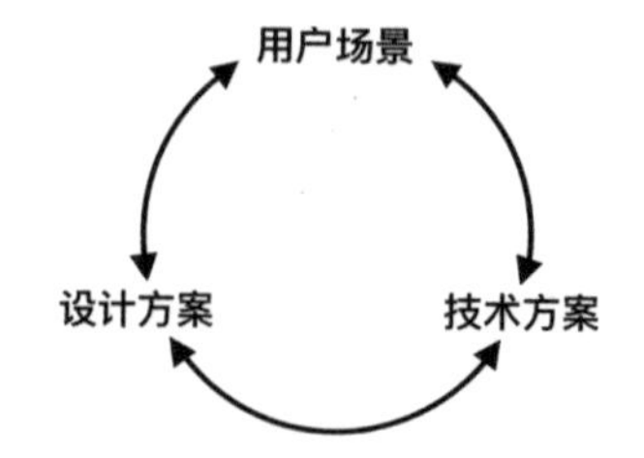

图 1-4　用户场景、设计方案和技术方案的关系

如何从技术角度推导用户场景和设计？笔者认为关键在于坚持“以用户为中心”的设计理念，同时也需要寻找技术的价值所在。以 VR 为例，为什么 VR 在 2014 年火爆之后就一直沉寂？因为这段时期的 VR 设备无法解决用户在使用过程中产生的晕眩感，这个问题主要由以下三个因素导致。

在 VR 全视角屏幕中，延迟是造成眩晕感的最大问题。假设用户的头部在 0.5 秒内向右边旋转 90 度，VR 设备也会给用户呈现右转 90 度之后的画面。然而如果 VR 设备中画面的转换需要花费 1 秒的时间，0.5 秒的时差会使用户立即产生强烈的眩晕感。经研究发现，头动和视野的延迟不能超过 20 毫秒，不然就会出现眩晕感。但是所有计算机的运算、显示处理都有一定的滞后性，延迟时间加起来不超过 20 毫秒对于 VR 设备来说是一个非常大的挑战。

眼睛看到的画面信息和前庭系统所感受到的真实位置信息不匹配，两种信息在大脑里面无法统一，也会产生晕眩感。例如坐 VR 过山车时，在视觉上玩家处于高速运动状态，但是玩家的前庭系统感觉不到自己在运动，这时会导致玩家头晕。经研究发现，通过前庭电刺激（Galvanic Vestibular Stimulation，GVS）在一定程度上可以解决该问题。前庭系统主要用于调节平衡和运动，而前庭电刺激的做法是将两个电极放在耳朵上追踪用户内耳的感知运动，并给予一定的电流刺激前庭系统，这样就能欺骗用户的大脑，让用户觉得自己的身体正在运动。

由于每个人的瞳距都不一样，对某些人来说，人眼瞳孔中心、透镜中心、画面中心三点并非一线，从而出现重影现象，看久了人也会非常容易头晕。目前大部分 VR 设备采用了滑轮调节 VR 透镜之间距离的设计，可以自由调节两个镜片之间的距离，从而避免了重影和晕眩。

从 VR 晕眩这个案例可以了解到一部分用户体验的基本需求是由人类的生理特性决定的，如果技术无法解决或满足这些基本需求，那么上层所有的设计几乎是空中楼阁，因此设计师需要提前了解当前技术是否足够成熟到解决这些问题。当技术成熟后，就要围绕技术的价值和用户需求寻找新的设计可能性。例如小米在 2020 年发布的“一指连”技术背后用的是 UWB（Ultra Wide Band，超宽带）技术，它可以实现厘米级定位和 ±3° 的角度测量精度，也就是说 UWB 的技术价值在于赋予手机和智能设备空间感知能力，就像室内的 GPS。从用户视角来看，大部分用户家里都有空调、风扇、电视等电器，如何远程便捷操纵它们成为用户的需求和痛点。因此小米利用 UWB 技术设计出手机对准智能设备即可操纵设备的交互体验，省去了以往复杂的连接过程，实现了小米宣传文档里说的“智能生活，从未如此简单”。

从以上案例可以了解到，技术也可以影响用户需求，推导出设计方案。接下来将介绍在设计过程中哪些地方可以结合技术一起考虑，这样在高效产出设计方案的同时还能降低和开发人员的沟通成本。

1.2.3 自然无感交互的背后都是技术和设计的融合

基于场景的驱动，计算机为用户提供更直接、有效的服务成为行业探索的新方向，这也使得设计行业中一直倡导的“最好的设计就是没有设计”成为可能。这句话该怎么理解？智能产品会逐渐融入用户的生活和场景中，通过了解用户的行为和上下文动态改变自己的交互策略来适应用户。如何感知用户行为以及上下文都需要技术的支持，当技术无法实现百分之百准确判断时，为用户带来的是帮助还是困扰？明显后者的影响会更大。

以手势识别为例，当用户发起了一个执行手势，但是设备因为光线以及距离的原因误识别为另外一个手势，那么后续的交互流程都是错误的，因为它明显不符合用户的意图。因此，设计师需要基于技术的限制设计一套拥有容错空间的设计，此外还需要将当前场景拆解成一个个参数供技术理解，从而帮助开发人员提升整个手势识别技术的准确率。因此，基于场景驱动的设计需要设计师懂得技术和设计的融合。

除了基于场景和人工智能驱动的设计外，人机交互设计、AR/VR 设计、3D 渲染设计，甚至常见的动效设计都与技术有着强关联，如果是从事相关行业的读者肯定会留意到这些设计并不是那么好复制，因为它们的设计策略都是隐形在界面后，和技术原理、参数化设计绑定在一起。仍以手势识别为例，如果用户 A 正在用手势操纵电视，这时用户 B 走到电视前面也尝试用手势操纵电视，那么电视应该执行用户 A 的操作还是用户 B 的操作？如果讲先后顺序那么系统应该只执行用户 A 的操作而忽略用户 B，但手势识别技术是无法实现该交互策略的，这时应该引入什么样的技术？这项技术对于算力是否有影响？还有什么情况下应该释放用户 A 的操控权？这些细节都需要设计、场景、技术和参数之间的配合，只有设计得好，设计才是自然的。

1.3 原因三：设计过程中需要考虑技术

在产品开发迭代过程中，设计师的工作职责一般包含前期调研、方案设计、设计评审和开发跟进。如果想让自己的设计稿在设计评审时一稿通过，除了理解需求，掌握以用户为中心或者以业务为中心的设计方法外，设计方案是否能被实现也是很重要的。上述每一个设计步骤都和技术息息相关，下面笔者将对此一一讲解。

1.3.1 前期调研

在互联网产品设计中，设计师在设计方案前一般都会做竞品调研和分析，但是设计师大多都是围绕着产品本身进行分析，包括功能、界面、交互设计等，也就是对竞品看得见的部分进行分析。其实除了分析竞品看得见的部分外，还要分析看不见的部分，这在智能硬件或者人工智能领域尤其重要，设计师需要关注值得关注的体验设计背后用了什么关键技术。以共享单车为例，用手机解锁美团单车背后的原理是什么？笔者尝试分析一下整个交互流程，有以下关键点。

（1）每辆美团单车都需要有自己独一无二的 ID 信息，当用手机扫描单车上的二维码时，云端将授权信息发送给手机。

（2）用户通过手机蓝牙将解锁指令和授权信息发送给单车的智能锁，智能锁获得授权信息后解锁，并将解锁成功的信息发送给手机。

（3）用户的手机将解锁成功的信息发送给云端，云端开始计费。

结合解锁、锁车等交互流程大概能判断出美团单车的智能锁包括什么硬件模块，当然也能直接上网查看别人上传的拆解报告，这样在设计新的智能单车时就能判断出需要考虑哪些技术因素。除了竞品分析，前期调研还应该分析我们的设计需要做什么？还可以做什么？这时候工业界公布的信息和专利以及学术界的研究都能帮助设计师了解技术的可行性和边界在哪里。那么，设计师应该如何做相关的调研？笔者认为有以下三点。

（1）多看发布会。例如，每年苹果的 WWDC 和 Google 的 I/O 大会，除了主论坛还有各种分论坛，从这些论坛上能了解到苹果和 Google 的最新动态和历年的关注事项。举个例子，在 WWDC 2020 的 Design for Intelligence 分论坛上苹果设计师解释了苹果怎么利用 Shortcuts、Siri Suggestion 和 Clips 打造基于意图理解的 AI 设计，这是苹果首次公布自己关于 AI 和设计融合的想法。在 WWDC 2021 上苹果设计师讲解了空间交互的设计规范，空间交互有可能成为苹果下一阶段的重心，从 macOS 和 iPadOS 的多屏联动以及新发布的 AirTag 也能验证该可能性。

（2）多了解每家公司申请了什么专利。通过了解每年各大科技公司和实验室在某个领域申请的专利数量，能大概了解一项技术的发展趋势是什么样的，是开始布局、技术成熟、布局完成还是技术已经被放弃。专利检索很考验设计师的搜索技巧和工具，如果只想初步了解，可以通过免费的 Google Patents 搜索想了解的专利内容，通过标题、权利要求和保护范围能粗略知道这篇专利讲了什么；如果搜索不到可以利用 Incopat 等付费工具。

（3）多阅读某个领域会议和期刊上的论文，例如人机交互和人因研究领域的 CHI、座舱领域的 AutoUI 等。学术界不需要过多考虑工程实现和商业落地，所以能比较自由地探索新方向，但这也意味着部分教授做的事情有可能“不靠谱”，读者在阅读论文时尤其要注意这一点。

1.3.2 方案设计

设计师结合用户需求和技术可行性综合考虑整体方案能有效避免设计评审时为开发人员带来的技术挑战，在后期开发跟进和设计还原时也能减少不必要的麻烦。以互联网设计为例，交互设计师和 UI 设计师在设计时需要考虑的技术细节是不同的，但又彼此有关。

交互设计师在画设计稿时重点关注的事项包括交互框架的合理性和可复用性。合理性包括交互框架和交互流程是否匹配，重点在于每个控件、页面和流程的点击、跳转逻辑是否畅通。以长页面加载数据为例，当用户进入某个页面时，App 从服务器下载数十个甚至数百个资源，App 会白屏或者卡顿一段时间。为了解决这个问题，不懂技术的设计师可能会采取分页加载的设计，也就是用户滑到页面顶部点击“加载更多”按钮或者通过手势触发“加载更多”的交互事件。但如果设计师懂技术，在数据加载这个细节上可能会有更好的解决方案，那就是采用懒加载（Lazy Loading，也叫延迟加载）策略，相关细节会在本书后续章节讲解。

可复用性更看重的是设计师是否熟悉当前平台的设计规范和实现策略。例如，自己设计的控件 / 组件在样式和功能上是否和当前设计已有的或者平台的控件 / 组件设计规范保持一致，如果不一致需要开发人员重新实现一套新的控件 / 组件库。在这一点上如果没做好，可能每个页面的控件和组件调用的是不同开发人员写的库，后续维护成本相当高。现在设计行业逐渐推广的原子化设计和设计系统也是为了该目的，复用程度高的设计对于开发人员来说就是调用一段甚至一行代码，所以设计师在设计相关流程时可以提前和开发人员沟通，这样有助于减少双方的工作量和后期沟通成本。

UI 设计师在画设计稿时重点关注的是界面的可复用性和美感。可复用性包括 App 界面如何适配不同平台以及不同大小的屏幕，之前设计的控件 / 组件样式是否适合用于当前的需求。设计做好适配前提是了解响应式设计该怎么做，以及将这套策略和开发人员沟通清楚，包括如何通过百分比来控制控件 / 组件的大小和间距；如何通过界面布局和交互流程将一套设计自适应计算机和手机屏幕，这些工作都需要和交互设计师以及开发人员协商一套可用的交互和技术规则。有些 UI 设计师为了保持当前界面的美感会设计出和其他界面不同的控件和组件，这对于自己、组内其他设计师以及开发人员来说都不是一件好事，因为整套设计变得不好维护。在设计时 UI 设计师可能会重新调整交互设计稿中控件 / 组件的大小和摆放位置，这时候 UI 设计师应该考虑这些元素的摆放规则是什么，是居左、居中还是居右？每个元素之间的关系是什么？元素和容器之间的层级是什么？ UI 设计师在设计时可能没关注这些细节，但这些细节会影响整个界面的技术实现。因此，设计师在画稿时结合技术实现考虑设计可行性，能有效提升和上下游的沟通效率。

1.3.3 设计评审和开发跟进

设计师在和产品经理、开发人员一起评审设计方案时，开发人员一般会提出各种问题来消除方案无法实现的可能性。这时候如果设计师无法解释，开发人员的回答很有可能是“做不了”，这意味着设计师要重新改稿。“做不了”其实分 3 种情况：

（1）能做但时间不允许，这时候更多是一种博弈，如果设计师能提前预估工作量，可以和开发人员协商时间问题。

（2）开发人员一时没有想清楚技术的可行性，如果设计师了解技术细节，可以帮助开发人员解决相关问题。

（3）由于时间、技术成本高，真的无法实现，这时候设计师只能重新改稿。

设计师前期做好技术调研并在设计方案时提前考虑好各种技术问题，能有效解决前面两种情况产生的问题，避免第三种情况的发生。在设计评审时，如果设计师能站在开发人员的角度阐述设计方案，就有助于开发人员了解设计师的想法。久而久之，当设计方案长时间没出现技术问题，设计师和开发人员之间就能逐步建立良好的信任，这对于双方的后续合作有着较好的作用。

当设计方案进入开发流程后，设计师最害怕的是开发人员突然说“这个设计做不了”，从而重新梳理整个设计方案。为了避免该问题，设计评审时双方应该达成共识并产出纪要；但有时候确实避免不了这种情况的出现，这时候设计师最应该做的就是和技术人员坐在一起排查技术问题和风险，这考验设计师的技术水平和沟通能力。笔者在以往工作中偶尔会遇到这种现象，这时候需要了解清楚是什么原因导致做不了，是技术架构、网络还是系统底层？这些问题需要双方站在全局角度一起去思考，解决的办法很多，只是看大家有没有探索出来。如果真的没有解决方案，只能结合问题和关键点重新梳理设计方案，但这种情况笔者遇到的甚少，如果前期调研、方案设计和设计评审三个流程充分思考过设计背后应该采用哪种技术方案，就能有效避免该情况的发生。

看完本章内容，相信读者应该大概了解了设计师为什么要懂点技术。在笔者的过往工作中，发现设计师多多少少会提到希望自己能学点 HTML 和 CSS 知识，其背后大部分的需求都跟上文内容有关。设计师觉得学点 HTML 和 CSS 就能掌握技术其实是一个很片面的想法，因为 HTML 和 CSS 都算不上编程语言。HTML 中文名是超文本标记语言，它通过标签将网络上的文档格式统一，使分散的互联网资源连接为一个逻辑整体；而 CSS 中文名是层叠样式表，它是一种样式表语言，用来描述 HTML 呈现。技术也不仅仅是编程和代码，在计算机相关专业里需要掌握的知识还包括网络工程、操作系统、算法、数据库等，编程和写代码只是程序员学习和应用这些知识的手段而已。在大学里系统掌握一套技术体系都需要花 4 年的时间，设计师不要觉得学点代码就能把开发人员过去 4 年学到的知识一下子都掌握了。

那么设计师应该重点掌握哪些技术知识？笔者认为，技术原理、技术架构和计算思维才是设计师应该掌握的。就像技术架构师可以不写代码，但不能不懂这些内容。技术原理能让架构师知道这门技术是怎么运用的，它的上下限分别在哪里；技术架构则是像建房子一样，将不同的技术有序组合；而怎样搭建出根基稳但又便于拓展的技术架构归根到底在于架构师的计算思维能力。笔者希望读者读完本书后，能像技术架构师一样站在技术上层思考问题，这才是对设计师来说价值最大的地方。

第 2 章

必须掌握的计算思维

2.1 计算思维是什么

第1章提到技术架构师的工作重点不是一天比别人多写几行代码，而是能否设计出一个根基稳但又便于拓展的技术架构。成为一名技术架构师需要时间的沉淀，笔者认为在这段时间内最重要的是对计算思维（Computational Thinking）的锻炼。计算思维和计算机科学密切相关，那么它跟编程是一回事吗？不是，但有一定的关系。自计算机编程诞生以来，研究人员设计出的编程语言有100多种，例如Android使用的Java、iOS使用的Swift等。有一定经验的Android开发人员能迅速适应iOS开发，靠的就是计算思维。以写文章作为比喻，编程好比写汉字、写英文，懂得编程只是掌握了和计算机直接交流的语言，而计算思维则类似于构思文章的组织和内容，拥有计算思维才能写出正确的程序。计算思维包含了一系列抽象和具体的思想，在学术上有以下定义：

（1）计算思维涉及通过利用计算机科学的基本概念来解决问题、设计系统和理解人类行为。

（2）计算思维是抽象问题和制订可自动化解决方案的心理活动。

（3）教计算思维就是教如何像经济学家、物理学家、艺术家一样思考，并了解如何使用计算来解决他们的问题，创造和发现可以富有成效地探索的新问题。

（4）计算思维是将问题表述为一些输入到输出的转换，并寻找算法来执行转换。它能扩展到包括具有多个抽象层次的思考，并且使用数学来开发算法以及检查解决方案在不同大小问题上的扩展能力。

（5）计算思维是在制定问题时，以人类或者机器可以有效执行的方式，表达其解决方案时所涉及的思维过程。

（6）计算思维是从最坏的情况下通过冗余、损害遏制和纠错来进行预防、保护和恢复的思考。

（7）计算思维是使用启发式推理来发现解决方案。它是在存在不确定性的情况下进行计划、学习和安排。

综上所述，计算思维其实是一种解释、拆解和重构设计的思维方式，它能更好地指导设计师认识和理解哪些技术可用、产品是怎么运转起来的，并且帮助设计师设计一系列的解决方案完成工作。虽然计算思维来自计算机领域，但计算思维强调的重点是思维而不是计算，在日常生活中到处都会运用到计算思维，以下面的场景为例：当你早上上学时，会把一天中需要的东西放在背包里，这在计算机术语中称为预取和缓存；当你不小心丢了钱包，朋友会建议你原路返回寻找钱包，这被称为回溯；当电话在停电期间仍能工作，这被称为冗余的独立性……从以上案例可以看出计算思维可以被任何人使用。目前业界公认的计算思维包括4个方面：抽象、分解、模式识别和算法，它们在解决复杂问题时可以通过以下流程配合：

（1）应用抽象和分解过程将复杂问题分解为更小、更易于管理的部分。

（2）运用抽象过程和模式识别来理解、描述和表述问题。

（3）通过模式识别理解数据的相似性。

（4）构建算法思维以逐步解决问题。

2.1.1 抽象

在百度百科中，抽象定义为：从众多的事物中抽取出共同的、本质性的特征，而舍弃其非本质特征的过程。抽象是计算机科学和计算思维中最重要的能力，因为计算机科学家在使用计算机解决现实生活中存在的问题时，无法将现实世界中无穷无尽的信息都输入计算机，自己也无法完全理解所有的信息细节，这时他们只能通过归纳总结的方式将现实世界中不同分类的信息描述给计算机，这就是抽象的过程。

抽象可能是一个比较难以理解的概念，但最简单的抽象相信读者都懂，那就是定义，即命名。视觉语言、原子设计和设计系统等名词的本质是将界面按照不同的规则抽象为各种不同的元素，例如视觉语言由颜色、排版、间距和内容组成；在《原子设计》中作者 Brad Frost 把原子设计解构并命名为原子、分子、有机体、模板、页面，如图 2-1 所示。以下是 Brad Frost 对于以上名词的定义：

（1）原子是 UI 元素，无法进一步分解，充当界面的基本构建块。

（2）分子是形成相对简单的 UI 组件的原子集合。

（3）有机体是形成界面离散部分的相对复杂的组件。

（4）模板将组件放置在布局中并展示设计的底层内容结构。

（5）页面将真实内容应用于模板并阐明变体以展示最终 UI 并测试设计系统的弹性。

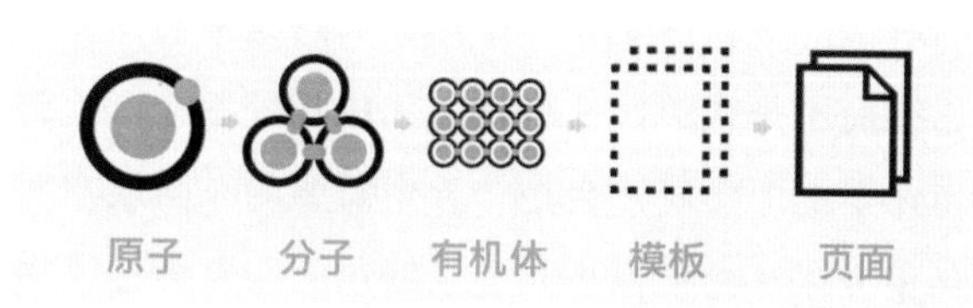

图 2-1　原子设计对于元素的分解

抽象除了命名的作用，更重要的是让人在解决问题时，忽略与当前目标无关的内容，这样能更充分地关注相关内容。这句话怎么理解？意思是指抽象并不打算了解全部问题，而只选择其中的一部分，暂时不需要在意没选中的部分细节；或者抽象是一种在特定上下文中保留和表达想法的方法，同时忽略与该上下文无关的细节。

对开发人员来说，抽象是复杂事物的简化接口，良好的抽象能有效剥离或隐藏实现复杂事物时不需要了解的细节，这样开发人员调用和调试它们时无须深入了解底层机器和代码的细节也能完成相应的开发。同理，设计师也能剥离代码等细节，只需了解技术的相关原理和输入输出就能对技术架构有初步的认识，所以在各种设计规范中都会提及控件、组件和容器，例如按钮、输入框、开关等，这些命名都能为设计师和开发人员建立良好的沟通渠道。最后，设计师经常提及的方法论和模型也是一种抽象，它是基于各种实战经验总结出来的通用经验和流程。人机交互设计中最看重的是模型的输入和输出，这也是一种抽象。

2.1.2　分解

在 2.1.1 节提及的《原子设计》中，作者 Brad Frost 正是用了计算思维中的分解将原子设计解构并命名为原子、分子、有机体、模板、页面。设计师为什么要学习分解？因为当设计师面临的问题过于庞大或者复杂时，需要将它分而治之，这能有效帮助理解和解决问题。那么，怎么分解？分解是否无穷无尽？分解到哪个地步才算完成？答案是当一个问题能通过编程和算法来解决才算完成。这里的

“编程和算法”不一定真的是指计算机编程和算法，例如《原子设计》的作者 Brad Frost 正是利用化学基础知识将 UI 元素等同于原子，将简单的 UI 组件等同于分子。因此，“编程和算法”是指用了什么规则或者模式来实现分解。

无论多强大的计算机应用，背后都是将原问题分解成若干个可以被解决的子问题，只是规模有可能不同。当一个大问题分解成多个小问题，再分解成具体的步骤以后，就可以利用 C、Java 等编程语言将这些步骤表示出来指导计算机完成任务。但是，当发现有些问题暂时无法解决或者性能出现严重问题时，说明我们忽略了某些问题，或者现有技术还不成熟，这时候应该通过容错设计或者寻找新的技术路径来解决，这一点在智能设计、智能座舱、AR/VR 等新领域尤其重要，因为它们会直接影响设计的思路需要如何发生改变。

将一个复杂的问题和过程分解成一个个简单的部分，用到了泛化能力。泛化的目的是查看分解的部分并找到使解决方案更易于处理并更广泛地应用于类似问题的方法。从某种意义来说，泛化就是隐藏细节，所以它跟抽象是息息相关的。基于抽象和分解可以将各种事务进行不同的分类和组织，信息架构和设计系统就是很好的设计案例。不同产品有着不一样的信息架构是因为每个产品有着不一样的产品定义和用户需求，所以信息架构被定义出各式各样的树状结构。构建设计系统就像设计不同的积木，帮助设计师在抽象和具体之间快速转换，这样设计师观察界面时不仅能分辨出每一块积木，也能看到这些积木该如何组合在一起形成最终的体验。除了构建不同的界面，设计系统在维护和重构界面时也能变得更快和更容易，例如设计师需要将界面中某个红色元素改为蓝色时，程序员只需一行代码就能把界面所有相关的元素改为蓝色。

一个应用除了信息架构和设计系统，还有一堆交互流程需要被分解。以应用界面展示数据为例，图片、文字和视频并不是理所当然地存在于这个页面里，而是通过一系列步骤和代码才能展示在用户面前，而该过程可以粗颗粒度地分解为设备发出网络请求、服务器准备相关数据、网络传输数据和设备渲染相关界面四个步骤，而如何提高设备渲染界面速度又可分解成设备性能优化、多线程异步减少阻塞、界面布局加载等子问题，界面布局加载又涉及界面层级优化、控件类型选择等问题……通过不断地分析和分解问题和过程，设计师才能将“如何减少界面卡顿”这个黑盒子转换成自己能解决的白盒子，这时候才能更清楚地知道哪些自己可以做得更好，这部分内容会在第 3 章提及。

2.1.3 模式识别

模式识别是指对表征事物或现象的各种形式（数值、文字或逻辑关系）的信息进行处理和分析，以对事物或现象进行描述、辨认、分类和解释的过程。这看上去比较深奥，简单地说，模式识别就是找规律，找到相同点和不同点。医生看病是典型的模式识别：根据所有症状的组合以及病史发现模式，做出是什么病症的判断，越有经验的医生，模式识别能力越强，判断力越好。同理经济学家对经济规律、股市的预测也是最典型的模式识别案例。手写字体识别、语音识别，以及其他深度学习领域的应用都是基于大量数据的模式识别来实现，因此识别规律是人工智能最好的用武之地。

有句古语叫“治标不治本”，意思是只对显露在外面的病症应急处理，而不是从根本上加以治理，形容处理问题不彻底。当在设计和开发过程中遇到问题时，如果想根治，除了寻找当前解决方案外，还应该找到更好的方法去完善整个框架，避免出现类似问题，这时候模式识别是使整个框架强大和易于管理的第一步。平时分析问题并着手解决问题时，可能会注意到某些元素重复出现或彼此相似，这是模式识别方法的其中一种，基于它能帮助读者在实战过程中更好地解决问题。以下是模式识别过程中的常用做法：

（1）寻找重复出现的名词。这些可能是解决方案处理的对象。

（2）寻找重复出现的动词。这些可能是解决方案执行的操作。

（3）寻找具体的描述。这些可能会被不同情况下不同的占位符代替。例如，表示事物属性的形容词（“红色”“长”“平滑”）可以用属性名称（“颜色”“大小”“纹理”）代替。

（4）寻找实际数字，可以用变量代替。

模式识别有助于对解决方案进行建模，建模的好处是能让大家将当前方案重构为具有结构化的解决方案，因此模式识别与抽象、分解也有关系。以设计一个按钮为例，一个按钮的背景与宽高、图像和颜色渐变有关，文字内容与字体大小、字符长短以及字体选择有关，按钮还有阴影、层级高度（z-index）。以上这些仅仅是表现层面的内容，除此之外还有它的属性和点击事件，这些内容都是具有结构化的数据，它们组合在一起成为一个名为“按钮”的控件模型，要实现一个好的设计系统应该将整个控件模型全面覆盖。

学会对模型的理解和使用有助于大家忽略模型内在的处理逻辑。在计算机、心理学等领域大家会听到无数的模型术语，例如，“盒子模型”“神经网络模型”“多资源模型”等，它们描述的内容无非是以下几种情况：确定对象中输入和输出之间的关系、确定对象和其他对象之间的关系、确定对象在不同因素下的状态。所以，当遇到一些不懂的专业术语，应该立刻搜索相关词汇，识别它的原理、作用以及相关内容，这样即使不懂它究竟是什么，也可以把它当作一个黑盒子，变成一个新的组件或者拼图来使用。

2.1.4 算法

大部分人普遍认为算法是深奥的计算机技术，其实生活中处处都是算法。例如，如何找到去公司或学校的最短路径，如何管理自己的时间，这些都和算法息息相关。菜谱也可以类比成一种算法，因为菜谱列出了所需的配料、烹饪所需的一系列操作，以及期望的结果。如果食物由人来完成，人能基于自己的理解通过一个含糊的菜谱完成一道菜肴。但是如果食物由机器来完成，那么菜谱就不能有任何含糊的地方，例如煎牛排的时候我们通常会用手掌的颜色掌握牛排熟度，如图 2-2 所示，但算法不知道“手掌的颜色”是什么意思，是小孩的手掌还是老人的手掌？是黄皮肤的手掌还是黑皮肤的手掌？

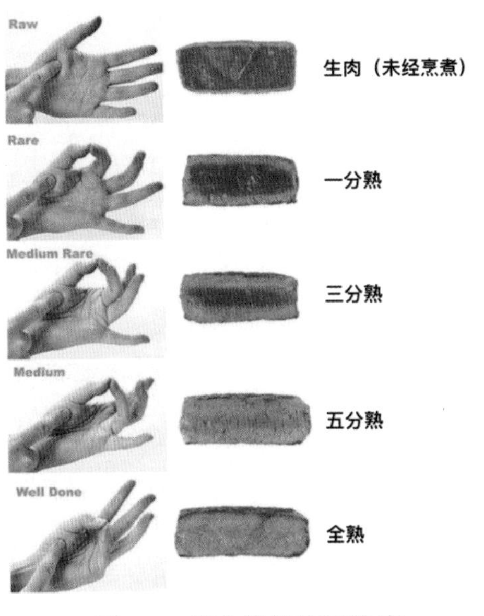

图 2-2　煎牛排的不同熟度

在计算机中同一个算法可以解决不同的问题，而一个问题也可以由不同的算法来解决，而且解法可以是重复的。解法的可重复性带来的规模效应是计算机强大的根本原因，例如抖音可以为数十亿用户推荐不同内容的视频，但背后的算法却是一致的，只是算法中涉及的参数因人而异。那么什么是算法？算法是一个仔细、精确、不模糊的菜谱的计算机科学版本，是确保计算出正确结果的一系列步骤，每一个步骤都由拥有完整定义的操作来表达。算法本身可以有多种表现形式，可以是自然语言、流程图、伪代码、编程语言等，只要它包含一系列具体的指令去解决一个问题或者完成一个任务都可以被定义为算法。学会计算思维中的“算法”，就可以从一个全新的角度看待日常的问题，了解日常应用是怎么工作的，例如为什么滴滴知道你要去哪里？为什么抖音能一直吸引你的眼球？甚至当你想提高自己淘宝店商品的排名时，如果去了解其分类和排序的规则，你的商品就有可能排到前面。

对算法来说，逻辑是非常重要的，只有逻辑严密无误，算法才能起到真正的作用。这时候分解能使算法变得清晰。例如计算机把物体从小到大做一个排序队列，它的办法如下：首先，拿一个新的物体；其次，从队列第一个开始比较，直到找到这个物体合适的位置；最后，把这个物体插入这个位置。这三步逻辑非常清晰，对任何数目的物体都会奏效。以下是算法中常见的做法：

递归：指的是代码在满足条件的情况下调用自己的方法，递归可以简化一个复杂问题的解决方案，在计算机中被大量使用。

循环：指的是在满足条件的情况下，重复执行同一段代码。例如，while 语句。

迭代：指的是按照某种顺序逐个访问列表中的每一项。例如，for 语句。

遍历：指的是按照一定的规则访问树形结构中的每个节点，而且每个节点都只访问一次。

如果读者不是开发人员，也应该了解一下算法对于开发编程的作用。优秀的算法除了能更快地解决问题，还要占用更少的计算资源。可以这么理解，无论是应用程序还是系统，内部都会集成各种算法。例如抖音的视频推荐、京东的货品推荐，系统的资源压缩、网络传输、语音识别、面部和图像识别、机器翻译，等等。只要使用到算法的地方，就有提升算法性能的可能。算法工程师感兴趣的是哪些问题可以计算，哪些不可以，以及如何在不占用更多内存的情况下计算得更快，或者是同样速度下使用更少的内存。全新的、更好的算法技术都有可能为用户体验带来新的突破。

另外，算法已经渗透到很多设计领域，并且通过视觉可视化的方式呈现，例如，专门用于实时交互式多媒体内容制作的 TouchDesigner。TouchDesigner 是一种基于节点的可视化编程语言，已被艺术家、程序员、创意编码员、软件设计师和表演者用于创作表演、装置和固定媒体作品。以图 2-3 为例，为了实现右下角的效果，即使在 TouchDesigner 将所有构建块（图中每一个小窗口）连接好，如果不清楚每一个构建块里面的参数是什么，还是无法知道整个设计的逻辑和算法，这就导致无法实现该效果。

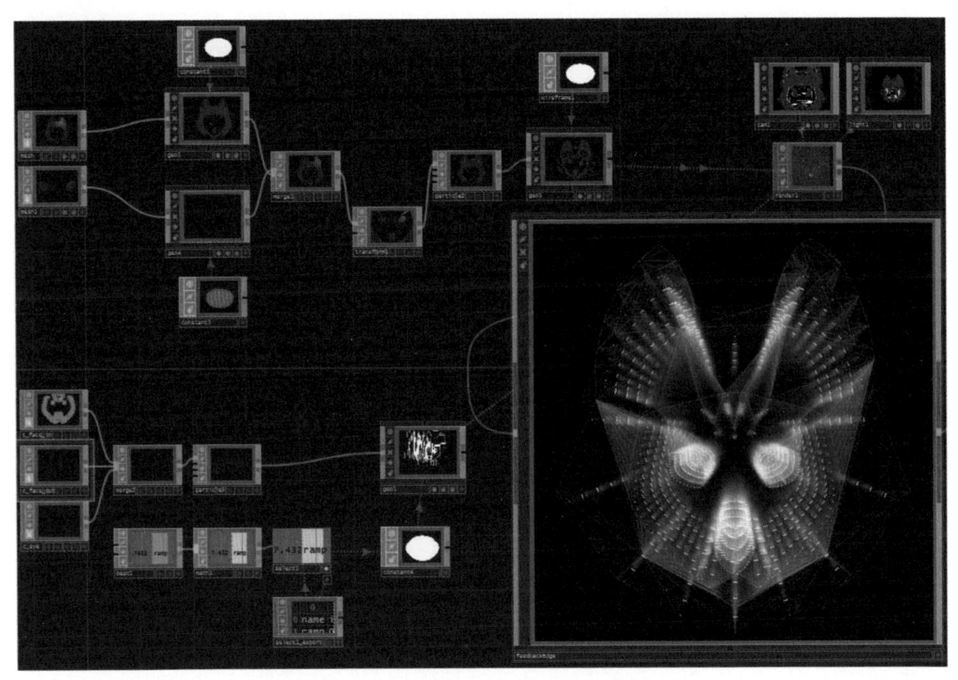

图 2-3　一个 TouchDesigner 的例子

2.2　设计过程中如何运用计算思维

斯坦福设计学院将设计思维分为同理心（Empathy）、定义问题（Define）、创意构思（Ideate）、原型制作（Phototype）和测试（Test）五个步骤，它们已被设计师广泛地使用。一般而言，用户思维能帮助设计师完成前面两个步骤，而计算思维能帮助设计师更全面地、更好地完成全部步骤。

2.2.1　同理心

在同理心步骤，一般会通过用户体验地图或者场景建模的方式来思考设计该怎么做。以图 2-4 为例，在用户体验地图中一般会将整个流程分解成不同的子流程来让用户测试，同时基于行为、接触点等关键目标去了解用户的想法，这些都会运用到分解的能力。图 2-4 中的想法和情绪曲线更多是众多测试用户表达的一种抽象效果，它基于统计后的结果集合而成，并不是每一位用户的真实情况，但它能有效帮助我们找到问题的所在。

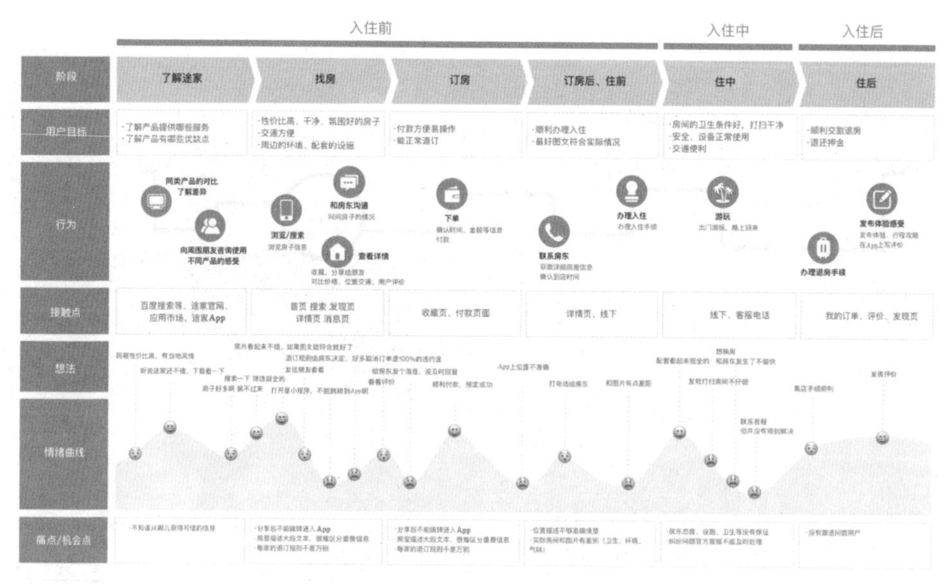

图 2-4　常见的用户体验地图案例

在场景建模中，找到用户行为背后的动机很重要，这时候需要用到分解和模式识别的能力。首先通过需求和痛点分析预测用户存在哪些行为，从而寻找当前场景下是否存在这样的重复行为，如果有，将每次发生行为的时间、环境等因素分解出来，识别每个因素之间的关系，从而建立模型。

2.2.2　定义问题

在做产品前一般需要先定义问题，这时候构建用户画像、痛点分析都是我们主要做的任务。构建用户画像的本质是分解、模式识别和抽象，当产品拥有不同年龄段、不同阶层的用户时，把所有的用户当作一个用户画像，这很可能导致不知道他们的具体需求和痛点有哪些，但如果将所有用户按照年龄、性别、国籍等维度进行分解，然后抽象为“Z 世代的潮流男生”或者“80 后顾家妇女”等关键词，这时有可能识别到不一样的需求和痛点，从而更好地定义问题。

5W1H 也是一种基于分解、抽象和模式识别的定义问题的方法，它将一个问题分解和抽象为 What（什么）、Who（谁）、Where（在哪里）、When（什么时候）、Why（为什么）和 How（如何），该方法能更好地帮助用户找到问题根源在哪。5W1H 分析法的具体含义见表 2-1。

表 2-1　5W1H 分析法

What （什么）	说明：任务、活动、问题、项目目的的描述。 目标：目的、行动、程序、机器等。 示例问题：问题或风险是什么？现在是什么状况？产品特点是什么？服务如何运作？
Who （谁）	说明：确定所涉及的利益相关者、负责或受影响的人员。 目标：经理、客户、供应商、受害者、直接相关人员等。 示例问题：谁负责？谁发现了问题？谁会被要求做这项工作？
Where （在哪里）	说明：描述所涉及的地方或地点。 目标：房屋、车间、工作站等。 示例问题：问题出自哪里？问题出在哪台机器上？
When （什么时候）	说明：确定情况发生或将发生的时间。 目标：日期、持续时间、频率等。 示例问题：需要多长时间？安装日期是什么时候？问题出现的频率如何？
Why （为什么）	说明：描述工作方法背后的动机、目标或理由。 目标：目标、目的、理由等。 示例问题：目标是什么？为什么选择这种服务流程？
How （如何）	说明：确定进行的方式、步骤和采用的方法。 目标：程序、组织方法、所使用的行动、手段和技术等。 示例问题：在什么条件或情况下？内容是如何组织的？使用的方法有哪些？使用了哪些资源？

2.2.3　创意构思

情绪板和卡片分类法是创意构思阶段常用的方法，它们同样采用了模式识别和抽象两种计算思维。情绪板通常用于视觉设计灵感的挖掘，原理是根据产品属性和特征寻找大量视觉图片，包括色彩、肌理、风格和形状等，然后由甲方或者目标用户进行挑选，挑选完成后由设计师识别图片之间的关系，分类不同的图片并且命名不同的关键词，例如科技感、未来感、奢华感等，最后以此作为设计方向或者设计形式的参考。

卡片分类法则更多用于信息架构设计。在试验过程中，设计师会准备一堆具有不同信息的卡片并由用户来组织它们之间的分类，然后设计师会基于用户的分类将不同的信息组合成不同的界面和流程。使用卡片分类法的设计一般具有以下特点：具有信息的核心入口，信息量大，信息种类繁多。卡片分类法目的在于改善信息的分类或组织，让用户能快速找到自己所需的信息，降低用户学习成本，提升产品的使用体验，一般适用于网站或者导航的设计和改版、电商网站物品分类等方面。

2.2.4 原型制作

在原型制作阶段，计算思维将贯穿始终，尤其在和开发人员沟通过程中计算思维特别重要。由于原型制作更多是实践过程，笔者不打算展开讨论，但在这里笔者想强调一下算法对于设计的重要性。在 AR、VR 或者基于手势识别、语音交互等多模交互的原型制作中，算法将决定自然交互的好坏，以及决定需要多少的容错设计；在抖音、亚马逊等基于推荐算法的原型中，算法的准确率将直接决定原型的成败；在动效、3D 渲染、艺术生成等基于参数化设计的原型中，如果不懂算法，设计师有可能都无法想象出设计方案。这些都属于未来的设计方向，在这些领域算法都会决定设计的质量。

2.2.5 测试

在测试过程中，眼动追踪、点击热力图、漏斗模型、用户访谈、用户观察和用户反馈都用到了模式识别。眼动追踪会检测用户在某个页面或者任务上的眼球运动轨迹、注视了哪里及注视了多久，然后自动生成眼动热力图、视线轨迹图来帮助设计师了解用户的行为（图 2-5），点击热力图也是如此。漏斗模型（图 2-6）主要可以对流程中的各个环节进行分解和量化，从而科学反映用户行为状态以及从起点到终点各阶段用户转化率情况，帮助设计师有效找到问题并进行优化。通过眼动追踪、点击热力图，设计师可以了解到自己的设计和用户行为是否匹配，配合漏斗模型，设计师可以进一步识别自己的设计是否会影响流程的转化率。

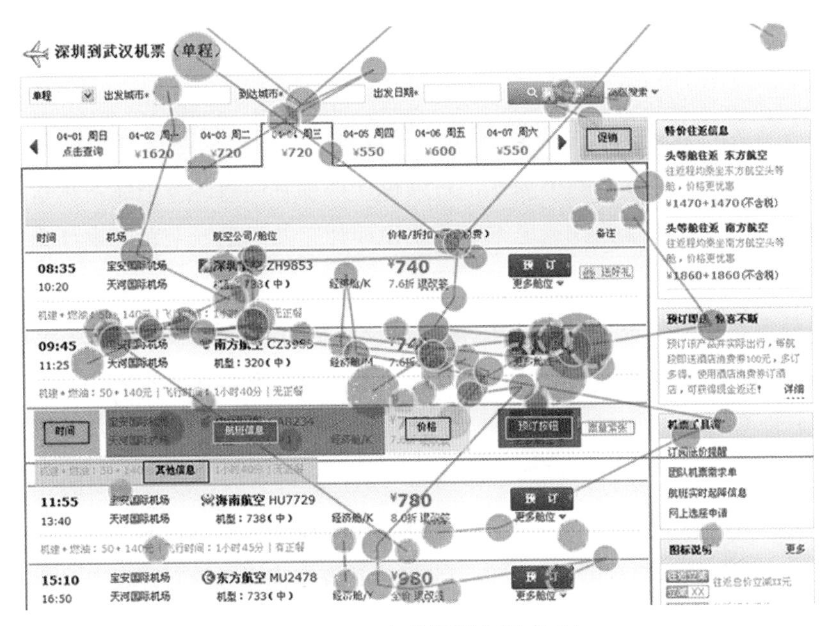

图 2-5　用户的视线切换情况

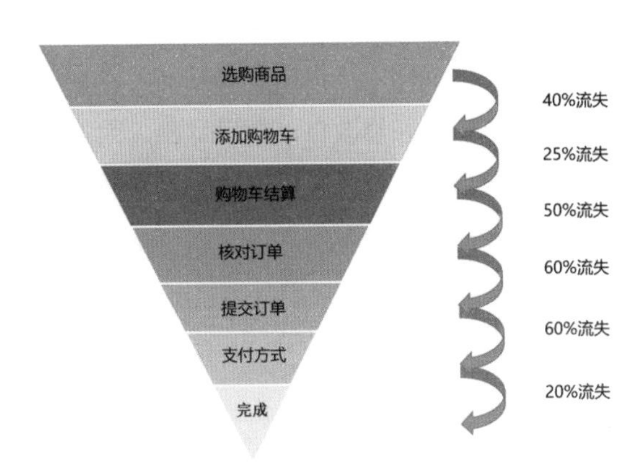

图 2-6　漏斗模型

用户访谈、用户观察和用户反馈相信读者都非常熟悉，在这里不再阐述。从以上内容可以看出，即使笔者不提抽象、分解和模式识别属于计算思维，它们也已经渗透到设计过程的方方面面，算法可能只在原型制作过程中较多使用，但它能直接影响原型制作的效果和质量，以及提升设计的严谨性。笔者再次强调，计算思维其实是一种解释、拆解和重构设计的思维方式，它能更好地指导设计师认识和理解哪些技术可用、产品是怎么运转起来的。虽然计算思维来自计算机领域，但强调的重点是思维而不是计算。

2.3 计算思维对于设计师的重要性

笔者认为，设计系统是设计师和开发人员的桥梁。好的设计系统需要有好的抽象：既不能处处都限制得很死，否则设计很难有创新；又不能太宽松，这样会导致设计不一致。掌握计算思维能帮助设计师有效组建一个新的设计系统。读者可能会问，现在的设计系统不都是颜色、字体大小、间距等的定义吗？不都是大同小异吗？如果站在GUI设计的角度是没问题的，但如果读者需要设计一个AR、VR或者智能家居的系统时，在没有前人经验总结和参考的情况下，计算思维能更好地帮大家梳理这个系统该怎么设计。

当设计方案已经具备良好的鲁棒性和可执行性，掌握计算思维也能在和开发人员沟通时有效降低沟通阻力。读者可以从抽象、分解、模式识别和算法四个角度去衡量自己的设计，就有可能会发现当前的设计存在问题或者对开发人员提出较大的挑战，这时应该权衡好用户体验和技术难度之间的关系。笔者从不认为设计师的工作就是设计出最佳的用户体验，因为最佳的用户体验无法被定义，但有一点笔者非常明确：实现不出来的设计方案跟“飞机稿”没有任何差别。当然，也不是说设计师应该全部听从开发人员的意见并修改自己的设计稿，因为这项技术无法实现有可能是开发人员自身问题或者项目节奏导致的，这时设计师应该将讨论范围扩大并影响更多的人，让他们知道当前设计方案对用户和产品都是有益的，是可以被实现的。当然，做到这一点需要设计师拥有更多的技术基础和技术理解。

掌握计算思维的另外一个好处是能更好地使用可视化编辑工具。例如，Unity、Unreal、Maya等3D制作工具本质上就是对3D模型的编程，只不过相关软件将各种工具整合成一个个可视化部件，用户只需要知道这个部件的输入和输出是什么、调节参数带来的变化是什么即可，这有效降低了制作3D模型和交互的难度。设计师掌握了计算思维，便能更好地将一个3D模型分解成不同部位，然后通过各种流程（算法）将一个个部位实现出来。如果有部分细节是可以共用的，这时可以将它们提取出来作为公用库（抽象和模式识别）。即使笔者不说这些都属于计算思维，读者在制作过程中的确也需要这么思考，不断强化自己的计算思维，从而提升自己的设计效率。

掌握计算思维的最后一个好处是学会利用计算机生成设计，例如基于计算机图形学的生成艺术（图2-7）。生成艺术是设计师制定好美学规则后，系统通过算法驱动随机生成的符合美学规则的设计，如果设计师不满意，还可以调整参数配置后选择输出结果，每一次调整实际上都会让结果更逼近想得到的方案。从创新度和艺术性来看，由设计师制定规则通过计算机编程完成的艺术创作，赋予了设计全新的可能性，尽管它在一定程度上是艺术的规则和量化，是设计的无序和随机，但是从设计的效率来看，计算机的辅助使生成艺术远远超过了传统艺术家的创造能力。和一些花费数天甚至几个月时间探索一个想法的传统艺术家相比，基于生成艺术的艺术家利用计算机可以在几秒内生成数千个想法。因此，算法能为艺术和设计带来新的革新和突破。

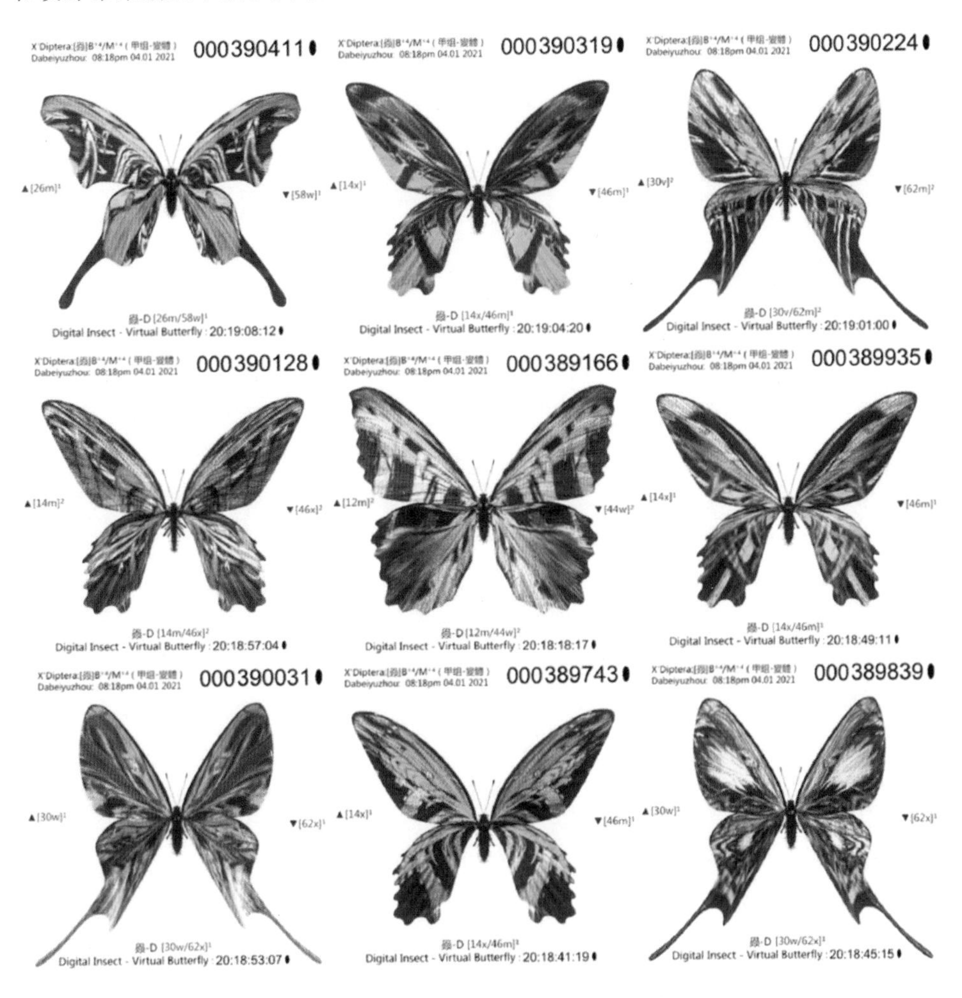

图 2-7　利用算法生成的蝴蝶图片

利用计算机生成设计已经是很重要的趋势，因为随着信息量的暴涨，更多的信息和设计不可能全部人为处理，例如阿里巴巴开发的“鹿班”在 2017 年制作并投放了 4.1 亿张广告图，这是 200 位设计师不眠不休做 200 年的工作量。而在一个自由探索的游戏空间中，NPC 的数量会远多于一个封闭的游戏系统，这时游戏厂商不可能定制每一位 NPC，只能通过规则的方式批量生产各种 NPC，笔者相信这种批量生成的方式在 AR、VR 领域会运用得越来越多。在利用计算机生成设计的时代，读者有可能会觉得自己随时会被取代，这确实是一个事实。如果不想被淘汰，就应该关注这种模式背后的原理和规则是什么，自己应该如何利用这些原理和规则创造更多不一样的设计，这时计算思维一定能帮助到你。

第3章

学会从架构的角度理解技术

3.1 利用 MVC 架构模式思考界面的设计

对于应用设计，可以从MVC架构模式的角度来思考。MVC（Model-View-Controller，模型 - 视图 - 控制器）在维基百科中的定义如下：

模型：模型用于封装与应用程序的业务逻辑相关的数据及对数据的处理方法。模型有对数据直接访问的权限，例如对数据库的访问。模型不依赖视图和控制器，也就是说，模型不关心它会被如何显示或被如何操作。模型中数据的变化一般会通过一种刷新机制被公布。

视图：视图能够实现数据有目的的显示。在视图中一般没有程序上的逻辑，为了实现视图上的刷新功能，视图需要访问它监视的数据模型。

控制器：控制器起到不同层面间的组织作用，用于控制应用程序的流程，处理事件并做出响应。事件包括用户的行为和数据模型上的改变。

MVC 是一种软件设计中常用的设计模式，能帮助开发人员更好地将代码进行抽象和分解，同样地，它也能帮助设计师将设计进行抽象和分解。它们之间的关系如图 3-1 所示。

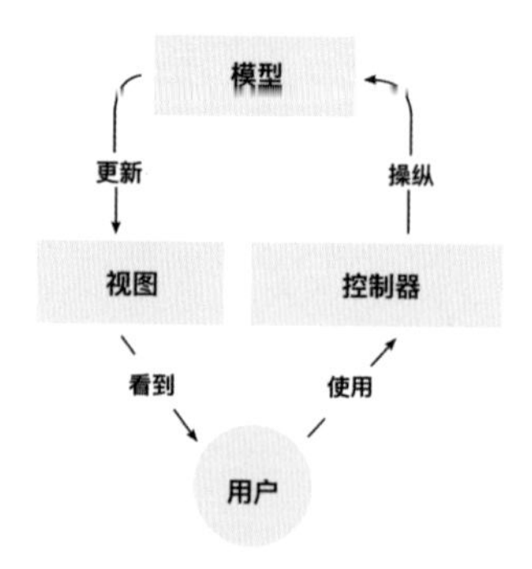

图 3-1　模型－视图－控制器之间的关系

3.1.1 应用的躯壳——视图

在 Android 和 iOS 中，界面里的所有元素都是不同大小的视图，包括各种控件、组件以及看不见的容器，原子设计在一定程度上其实是对视图的组织。上面的定义中提到视图一般没有程序上的逻辑，该怎么理解这句话？视图是一个静态的“躯壳”，它由各种控件和占位符组成，就像交互线框稿一样，而控件形状、宽高间距大小、颜色以及各种动效都属于视图关注的对象。

不同的控件需要的占位符是不一样的，例如标签和文本框的占位符是用户能理解的文本数据，而图片、视频的占位符更多是内容来源的链接数据。占位符可以固定，也就是大家常说的“写死”在客户端，也可以动态加载，这时控件所填充的内容变成要展示给用户的数据。由于动态加载过程中有可能发生网络故障等原因导致数据无法及时更新，为了提升用户体验一般会在图片、视频等控件增加多个本地的占位符，也就是常见的 Loading 页面、空白页面或者“404 出错”页面，它们常用于加载、无数据和加载出错的场景。如果动态加载的数据有缓存（Cache）到客户端上，会优先将缓存数据作为占位符显示在界面中，所以数据的缓存对于用户体验的提升有着重大作用。

在互联网前期，由于浏览器和 HTML5 技术并不支持界面的缓存，只支持少量用户信息缓存为 Cookies，所以在无网或者服务器异常的情况下，用户打开相关网站时浏览器只能显示“404 出错”页面。随着技术的发展，现在网页的部分视图也能缓存在浏览器中，如图 3-2 所示的 YouTube，这体验总比显示“404 出错”

图 3-2　没有网络下的 YouTube

页面要好。同时，将视图缓存在客户端可以减少网页每一次下发的资源体积，有效提升页面加载速度的同时还能减少用户的流量损失，如果读者正在设计网站的用户体验，不妨多考虑一下这种体验方式。

既然视图和控制器、模型分离，那么视图由什么组成都可以，只要能正常显示数据就行。以往有些开发团队为了“炫技”或者满足设计师的各种“任性”设计，常常不使用客户端的原生控件和组件，而是自己通过各种控件的组合拼凑出各种新的控件和组件，最常见的案例是在 Android 客户端通过“图片 + 文字”的形式模拟 iOS 客户端的开关按钮。这种做法带来的问题是控件缺乏一部分原生控件的交互属性和状态，如果要补齐也会带来一定的工作量，而且有些官方接口会发生变化甚至被取代和取消，后期整套设计系统和代码都不好维护，在 3.2.2 节会介绍相关内容。所以，设计师不应该只懂得设计视图，而是要结合技术全局看待整个应用界面该怎么设计。

3.1.2 应用的核心——模型

从本质上来讲，用户和应用交互是为了控制以及获取应用内的数据，无论是社交应用、工具应用还是游戏。上文提到模型有对数据直接访问的权限，我们可以这么理解，模型可以对数据进行查询、增加、删除或者修改。那什么是模型关心的数据？界面中的任何事物都能抽象为一个个参数（Parameter），包括视图之间的宽高、间距和内容，笔者认为，模型涉及的数据更多指用户需要关注的而且会变化的内容，例如微信中的用户个人信息、通讯录、聊天列表、聊天记录、订阅号内关注的公众号名单以及钱包里的金额。

如图 3-3 所示，微信底部的 4 个标签（微信、通讯录、发现和“我”）里面的二级入口显示的内容需要模型去关注吗？笔者认为，每个入口的“图标 + 文案”是固定的，不需要模型时刻关注数据的变化，但出现头像或者小红点的地方都跟模型有关。读者可能会问，“发现”页二级入口的显示与否和用户的选择有关，那么它们是否属于模型的一部分？笔者认为，这跟用户个人信息有关，当用户在客户端登录成功时，应用会基于用户个人信息自动地调整“发现”页面的二级入口展示，所以它属于用户个人信息模型关注的对象。

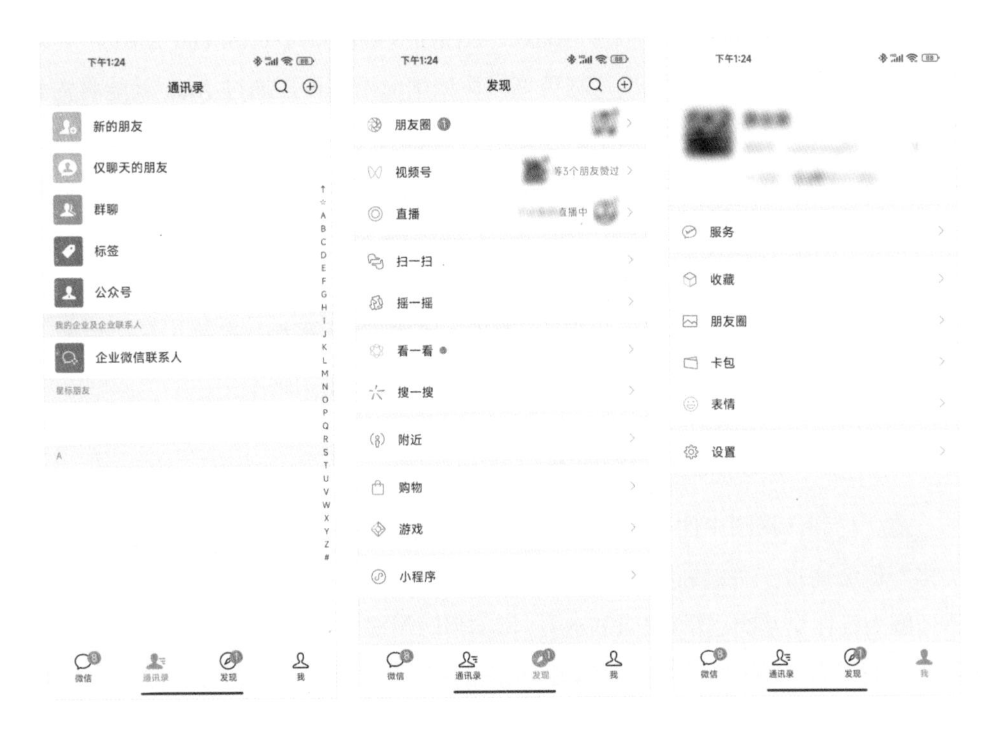

图 3-3　微信的不同界面

为了提升数据的加载速度以及降低对服务器的压力，应用的数据不一定全部存放在服务器，还可以存放在客户端上。例如，用户的通讯录数据并不会时刻更新，所以相关的数据可以保存在客户端上，当用户添加或者删除了一名好友时，相关的事件会告知服务器用户个人信息下的通讯录数据表发生变化，如果用户从另外一台设备登录账户，服务器也不需要将整份通讯录数据下发给该设备，而是将发生变化的数据在该设备上新增或者删除，这种小型数据的变化在用户登录的瞬间即可完成，对用户来说属于无感的交互体验。如果读者也在考虑怎么从性能方面提升用户体验，不妨跟开发人员讨论一下哪些数据可以存放在客户端，以及怎么利用好缓存数据。

在前文讲到将网页的部分视图缓存在浏览器有助于用户体验的提升，我们再看移动端和 PC 的应用。应用的安装和更新是为了将最新的视图部署在用户手机或计算机上，这样用户从服务器获取数据时只需获取已更新的数据即可，无须像以往的网页将所有的资源文件重新从服务器获取并且刷新页面，提升加载速度的同时还减少应用重新渲染的压力。总的来说，原生应用的用户体验要比网页应用好。

对于网页应用来说，自从出现了 Ajax（Asynchronous JavaScript and XML，异步的 JavaScript 和 XML）技术后，网页可以像原生应用那样，通过 Ajax 就能将需要的数据异步更新，无须刷新整个页面，用户体验有了大幅度的提升，这背后也是视图和模型分离所带来的贡献。如果读者正在设计网站，不妨多考虑一下怎么通过异步操作提升用户体验。

最后，在前文也讲到模型是对数据的处理方法，这意味着各种输入数据输出结果的算法以及人工智能模型也属于 MVC 中的模型，笔者会在第 5 章介绍人工智能的相关内容。

3.1.3 交互的决策——控制器

前文提到，视图中的占位符只是为了等待数据变化而存在，而模型中数据的变化一般会通过一种刷新机制被公布，这种机制由控制器来决定。控制器可以简单理解为设计交互的逻辑、决策和流程，例如何时用缓存数据，何时用 Loading 页面、空白页面或者“404 出错”页面都是由控制器决定。交互设计师除了设计界面布局以外，更多的工作是通过不同线框图之间的箭头指向以及文字解释设计控制器的交互逻辑，例如界面的跳转或者弹窗的弹出都是对视图的控制，里面该显示什么内容由模型来决定，最后开发人员拿到整套交互逻辑后会重新解读并转换成可运行的代码。

交互设计师在画线框图时，经常会在一个界面中将按钮通过箭头指向另外一个界面，并在按钮旁边附上点击手势的图标，其实这是用了按钮的点击事件来控制界面的跳转。在 MVC 里，控件的交互事件和状态都可以归属于控制器的一部分，由控制器来负责处理用户的输入和响应能做到更好的职责解耦，同时能更好地实现状态机（State Machine）的设计。如下是状态机中的四大概念：

状态（State）：一个状态机至少要包含两个状态，例如，最简单的开关按钮有 ON 和 OFF 两个状态，如图 3-4 所示。

事件（Event）：指执行某个操作的触发条件或者口令，例如，“按下 ON”就是一个事件。

动作（Action）：指事件发生以后要执行的动作，例如，事件是“按下 ON”，动作是“开灯”。

变换（Transition）：指从一个状态变化为另一个状态，例如，开灯和关灯是一种变换。

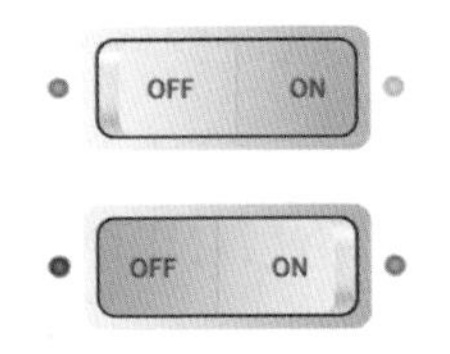

图 3-4　开关的两个状态

从上述的概念可以发现，在常见的移动应用交互设计中，每个线框图之间的关系其实是在描述一个状态机该怎样运转。但是一旦涉及人工智能，相信设计师在画每个线框图时可能会存在一定的迷茫，例如以前需要好几步的操作现在怎么一步就解决了，这就是人工智能带来的影响：状态机不再需要用户一步一步地交互才会发生状态的变化，基于人工智能的语音交互、计算机视觉以及对下一步交互的预测都会直接影响状态机的运转。如果抛弃了图形界面，例如设计自然用户界面（Nature User Interface）或者宁静技术（Calm Technology），在没有所谓"视图"的情况下，只懂画线框图的设计师很有可能无从下手。所以对未来设计方向感兴趣的读者一定要懂得怎么去设计一个"看不见"的状态机，也就是本文所说的控制器。

总的来说，MVC 中模型、视图和控制器会相互影响，它们之间的关系如图 3-1 所示，三者加上用户形成一个闭环，所以算是"你中有我，我中有你"的关系。MVC 架构模式最早在 20 世纪 70 年代提出，随后演变出了"分层模型 - 视图 - 控制器""模型 - 视图 - 适配器""模型 - 视图 - 呈现器"等适应不同上下文的架构模式。如果设计师尝试用 MVC 架构模式来和开发人员进行沟通，但开发人员却使用了设计师没了解过的变体，这时设计师也不用感到无助，因为无论是什么架构模式都是为了将工作内容进行抽象和分解，只要能将自己想表达的内容正确传递给开发人员即可，有经验的开发人员一定熟悉 MVC 架构模式，并且能将相关内容转换为自己需要的架构模式。笔者认为，跟开发人员进行这样的交流能让他们感受到设计师正在换位思考，在学习并利用开发人员才能懂的语言，这样有助于设计师和开发人员建立良好的友谊和关系。

除此之外，学会 MVC 架构模式能为设计师未来的工作打下坚实基础。笔者认为，在未来的设计中 MVC 架构模式依然成立，但视图很有可能从以往的图形界面转换为更抽象的"表现"，它将由人的视、听、触三个感官通道来接收。模型依然会由数据和各种算法决定，但控制器会加入不同模态的状态和事件，加上人工智能模型的影响，后续状态机的设计将成为下一个时代设计的重点。

3.2 如何结合技术提升应用的用户体验

接下来笔者基于移动应用的界面设计，向读者介绍如何结合 MVC 以及各种技术提升产品的用户体验，而这些用户体验可能很难用交互稿的形式表达出来，因为它们大多和性能有关。很多设计师在此之前并不会关注性能的问题，但它确实会影响一个产品的可用性。

3.2.1 从接口的角度构建用户体验

在计算机领域，“接口”在不同场景下都会出现，例如“让后台给我提供一个接口，我直接调用这个接口”“你来设计一个接口，我来实现”分别对应硬件场景、后台场景，以及面向对象的程序设计场景。那么什么是接口？笔者认为接口是提供具体能力的一个标准和抽象。

“让后台给我提供一个接口”，这句话在工程中一般表示的仅仅是提供一项能力供调用方使用，例如后台提供了一项能力，终端可以从后台调用这个接口，查询当前所在位置的天气。这种话在开发过程中用得比较多，常用于前端和后台的联调。“你来设计一个接口，我来实现”，语境一般是在面向对象的程序设计中，对一种能力的抽象和具象分别由不同的开发者实现。例如要实现两种门，一种门使用密码锁，另一种门使用钥匙锁，那么抽象出来的通用接口能力就是开门和关门两个能力，由密码锁和钥匙锁分别实现。显然，它们对开门和关门的实现是不一样的，一种是输入密码，另一种是使用钥匙。负责开门或关门的调用方看到接口后就能明白，可以用钥匙或者密码开门和关门，但并不用关注密码锁和钥匙锁的具体实现，有效隔离了调用者和具体实现过程。

接口象征着提供出来的能力，定义者和实现者一般是不同的，调用者并不需要关注具体细节，只需要关注接口暴露出来的能力就可以了。如果开发人员说，“我需要定义一套接口”，读者应该明白它是在抽象一种能力集，保证调用者只需要知道这个能力并调用，实现者不需要关心谁调用，只需安安心心地做好功能就好了。接口首先保证了大规模程序开发的可行性，通过接口的设计，一个系统被清晰地定义成了多种能力的集合，每一个开发者只需关注自己的模块实现，而调用者负责完成整个程序的业务逻辑。以后如果开发人员说“你给我封装一个接口，我直接调用”，读者应该理解他说的意思是：“我不关心你如何实现这个能力，只要我要用的时候，你给我正确的结果就好了。”

前文所说的接口，英文简称 API（Application Programming Interface，应用程序编程接口），API 是指一些预先定义的函数，目的是提供应用程序与开发人员基于某软件或硬件得以访问一组例程的能力，而又无须访问源码，或理解内部工作机制的细节。一个 API 应对应某个特定的方法，提供实现某个特定的功能，同时在请求该 API 后，返回对应成功或失败的信息。例如阿里大鱼短信平台提供的 taobao.open.sms.sendvercode API，其实现的就是发送验证码短信的功能。如果想发送验证码短信，只需要按文档调用该 API 即可，无须关心该 API 的源码到底是怎样的，以及实现的逻辑是怎样的。一般而言，API 会经过对接平台，厂商可以获取对接平台相关数据信息。

SDK（Software Development Kit，软件开发工具包）一般都是一些开发人员为特定的软件包、软件框架、硬件平台、操作系统等建立应用软件时的开发工具的集合。SDK 包含各种 API，以及相关的 API 文档、调用示例等。就像鲁班做一套家具离不开刨子、锤子、斧子等工具一样，开发人员开发应用程序也离不开 SDK。在开发场景中，要想在 Android 平台上开发 App，必须从 Android 官网下载 Android SDK，然后利用这套 SDK 提供的 API 调用系统能力，例如调用系统屏幕常亮的功能，少了 SDK 提供的这个工具，开发人员自行实现会非常困难。基于 SDK 的合作，也就是一方为另一方提供能力和工具集合，一方只负责调用，不用关心其具体实现。

在合作中，常常会面临这样的场景：一个团队不擅长做视频，但项目中又必须加入视频播放场景，而另一个团队是视频领域经验丰富的专业团队，这时二者合作基本都会基于 SDK，也就是视频专业团队要为另一个团队做好一个视频 SDK。有了这个 SDK，只要调用 SDK 封装的极其简单的“播放”“暂停”接口，就可以完成诸如视频播放的需求场景。在复用场景中，利用已有能力，不去重复创建“轮子”，而将绝大多数“轮子”封装成 SDK，供开发者调用，可有效实现生产过程加速。

介绍了这么久，相信读者明白了接口对于开发人员的重要性。对设计师来说，其实除了基本的控件、组件和容器以外，API 和 SDK 也可以当作部件和设计系统的一部分。在设计过程中，如果基于成熟的 API 和 SDK 来构建用户体验，那么为我们带来的价值主要有以下两点：第一是减少自身工作量，尤其是交互设计师，很多没必要的交互流程并不需要自己描述，写清楚调用哪个接口即可；第二是便于与开发人员达成共识，减少不必要的沟通成本。如果设计师能证明已有的接口不能满足业务需求，和开发人员解释清楚后，相信开发人员也会愿意修改相关的代码。

笔者建议，读者在日常工作中应该建立自己的接口库，同时多从接口的角度思考用户体验该怎么构建。以应用的注册、登录为例，请问读者能列出几种登录、注册的方案吗？哪种用户体验最佳？相信读者也经常使用输入手机号码和验证码的方式注册、登录账号，那么还有没有比它更佳的体验？有的，那就是使用本机号码一键登录。本机号码一键登录是基于运营商独有网关认证能力推出的账号认证产品，用户只需一键授权，即可实现以本机号码注册或登录，如图 3-5 所示，在交互流程上完胜前者。在苹果设备上，重新登录账号除了使用手机登录，还可以绑定 Face ID 实现快速登录，这些都是基于接口带来的便利。

图 3-5　京东的一键登录

从接口的角度，也能发现其他应用存在的问题和改进点。以小米手机的 MIUI 13 为例，笔者发现每次负一屏的快递卡片都会漏了一些快递，仔细看了一下相应的规则，原来小米的快递卡片只能读取菜鸟、顺丰、京东等服务商的快递信息，如果物品是拼多多购买或者快递是其他快递公司负责的，那么小米快递卡片并不会显示，这意味着用户并不能从此处获取完整的信息。但是华为手机总能把所有的快递信息显示出来，这说明华为手机获取快递公司信息的接口比小米手机要完整，所以体验要更好。从另外一个角度来看，如果快递已经到达目的地，那么取件码是不是应该暴露到快递卡片上？对手机厂商来说，其实就是向快递公司多拿一个接口而已，但对用户来说是用户体验的极大提升。

3.2.2 从控件的角度设计用户体验

交互设计师在画交互稿经常会设计点击、长按等交互动作，那么一个控件被点击时会触发哪些事件？从代码的角度来说，如果一个按钮不设置“onClick”属性，以及“onClick”属性没有调用相关函数（一段封装好的代码），那么这个按钮点击后是不会触发任何事件的。这种设置被称为赋予控件一个监听事件，在Android 里，点击、长按等交互动作都分别对应一个“onClick”“onLongClick”监听器，每个控件、组件和容器也有相应的监听事件，例如滑动列表有自己的“setOnScrollListener”监听器。从实现的角度来说，开发人员将交互稿转换成代码就是将各种流程变化封装成各种函数，然后监听不同控件、组件和容器上的操作，并调用相关的函数。所以设计师想对交互设计有更深的了解，必须熟悉 Android、iOS 等平台的开发细节。相关内容请自行搜索 iOS 的 UIControl 以及 Android 的开发者官网关于控件的相关内容。

在过去，由于 Android 和 iOS 在监听器以及实现上有所区别，所以两者的设计并不一致，尽管随着时代的发展这些区别已经逐渐消除，但在跨设备交互以及国际化、信息无障碍等新领域上又出现了不一样的定义，这更需要读者多去了解两者的差异才能在做出更好的设计的同时减少相应的工作量。仍是以按钮为例，对比一下 Android 和 iOS 平台对于按钮的实现有什么区别。从 2022 年 2 月份 Android 开发者文档上关于“按钮”的内容来看，Android 关注按钮的响应点击事件、如何设置监听器以及如何设置按钮的样式，包括无边框按钮以及自定义背景。在 iOS 开发文档中，按钮的内容除了包含响应事件、外观外，最重要的还包括了是否支持指针事件、国际化和信息无障碍等内容。尽管 Android 开发文档也有相关的内容，但在规范上仍略输 iOS 一筹。笔者认为，设计师学习开发文档的好处是可以更好地构建一套设计系统，下面以 iOS 和 Android 的开发文档为例解释一下设计系统可以考虑的事项。

（1）控件的展示内容。内容包括文本或者图像，它们在控件中的位置是什么，这时可以从控件内容的水平和垂直对齐方式以及间距来思考。如果展示内容涉及文本内容，设计师应该基于业务需求判断是否需要支持国际化语言，如果需要则应该考虑控件的大小是基于文本长度发生变化还是固定的，同时对齐方式应该根据当地文化进行变化。

（2）控件的状态。以按钮为例，按钮有五种状态来定义它们的外观：默认、突出显示、聚焦、选择和禁用。当按钮添加到界面时最初处于默认状态，这也意味着该按钮已启用并且用户未与其交互。当用户与按钮交互时，其状态会更改为其他值。例如，当用户点击带有标题的按钮时，该按钮将变为突出显示状态。有个细节需要读者注意，基于触控和指针交互的控件状态是有区别的，读者在设计时应该取两者的并集。

（3）输入事件。不同控件有着不同的输入手段，这时需要相应的事件监听器，例如按钮的默认操作事件是点击（Click），如果要增加长按（LongPress）的交互则需要添加长按事件的监听器。以下是 Android 总结出来的常用输入事件，如果读者感兴趣可以自行搜索“Android 输入事件概览”。

- onClick：当用户轻触项目（在触摸模式下），或者使用导航键或轨迹球聚焦于项目，然后按适用的 Enter 键或按下轨迹球时，系统会调用此方法。
- onLongClick：当用户轻触并按住项目（在触摸模式下）时，或者使用导航键或轨迹球聚焦于项目，然后按住适用的 Enter 键或按住轨迹球（持续一秒钟）时，系统会调用此方法。
- onFocusChange：当用户使用导航键或轨迹球转到或离开项目时，系统会调用此方法。
- onKey：当用户聚焦于项目并按下或释放设备上的硬件按键时，系统会调用此方法。
- onTouch：当用户执行可视为触摸事件的操作时，包括按下、释放或屏幕上的任何移动手势（在项目边界内），系统会调用此方法。
- onCreateContextMenu：当（因用户持续“长按”而）生成上下文菜单时，系统会调用此方法。

（4）控件的可访问性（Accessibility）。可访问性是为了帮助残障人士更好地使用当前产品，它应该能为用户提供有关其屏幕位置、名称、行为、值和类型的准确且有用的信息。苹果的 UIControl 已经总结了一套属性，它能帮助盲人或视力低下的用户依靠 VoiceOver 来使用设备。相关属性如下：

- 标签（Label）：一个简短的本地化词或短语，用于标识可访问性元素，但不包括控件或视图的类型。例如，保存按钮的标签是“保存”，而不是“保存按钮”。
- 数值（Value）：标签不等同于当前元素的数值。例如滑块的标签定义为 Speed，但数值可能是 50%。
- 性状（Traits）：一个或多个独立特质的组合。每个特质描述元素状态、行为、用途中的某个方面。例如，某个元素表现为键盘按键且当前被选定，这个元素可以使用键盘按键（Keyboard Key）和选中（Selected）的组合特质。
- 提示（Hint）：一个简短的本地化短语，用于描述对元素执行操作的结果。提示可帮助用户了解当他们对可访问性元素执行操作时会发生什么，而该结果在可访问性标签上并不明显。例如应用程序允许用户通过在歌曲标题列表中点击其标题来播放歌曲，则列表行的可访问性标签不会告诉用户这一点。为了帮助辅助应用向残障用户提供此信息，列表行的适当提示是“播放歌曲”。
- 框架（Frame）：更多是指元素的屏幕坐标和尺寸大小。

以上是控件相关的大概内容，这些内容能帮助读者初步了解跟控件的交互不仅仅只有手势件，其实还有很多属性和状态需要考虑。在内容编写上，笔者采用了 iOS 和 Android 混合的方式进行书写，这是因为两者的内容重合度较多但仍有差异，笔者只能摘取通用性最高的内容进行书写，如果读者正在设计不同平台的应用，应该基于该平台获取相关的规范信息。

3.2.3 从设计的角度解决性能问题

关注用户体验的尼尔森诺曼集团在文章 *Powers of 10: Time Scales in User Experience* 中提到：0.1 秒大约是让用户感觉到系统在瞬间做出反应的极限，超过 0.1 秒的延迟都会被用户发现。当计算机响应用户的输入时间为 0.1 ～ 1 秒时，尽管用户注意到了短暂的延迟，但他们仍然能专注于当前任务；但超过 1 秒后用户开始变得不耐烦，尤其超过 10 秒后，用户的平均注意力持续时间达到最大值并开始考虑其他事情。

所以，性能是影响用户体验的一个关键因素，性能不好导致系统不能流畅运行，最终有可能导致用户体验为零。用户对移动应用的性能表现的感知来自多方面，包括启动速度、界面加载时间、动画效果的流畅程度、对交互行为的响应时间、出错状况等，而一个应用的性能同时受到视觉图像、交互方式、代码质量、算法实现以及 CPU、GPU、传感器、屏幕尺寸等硬件条件和网络的多重影响。例如为了增强视觉效果，应用必须在迟缓的网速下连接后台服务器以获取更多的资源文件，但由于占用资源过多导致界面渲染的卡顿。

很多产品和设计团队会将性能表现方面的责任丢给技术开发人员；这种传统观念所造成的最直接的结果，就是很多涉及性能方面的潜在问题只有在开发过程才会暴露出来。实际上，设计师的方案会影响总的页面加载时间和感知性能，因此，设计师有义务和开发人员在设计前期共同解决性能问题，这样有助于平衡页面美感和页面速度以提升整个产品的用户体验。

当一个页面出现卡顿的时候，读者会想到有哪些原因和解决方法呢？其实这对于开发人员来说是一个常见但复杂的问题，一般需要通过调试才能知道问题出在哪。身为用户体验的把关人员，设计师也应该有义务去了解问题出现在哪。出现卡顿的常见原因可以分为两种可能性：网络和渲染问题。这很好理解，当客户端向服务器请求内容的次数越多、返回的内容体积越大，客户端下载和处理的时间以及显示在界面上所需的时间就越长。同样，渲染页面所需的独立内容片段越多，界面完全加载所需的时间就越长。

关于网络性能有一句“最快的请求是根本没有发出的请求”的名言，解决网络不佳的方法之一是采用缓存。缓存可以简单理解为将数据保存在客户端，无须向服务端发起请求，一些常用或者最近使用的数据都会通过缓存的方式保存到本地，从而实现“秒开”。现在大多数应都做了缓存处理，包括打开应用时会在开屏页看到几秒的缓存广告，以及大部分应用的首页还有其他依赖网络数据的页面会预留一部分缓存内容，然后开始网络请求进行数据加载。这对用户体验来说是有好处的，用户可以对页面进行操作，等待新数据时可以查看旧数据，更具有“可操作性”与“可用性”，从而减轻了从服务器获取数据这一动作的大小和时间长短；同时使用缓存能让应用在网络不佳、无网络或者服务器崩溃等情况下显得不那么“苍白无力”。笔者认为推特是一个不错的设计案例，如图 3-6 所示，每次用户进入应用时都会显示上一次浏览的内容，当应用从服务器获取到足够多的资讯数据时，界面顶部会显示一个小浮层告知用户有新的内容可刷新，用户点击小浮层即可跳到界面顶部浏览最新内容。最后，尽管缓存对体验有较多的帮助，但过多的缓存会影响机器性能，所以应用自身应该定期清理缓存，避免造成用户手机内存不足。

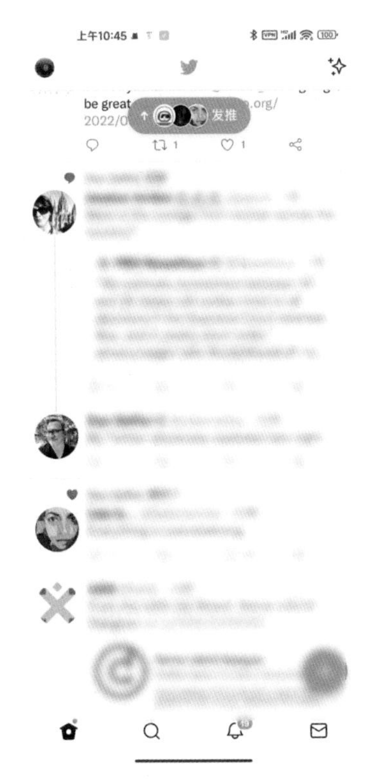

图 3-6　推特请求最新数据后会在顶部显示一个小浮层，点击则跳到最新数据的位置

网络请求过多导致返回数据较慢，同样可以将一些常用数据作为缓存；也可以将部分网络请求进行合并，CSS Sprites 就是很好的例子。很多网站一般会使用大量的小图标，每下载一个图标就意味着一次网络请求，CSS Sprites 其实就是把网页中一些图标整合到一张图片文件中，如图 3-7 所示，再利用 CSS（Cascading Style Sheets，层叠样式表）的“background-image”“background-repeat”“background-position”的组合进行图标位置识别，这样就能用一次网络请求把相关图标加载到网页里。对于一些大体积的图像来说，CSS Sprites 并不是合适的方式，这时可以使用 Base64 编码器将图像转换为等价的文本编码，然后将

编码嵌入页面中，这样可以节省每一张图片的 HTTP 请求，进而提升加载性能。

图 3-7　将需要的图标整合到一张图片文件中

还有一种降低网络请求的方法是采用懒加载（Lazy Loading）模式，它也被称为延迟加载，这种方法一般用于加载很多图片、视频的列表页面。懒加载在网页中的具体操作可以理解为：相关图片在没进入浏览器可视区域前并不会从服务器获取资源，它只会将页面上图片的 src 属性设为占位图片的路径，而图片的真实路径则设置在 data-original 属性中，当页面滚动的时候需要去监听 Scroll 事件，在 Scroll 事件的回调中，判断懒加载的图片是否进入可视区域，如果图片在可视区域内将图片的 src 属性设置为 data-original 的值，这样浏览器会开始从服务器获取图片资源。

懒加载的好处除了提升用户体验，还能减少无效资源的加载，并且防止并发加载的资源过多阻塞 js 文件的加载。但是做好懒加载的极致体验需要设计师考虑以下因素：

（1）当懒加载的图片进入可视区域时才获取图片的真实路径并重新加载数据其实已经过晚，这样用户需要等待一小段时间才能看到图片，所以懒加载应该配合预加载技术进行数据加载。预加载的意思是预先告知浏览器某些资源可能在将来会被使用到，然后将所需资源提前请求加载到本地，这样后面在需要用到时就直接从缓存调取资源。懒加载和预加载的结合依赖于 Scroll 事件的判断，即判断图片在什么时候即将进入浏览器界面被用户浏览。最好的方法是结合用户的浏览内容速度和滚动屏幕速度进行预判，如果做不到上述这一点，交互设计师可以预设一个值，例如，图片内容离浏览器可视区域 1.5 个浏览器高度时进行预加载。

（2）上文提到懒加载会将页面上图片的 src 属性设为占位图片的路径，这有可能导致界面排版出现问题，原因在于占位图片和原图大小比例不一样，导致原图加载后当前界面排版发生变化。要解决该问题只有让占位图片和原图宽高一致，要么提前获取图片宽高大小并告知占位图片设置一样的数值，要么让所有图片先展示缩略图，然后让缩略图和占位图片裁剪成同一比例，后者被应用在大多数应用中。

相信读者偶尔也会遇到应用久久刷不出来数据的情况，这有可能是用户发起网络请求过多导致的服务器崩溃，或者是用户所在地理位置的影响。由于客户端请求和接收信息都是通过物理网络进行的，而内容进行长距离传输的速度是有极限的，所以用户的设备距离服务器越远，通信所需的时间也就越长。举个例子，当一名中国用户访问在美国的服务器，所需的时间会比美国本土用户要久一点。

遇到这种问题更多是开发人员通过技术手段去解决，例如，增加服务器和网络带宽，尽管设计师在此无能为力，但也可以了解 CDN（Content Delivery Network，内容分发网络）这个技术细节。CDN 可以简单理解为应用的内容和数据已经部署在各地的边缘服务器上，使得当地用户就近获取所需内容，从而降低网络拥塞并提高用户访问响应速度。CDN 对于社交或者视频应用来说尤其重要，例如，用户发送微信消息对方瞬间收到也是采用了 CDN 服务；用户观看抖音视频时为什么能流畅地往上滑动观看下一个视频，因为抖音也采用了 CDN 服务和预加载技术。

对于一些体积较大的高清图片来说，预加载和缩略图占位是常用的技术手段，但是如果客户端需要加载大量图片，仅靠以上手段并不够用，这时候需要在服务器提前压缩图片以便减少资源体积和减少用户的等待时间。以往会将图片从 PNG 格式转换成 JPEG 格式，但是 JPEG 格式容易引起图片失真，同时也让图片失去 Alpha 通道，即原图透明区域会变成白色。在此，笔者建议读者可以将原图格式转换为 WebP 格式。WebP 是一种支持有损压缩和无损压缩的图片文件格式，根据 Google 的测试，无损压缩后的 WebP 比 PNG 文件少了 26% 的体积，有损压缩后的 WebP 图片相比于等效质量指标的 JPEG 图片减少了 25% ～ 34% 的体积。同时 WebP 具备动画播放能力，在图像质量、控制体积大小上都优于 GIF 格式，因此也可以取代 GIF 动画。目前 WebP 格式已经被广泛应用于各大最新版本的主流浏览器和 iOS、Android 操作系统，读者不用担心 WebP 兼容性问题。

讲完网络问题，接下来开始关注渲染问题。在网站设计中，当用户开始加载页面时，首先出现的是空白页面。空白网页是一种很糟糕的用户体验，移动应用也是如此，而这个用户体验问题可以通过优化加载顺序来解决。以 Boss 直聘的 Android 客户端为例，对于正在求职的用户来说经常打开应用查看 HR 或者猎头的回复消息是常态，但他们打开应用发现没有消息会立即关掉应用，因为他们担心会被周围的其他同事发现。为了解决这个问题，当 Boss 直聘首页还没刷新完最新内容时，底部的 Tab 已经显示了有几条内容未读，这有效解决了用户只需瞄一眼就能获取关键信息的需求。因此，读者在设计界面时可以基于信息的优先级跟开发人员沟通清楚哪些信息是需要优先加载的。

根据设备特点动态调整请求内容的大小除了能提升网络性能，在一定程度上也能提升渲染性能。以加载视频为例，当一个分辨率为 720P 的设备全屏加载一个 4K 视频时，系统需要将分辨率等比例压缩成 720P，如果设备的 Soc 本身就差，此时播放视频会出现卡顿，而且被压缩后的视频显示效果可能会更差，所以视频应用一般会根据设备的性能动态调整视频可提供分辨率的选项。图片的加载也是如此，不过图片的加载有自己的特点，那就是基于渐进式的 JPEG 文件在加载时以低清晰度形式马上显示出来，然后逐渐变得更加清晰。渐进式 JPEG 显得比基线 JPEG 加载得更快，因为它会用低清晰度的图片一次性填充所需的全部空间，而不是从上往下一块一块地加载，所以在一定程度上也能有效提升用户体验。

相信读者都听说过“黄油般”顺畅这种说法，其实这是指界面在滑动时能稳定在 60 帧左右，如果帧率过低则被认为发生卡顿。出现这种现象是因为界面的内容改变导致设备重新绘制界面，包括界面某个元素的视觉属性（例如背景、颜色、边框半径、阴影）的改变，或者显示、隐藏某些内容都会导致当前界面重新绘制，这也就是为什么游戏、动画效果（例如位移、缩放、旋转和透明度等）以及基于 Canvas 的界面容易引起卡顿。读者在设计网页或者 Android 应用时，可以分别打开 Chrome 的开发者工具的“Performance”或者 Android 开发者模式下的“FPS 显示”显示实时的帧率变化，在设计 iOS 应用时只能让开发人员通过调用 CADisplayLink 的方式实现对帧率的实时监测。

由于 Android 手机的性能问题较多，所以在这里笔者着重讲解一下怎样发现并解决相关的问题。首先，笔者介绍一下 Android 自带的“调试 GPU 过度绘制”，它能对界面进行彩色编码来帮助开发者识别过度绘制。开启后如图 3-8 右侧所示，它能显示出应用可能在何处执行不必要的渲染工作，这可能是 GPU 多此一举地渲染用户不可见的像素所导致的性能问题。相关的彩色编码如下：显示原来的颜色代表没有过度绘制，蓝色代表过度绘制 1 次，绿色代表过度绘制 2 次，粉色代表过度绘制 3 次，红色代表过度绘制 4 次或更多。

图 3-8　普通模式和打开“调试 GPU 过度绘制”的界面

关于如何解决过度绘制的问题，Google 也给出了相应的策略来减少甚至消除过度绘制，它们分别是移除布局中不需要的背景、降低透明度和使视图层次结构扁平化，感兴趣的读者可以自行查阅相关内容。在这里笔者要强调一下“使视图层次结构扁平化”。由于开发人员拿到设计稿后会根据自己的理解去对视觉界面进行视图上的重组，其间有可能嵌套了若干个层次结构，结构越多，对应用性能产生的影响越显著。读者可以通过 Android 开发者模式下的“布局查看器”查看开发人员设计的布局，它在一定程度上反映了视图层次，当读者发现不合理的地方时应及时和开发人员沟通。

除了 Android，iOS 和 Web 也有相应的工具可以帮助开发人员了解当前的渲染情况和存在的问题，但 iOS 相关工具使用起来比较麻烦，笔者建议读者多和开发人员交流。关于 Web 的相关工具可以直接打开浏览器的开发者工具查看，Network、Performance 等标签页都能帮助读者更好地了解当前网页加载状况，从而优化整体的性能。最后做个总结，设计师做设计时应该考虑到自己做的设计是否会对性能产生影响，以及主动留意当前性能对用户体验的影响，这样才能保证自己设计的用户体验处于一个良好的状态。

3.2.4 如何看待应用的启动和状态恢复

读者有没有想过为什么大部分应用在启动时都会显示一个开屏页（也被称为启动页）？从品牌和推广的角度来看，开屏页除了承载大大的logo，还能给设计师足够的空间将自己的创意和设计理念体现出来，如图3-9所示。对于一些有变现压力的商业团队来说，开屏页是最棒的变现位置，因为用户每次启动都要经过这个页面，所以能看到有些应用会将开屏页设计成一个个广告的展现页面，有些时候一个广告长达十几秒，然后在界面的不明显区域显示“跳过”按钮，允许用户跳过广告直接进入应用主页。

图3-9 不同应用的开屏页

对于用户来说，真的会对开屏页的内容感兴趣吗？用户只想快点进入应用寻找自己感兴趣的内容。那为什么应用需要一个开屏页？原因是开屏页可以充当“遮羞布”。应用刚启动时客户端会执行各种任务，包括创建线程、拉取UI资源绘制屏幕以及向服务器发起多次网络请求来获取最新内容，尤其是2010—2016年网速较慢的2G/3G年代更是如此。在Android 12以前，由于Android代码设计的问题，应用启动时如果不做任何处理，用户第一眼看到的一定是一个空白页面。在启动过程中还要考虑到内存不足导致性能卡顿的问题，而开屏页的存在及时隐藏了这些问题。以上问题对于性能较好的手机以及现有的4/5G网络速度来说，合理的网络请求优化和内容加载在1～2秒内即可完成，但是国内绝大部分应用会在开屏页增加5～10秒的开屏广告，所以开屏页也成了用户吐槽对象之一。

在开屏页发起的网络请求主要从不同服务器获取相关数据，以社交应用为例，这时应用发起的网络请求包括对用户个人信息的验证（尤其用户在另外一台设备重新设置了新密码）、最新的聊天内容、新的好友请求、朋友更新了几条动态以及应用版本更新。如果应用启动时把所有的数据都获取，那么用户会明显感受到卡顿的同时对于应用的服务器来说也会带来更大的压力，所以读者在考虑开屏页的数据获取时应该根据业务的实际情况按需获取，例如哪些数据是必须验证或者要在首页显示的，其余数据可以在用户交互过程中实时更新。

所有的业务数据放在同一服务器一次性下发给用户会存在两个问题。第一个问题是当大量用户同一时间打开应用获取数据时有可能导致服务器崩溃，而且服务器万一真的崩溃了那么所有业务都无法使用，就跟全部鸡蛋放在一个篮子里一样，篮子掉了鸡蛋都会破碎；第二个问题是服务器的带宽有限，如果大量用户同一时间拉取数据会导致每位用户加载数据的时间加长，所以有些应用都会将不同业务的数据放置在多个服务器上。

既然如此，应用可以串行或者并行的形式从不同服务器获取数据，在节省时间上来看是后者占优。在计算机中有“多核”和“多线程”的概念，两者结合在一起可以让计算机同时工作多个任务。上文提到的串行是指一个请求完了之后再进行下一个请求，假设上文提到的社交应用每个请求各需要1秒，那么获取完所有数据需要5秒的时间。并行是指多个请求同时进行，如果将上述请求通过并行的方式，那么时间能不能压缩至1秒？不能，因为最新的聊天内容、新的好友请求和朋友更新了几条动态的数据出于安全的需要，应该要等用户个人信息验证完才能获取，所以通过并行的方式获取完所有数据的时间可以压缩至2秒。

如果把网络请求看成控制器的一部分，那么通过控制器的设计优化了应用的加载时间，这对用户体验的优化有着重大的帮助。读者看到这里，应该知道这个细节并不会出现在交互稿和UI稿上，但它确实能影响整个用户体验。如果读者在后续设计中存在优化时间的诉求，可以考虑采用计算机多线程并行工作的方式，但要切记一点，每个应用都有一个线程池，能开的线程数量是有限的，同时每开一个线程应用需要的资源开销也会额外增加一点，所以线程不是开得越多越好，读者应该和开发人员做好相应的沟通。

以上的启动方式在行业中被称为“冷启动”，还有另外两种启动被称为“热启动”和“温启动”。热启动是指应用在后台时被用户重新带回到前台，在后台中应用的当前视图和数据仍保存在内存中，那么系统可以顺利地将应用调回到前台。但是，如果系统因为内存不足把应用的部分或者全部资源释放掉，那么用户从任务管理器调起应用时，应用需要重新加载。如果开发人员不做任何的操作，那么应用会从冷启动的方式重新进入主页，如果开发人员了解“温启动”，那么应用是有可能回到之前停留过的界面。这种“温启动”的方式在 iOS 和 Android 中都有相关的技术可以实现，如果读者感兴趣可以到 iOS Developer 或 Android Developer 分别搜索“NSUserActivity”和“保存界面状态”。

应用的状态恢复在跨设备交互或者大屏设备交互中变得异常重要，因为用户有可能同时处理多个任务，这涉及 App 之间的切换，以及使用“侧拉”或“分屏浏览”实现 App 的组合使用，甚至为同一个应用创建多个窗口。例如在不同的“分屏浏览”中打开了四个笔记，当用户再回到某个笔记时，它们都应该能够从中断的地方继续，而不是重新进入主界面。应用状态的恢复是实现以上体验的核心部分，读者一定要和开发人员沟通清楚相关需求，这样产品才能更好地服务于跨设备交互。通过技术提升用户体验的关注点还有很多，在这里笔者不再一一阐述，感兴趣的读者可以多和开发人员交流。

第 4 章

如何为跨设备交互进行设计

4.1 设计界面布局时的注意事项

4.1.1 应用设计需要考虑的平台和状态

移动设备屏幕尺寸增长已经成为产品迭代演进的重要特征，随着手机屏幕从3.5 寸逐渐增大至 5 寸甚至是 6.9 寸，如何同时保证畅快的大屏体验和良好的便携性成了影响用户体验的突出问题。折叠屏产品形态的出现有效地解决了此类问题，通过屏幕在展开态的大尺寸展示，不仅可以带来更精美、更震撼的视频图片效果，还可以通过分屏等操作给用户提供全新的多任务体验，折叠屏为整个手机产业带来更加丰富的个性化人机交互体验。

以往很多产品需要分别为移动端和平板电脑做不同的设计。如果仅将移动应用在平板电脑上做简单的适配，整个产品在平板电脑上体验效果会不尽如人意，而且存在不同尺寸下排版出现问题的风险。但是如果为了平板电脑重新设计和开发整款产品会导致整个人力和工作量翻倍，所以很多产品的平板电脑端的功能迭代都会落后于移动版本，甚至过了一段时间后平板电脑端的应用会停止更新。现在，折叠屏的出现成为移动端和平板电脑设计融合的桥梁，平板电脑开始借鉴折叠屏的分屏操作来填充整个屏幕，使得平板电脑的体验大幅度提高

移动端的应用也逐渐能在桌面端运行，这时除了屏幕尺寸，还有用户需求和交互操作发生了巨大的变化。当用户手机上的应用和数据出现在桌面端，用户自然而然地希望双方的数据能相互共享，例如可以方便地将一张照片从手机相册直接拖进桌面端的 PPT 里，手机里的文字和图片可以复制粘贴到桌面端其他应用里。用户在桌面端上习惯用鼠标和键盘操作，内容的拖动是常用的鼠标操作之一，而现在大部分移动应用只考虑了兼容手势操作，忽略了自家产品在桌面端运行的情

况，导致很多移动应用运行在桌面端时体验不佳。

除此之外，Android 逐渐渗透到座舱车机系统，移动应用也开始考虑适配车载中控系统。在这里要注意一点，为 Android 车机系统设计座舱应用和为苹果的 Carplay 做应用的适配是不一样的。首先两者的设计目的都是让驾驶出行更安全，为 Android 车机系统设计座舱应用是自行设计整个界面，为苹果的 Carplay 设计应用是在 Carplay 提供的界面模板上填充产品数据，所以两者本质并不一样，对设计 Carplay 应用感兴趣的读者可以登录苹果开发者网站阅读相关材料。由于设计车载中控系统需要考虑人因学以及多模交互一系列因素，在这里笔者不展开讨论，如果读者在设计应用时需要兼顾车载中控系统，可以参考兼容平板电脑的布局设计。

总的来说，动态布局能让屏幕变大后界面能显示更多内容，或者通过多个窗口为用户多任务并行提供直观高效的方式，这将是一款能运行在手机、折叠屏、平板电脑、桌面计算机以及车载中控系统上的优秀应用的设计重点。当一款应用需要为手机、折叠屏、平板电脑和桌面计算机设计时（以下内容将普通手机、折叠屏手机简称为手机和折叠屏），在设计动态布局时需要考虑以下状态，它们分别是手机 / 折叠屏折叠态、Pad/ 折叠屏展开态、折叠屏支架态、多窗口态、小窗态、桌面态、Widget（小组件）和通知。

1）手机 / 折叠屏折叠态

如图 4-1（a）所示，手机和折叠屏折叠态有着相似的比例，读者可以直接参考现有的 iOS 和 Android 设计规范。在该状态下，设计师需要考虑应用是否兼容横竖屏模式。以下是横竖屏设计时存在的差异：竖屏是移动端主流的界面模式，便于单手持握，竖向的屏幕有着更高的滚屏空间，可以方便用户更高效浏览长内容，同时是平板电脑运行多任务的常见窗口，如图 4-1(b)所示。横屏模式常见于游戏类、视频类等，横屏状态下横向的空间变大，因此可以利用横向空间做加法，通过横屏设计模式达到体验上的增益。

（a）　　　　　　　　　　（b）

图 4-1　手机竖屏界面设计和手机竖屏界面用在平板电脑上

2）Pad/ 折叠屏展开态

折叠屏展开后通常是正面屏幕的两倍或小型平板电脑的大小，跟小型平板电脑一样有着横向和纵向的区别，如图 4-2 所示。在展开的状态下，设备的折叠铰链在某些型号上会很明显，例如在微软 Surface Duo 的独特案例中，铰链在物理上分隔了屏幕，如图 4-3 所示。

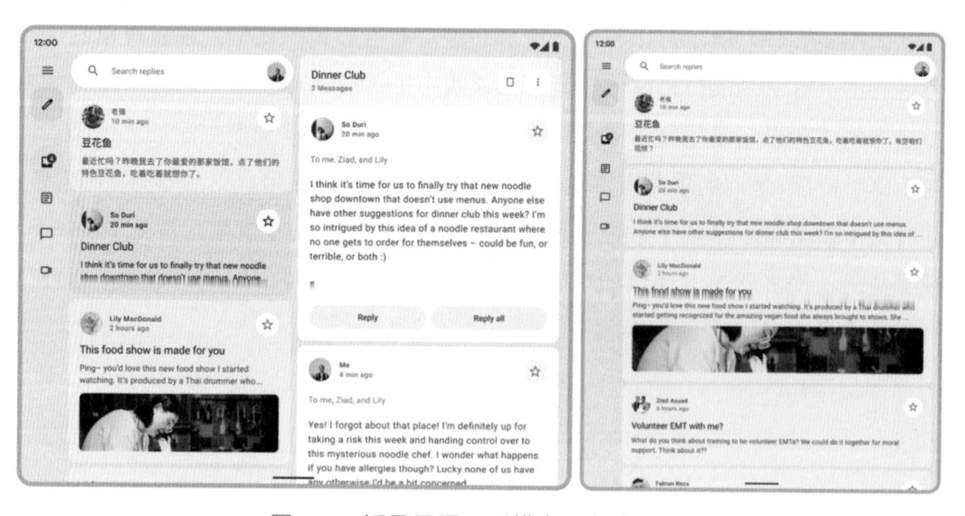

图 4-2　折叠屏展开后横向和竖向显示

图 4-3　Surface Duo 屏幕中间显示出铰链

3）折叠屏支架态

折叠屏支架态即折叠屏幕的一半与另一半垂直，姿势类似于笔记本电脑：屏幕的一部分是水平的，而另一部分则以大约 90 度直立着，如图 4-4 所示。这时竖着的屏幕主要显示视频、图片等内容，而横放的屏幕主要充当操控窗口。有一点需要注意，折叠屏支架态是针对折叠屏内折的设计，外折的设计请参考华为的 Mate Xs 折叠屏。

图 4-4　OPPO Find N 折叠屏支架态

4）多窗口态

进行多应用交互使平板电脑和折叠屏成为提升生产力的重要工具。多个窗口是临时安排，除了图 4-2 所示的悬浮窗形态，还有另外一种布局是将两个窗口基于横向或纵向并排并以 1 ：1 的比例显示，窗口可以进一步调整不同比例，具体比例以机型和平台而定。例如 Android 12 在横屏模式下支持将窗口宽度调整为屏幕的 1 ：3 或者 2 ：3；而 iPad 的划分比例跟横竖屏状态有关，如图 4-5 所示。这些比例将为应用提供更大的灵活性并允许用户根据需要专注于一个应用程序。由于减少了使用面积导致应用程序的布局受到挤压，设计时要确保应用程序仍然可以在窄宽度下提供可用体验，避免在此比例下进行复杂操作。

图 4-5　iPad 可以将两个应用划分为不同比例

5）小窗态

小窗态允许应用在手机内以较小的窗口进行显示和交互。以图 4-6 所示的 OPPO 手机的 ColorOS 12 为例，小窗态有着不同的显示大小和交互方式。左侧和中间的图片与 Android 通用的多窗口浮层有关，差别在于左侧的小窗口可以交互，中间的小窗只能显示内容无法交互，使用多窗口浮层需要应用做一定的适配工作才能支持（如果不做适配，无法以浮层的形式打开）。右侧图片的胶囊模式除了允许用户快速切换应用外，还能显示一些额外信息，但这种模式并不是所有的 Android 设备都支持（例如小米手机的 MIUI 13 及以下版本并不支持胶囊模式），而且显示额外信息需要基于手机厂商进行定制。最后，三者可以相互切换但具体的切换方式和手机厂商的系统设计有关。

图 4-6　OPPO 手机的多窗口模式和胶囊模式

6）桌面态

桌面态是指移动应用通过多屏联动的方式显示在计算机上，华为、小米和三星等厂商已经支持通过投屏的方式将手机屏幕内容实时显示在计算机上。拥有 M 系列芯片的苹果电脑直接支持在应用商店下载 iOS 和 iPadOS 相关应用，这时应用可以跟随计算机的窗口、半屏和全屏显示进行变化，如图 4-7 所示。Android 应用在很早以前就支持运行在 Chromebook 上，如图 4-8 所示是在 Chromebook 上截取的 Google 翻译应用的截图，这时窗口有三种模式，分别是手机、平板和可调整大小模式，可调整大小模式下的应用的宽高比可以自由调节，这意味着应用可以像网页的响应式设计那样变化，应用会根据调整的宽度变成对应的手机和平板模式。

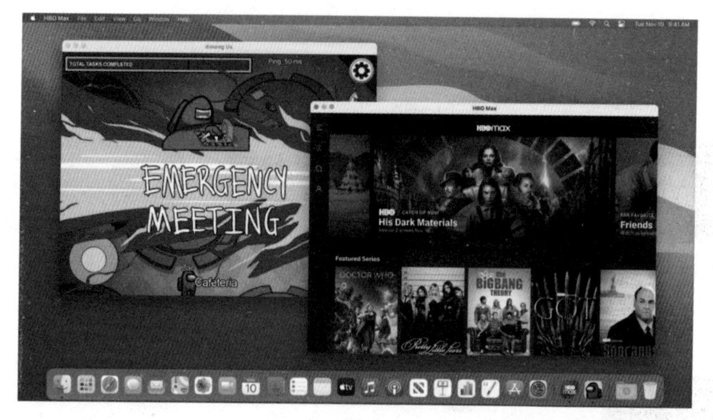

图 4-7　iOS 应用运行在 M 系列芯片的苹果电脑上

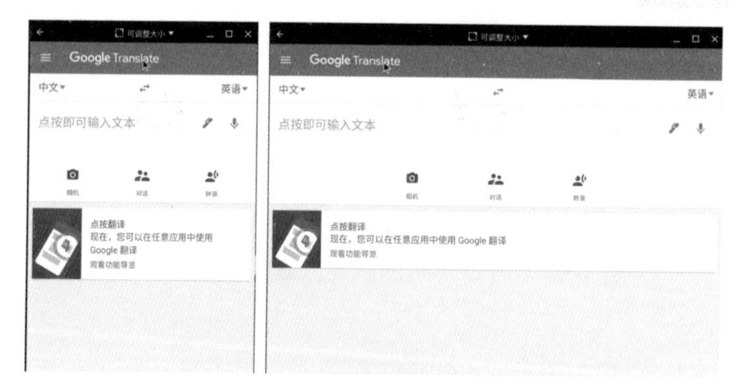

图 4-8　Chromebook 上截取的 Google 翻译应用截图

7）Widget 和通知

Android 2.0 及 iOS 14 开始支持 Widget（小组件），Widget 可以在手机桌面及负一屏常驻并显示相关信息。但在 2020 年以前很多手机及应用厂商并不青睐 Widget，因为 Widget 等于一张卡片，可交互的空间甚少，其次绝大部分的应用厂商更希望用户进入应用内消费内容。2020 年是一个转折点，WWDC 2020 中，苹果在 iOS 14 首次展示了自己对于人工智能的愿景：将整个人工智能技术、操作系统和应用程序深度融合，而 Widget 是重要组成部分，详情可以参考 5.3 节。在苹果生态中，Widget 不仅存在于 iOS 和 iPadOS 的桌面及负一屏，也能出现在 macOS 的通知中心上，如图 4-9 所示。vivo 在 2020 年推出的 OriginOS 中将深度定制的 Widget 称为原子组件，如图 4-10 所示，用户可以直接在 Widget 进行部分交互，例如设置计时器、查看未来几小时的天气等，其中有个组件叫原子通知，它能将当前最重要的通知显示在桌面上。从两者当前的设计来看，Widget 不仅能显示当前应用的重要信息和轻量的交互操作，还能成为重要信息的通知入口，用户再也不用在一堆通知列表中寻找相关信息。与此同时，Widget 的信息密度及交互操作和手表应用极度相似，所以手机厂商有可能在后续中会对 Widget 有更多的定义。但是当前 Widget 有一个问题，手机厂商都希望应用厂商能基于自己提供的接口深度定制 Widget，导致应用厂商需要对不同手机做相应的适配，工作量是一个严重的问题。

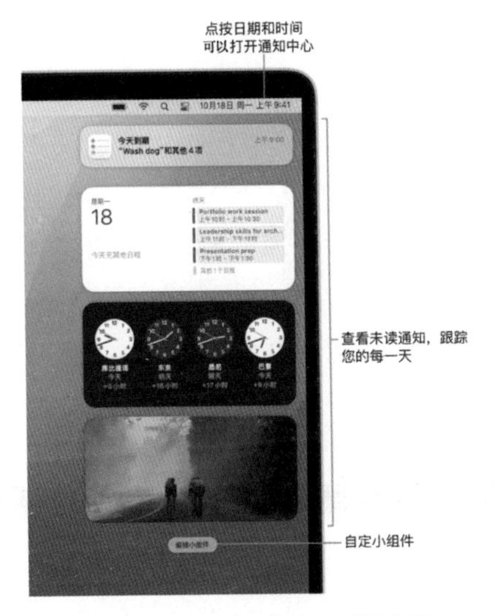

图 4-9　macOS 的通知中心可以显示 Widget

图 4-10　vivo 的原子组件

从上文可知当前开发一个应用需要适配很多平台和状态，而不同设备的分辨率和 PPI（Pixel Per Inch，像素密度）都不一样，这时需要为每一台设备以及每个状态进行布局设计吗？很明显这是一个做不完的工作，而且还存在两个问题：一是在桌面端运行时应用显示在分辨率为 4K 还是 720P 的显示器上并不可知；二是用户可以根据需要自行调整界面大小，就跟伸缩浏览器一样。所以不应该像以往一样针对不同分辨率做不一样的适配工作，更不应该盲目地追求 100% 完美实现设计稿的所有设计细节。那么应该怎么做？笔者认为，多了解控件 / 组件的细节以及动态布局将有利于构建通用性更高的界面布局。

4.1.2 看不见的“边界”

在了解界面布局前，先了解一下控件和组件的相关细节。控件和组件可以抽象理解为元素和容器，在 Android 和 iOS 中是视图（View）的一种，它们的组成可以用图 4-11 所示的“盒子模型”来解释。

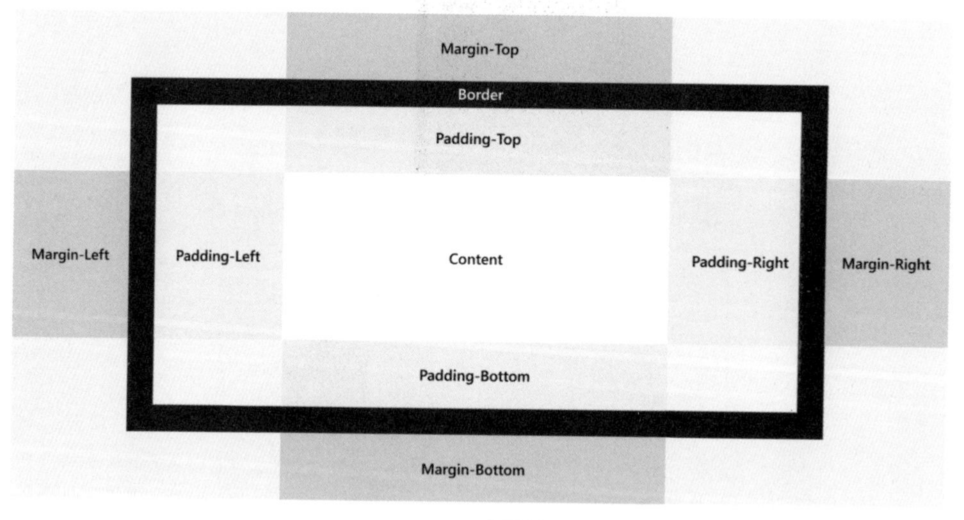

图 4-11 盒子模型

“盒子模型”这个概念来源于“HTML+CSS”，同时被 Android 和 Windows Apps 沿用。Content、Margin、Padding 和 Border 都是元素的属性。Content 指的是所展示的内容或者子元素（被嵌套的控件或组件）。Margin、Padding 分别指的是元素的边距和填充，边距是指元素和元素之间的距离，填充是指当前元素的 Border 和内容的距离，或者是和子元素 Margin 之间的距离，填充能有效提升内容的点击热区。Border 是元素的边框，如果有需要可以赋予它颜色和粗细，但在界面布局中甚少使用。最后，一个元素的总宽度（总高度）就是将图 4-11 中所有元素从左往右（从上往下）相加的结果。

Margin、Border、Padding 默认都是透明的，所以很难从界面发现它们。三者的参数可以是统一的或者是不同的。以 Margin 为例，当 Margin=20px 时，元素的左侧、顶部、右侧和底部都会赋予 20px 的统一边距。当 Margin=“0，10，5，25”时，元素的左侧、顶部、右侧和底部（按此顺序）会分别被赋予不同的值。元素之间的距离由两者的 Margin、Padding 相加决定（如果 Border 设置了相关参数，也要加到边距中）。假设两个元素分别为 Margin、Padding 设置了 10px 的统一宽度，那么两个元素之间的距离为 40px。Margin 的数值可以是负数，如果边距为负数，整个元素会向左或者往上偏移；如果两个元素边距相加后为负数，那么两个元素会重叠在一起，也就是常说的负边距（Negative Margin）。设计师常见的设计标注如图 4-12 所示。

图 4-12　常见的设计标注

可以发现以上标注完全没有涉及上文提及的 Margin、Border 和 Padding，所以开发人员拿到标注后需要自己去理解，将一个数值分解成三个不同的数值。在开发过程中，如果 A 元素内嵌 B 元素，那么 A 和 B 互为父子关系。在“HTML+CSS”中，每个元素的 Margin 和 Padding 会有一个默认值，同时子元素会默认继承父元素的所有属性，所以在 Web 开发中 Margin、Border、Padding 的管理会比较麻烦，为此开发人员默认会将整个界面的 <body> 标签（即所有元素的父元素）的 Margin、Border、Padding 都设置为 0，然后通过 Margin 来控制不同元素之间的距离。但这里存在一个问题，如果设计师为图片按钮做切图时没有考虑热区问题，尤其是使用矢量图作为图标时，整个按钮的点击区域会比较小，所以 Margin 和 Padding 怎么设置需要设计师和开发人员提前沟通好。

在设计动态布局时，元素和元素之间的距离不应该用一个固定值来决定，除非设计师和开发人员希望针对每一台设备产出一套布局资源，但这是不现实的，因为每次设计改版都要重新设计一遍，开发人员不愿意把时间浪费在这种工作上。那么应该如何考虑每个元素的边界问题？请看下一节内容。

4.1.3 动态布局的设计要点

上文提到“每个元素之间不一定存在距离的关系”，这是因为不同的布局会对每个元素的位置产生影响，例如元素拥有“层级”这个属性。我们可以把一个界面理解成一个三维空间，但我们看到的内容是由 x 轴、y 轴组成的平面。一般情况下，元素在界面上沿 x 轴、y 轴平铺，我们察觉不到它们在 z 轴上的层叠关系。元素的重叠就是在 z 轴上发生的，这个属性在 CSS 中被称为 z-index，当元素之间重叠的时候，z-index 数值较大的元素会覆盖数值较小的元素，在上层进行显示。当两个元素不在同一层级时，因为它们无法挤压对方的空间，所以两者没有距离可言。

在界面布局中经常会使用一些容器去承载一些控件，例如列表承载卡片，卡片承载各种文本和按钮，这跟上文提及的父子元素的概念有关。任何一个界面内的元素都存在父子元素的关系，因为任何元素都跟某个元素存在嵌套关系，嵌套者即是被嵌套者的父元素，可以从以下代码大概了解一下父子元素。

```
<html>
    <head></head>
    <body>
       <div id="id1">
          <div id="id3">
       </div>
       <div id="id2">
          <div id="id4">
       </div>
    </body>
</html>
```

以上是 HTML 的代码示例，<> 和 </> 分别代表了“开始标签”和“结束标签”，两者加上相同的英文单词会组成一个元素，嵌套在这个元素中间的代码会成为它的子元素。例如 <html> 包含了 <head> 和 <body> 两个子元素，<body> 包含了两个名为“id1”和“id2”的 <div> 子元素。在开发过程中，我们关注父子元素和同一父元素下的子元素，但如果两个元素不属于同一个父元素，那么不用太关注它们之间的关系，例如，以上代码中的 id3 和 id4 之间的距离是由 id3 和 di1、di4 和 id2 以及 id1 和 id2 三者的关系决定。当设计师了解清楚父子元素关系后，通过分解和耦合能把界面上的控件重构成组件、容器和界面，它们之间的关系会变得更清晰，对动态布局带来更多好处。

在了解动态布局前，需要了解一下什么是绝对约束。图 4-12 所示的切图方式和标注是对界面布局的绝对约束，设计师常用的 measure 等全自动切图标注工具实际也是绝对约束。绝对约束会明确告知每个元素的大小、间距和定位是什么，只要按照它的提示直接设置每个元素的属性即可，但带来的问题是界面无法适应新的变化，例如不同设备拥有不同的像素密度就会使整个界面布局突然撑爆或者存在一部分空间没有充分利用到。开发人员为了避免天天浪费时间在无意义的调整界面细节上，拿到切图和标注后一般会重新思考每个元素该怎么摆放，这时他们会通过动态约束来布局整个界面，而动态约束包括了对齐、定位和布局三个因素的思考。

相信设计师对“对齐（Align）”属性都很熟悉，在这里笔者就不详细讲了。但是相信读者看完 4.1.2 节会有新的理解，那就是元素之间的对齐需要考虑每个元素中 Content 的对齐，而 Margin 和 Padding 的值需要根据具体情况设置。在标注时，设计师需要思考清楚每个元素的对齐方式，不然界面发生变化时全部内容可能会乱套。一般而言，左对齐的元素和其他居中或右对齐的元素之间没有直接关系，它更多和父元素（组件、容器或者界面）或者父元素下其他左对齐的元素产生关系，而标注工具自动标注的切图并不知道这些细节，所以自动标注工具对开发人员开发动态布局来说并无太大作用，这时候还是需要设计师和开发人员沟通清楚相关的细节。

定位（Positioning）属性允许当前元素基于父元素、另一个元素或界面窗口出现在对应的位置上。定位很考验设计师和开发人员的沟通和功底，因为在不同平台开发中有着不同的定位开发模式和名称，但基本的定位原理是一样的，它们可以理解为以下 3 种方式：

（1）基于父元素或者同一个父元素下的前一个元素位置进行定位。举个例子，如果父元素 A 宽为 400px，子元素 B 宽为 300px，这时宽为 200px 的子元素 C 可以并排在子元素 B 后面吗？答案是不可以，因为两个子元素宽度加起来大于父元素 A 的宽度，所以子元素 C 会换行并按当前对齐方式显示在子元素 B 下方。当然，开发人员可以对父元素 A 做一定的设置让子元素 C 并排在子元素 B 后，但这会导致子元素 C 被隐藏一半，只能显示 100px。

（2）基于某个元素进行定位。有些时候设计师会对当前元素和某个元素进行绝对定位，而这个元素可以是按钮、图片甚至是容器，这时设计师需要通过 top、bottom、left 和 right 四个属性确定两者的位置关系。绝对定位的意思是无论两者中间存在什么元素，及界面大小是否发生变化，它们之间的位置是固定的。设置了绝对定位参数的元素有可能部分叠加或者隐藏在某些元素上方或下方，这时可以通过设置 z-index 属性来控制这些元素之间的层级关系。

（3）基于界面进行定位。这种定位方式在 Material Design 设计规范中很常见，如图 4-13 右下方的添加按钮，它能将某个元素固定在当前界面的某个确定的位置，它跟第二点不一样的是，它不会随界面的滚动而变化，但它会根据界面大小的调整改变位置，因为它的定位用到的 top、bottom、left 和 right 是相对于界面而言的。

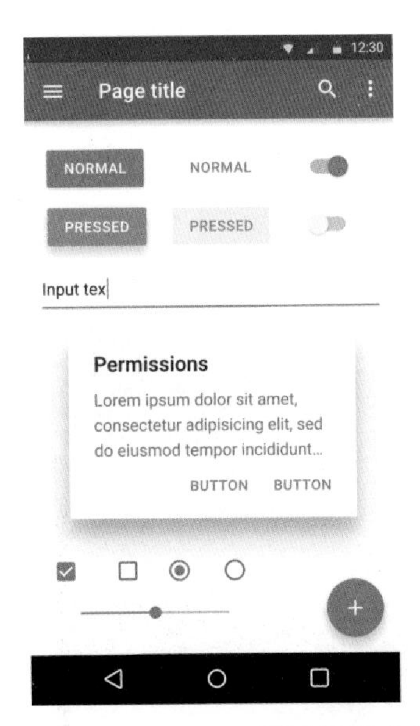

图 4-13 Material Design 设计规范中的控件库

为了降低开发人员对于不同元素定位的开发成本，Android 和 iOS 开发工具分别为开发人员提供了不同的布局（Layout）。布局也是一种视图，可以将它理解为一种容器。在 Android 开发中有六种常用的布局方式，分别是 LinearLayout（线性布局）、RelativeLayout（相对布局）、TableLayout（表格布局）、FrameLayout（帧布局）、AbsoluteLayout（绝对布局）和 GridLayout（网格布局），这些布局方式的起源和 HTML 有一定的关系。随着时代的发展，为了更好地让一套设计兼容不同的设备，Android 开发出了新的布局方式 ConstraintLayout（约束布局），它与 iOS 的 AutoLayout（自动布局）类似。由于布局的内容较多且复杂，笔者在此不一一介绍，感兴趣的读者可以上网查阅它们该如何使用。

从上述内容能大概了解到动态约束关心的是元素和元素之间的关系，以及元素和界面之间的关系。例如，当界面变化时元素是否要缩放，定位是否发生变化，元素之间的距离是否发生变化，甚至当前设备或者浏览器是否可以同时显示两个界面。那么应该如何针对以上问题适配不同的平台和状态？

首先是元素大小，矢量图可以根据需求进行无损的变大或缩小；针对位图，在 Android 中通过 9-Patch 文件（也就是常说的 .9 图）来设置每个位图。利用 9-Patch 文件，设计师可以创建能够自动调整大小以适应视图内容和屏幕尺寸的位图图像。图像的选定部分可以根据图像内绘制的指示器在水平或竖直方向上调整比例，如

图 4-14 所示，通过对原有图像特定位置增加 1px 的黑线可以动态拉伸位图的显示比例。在这里笔者不过多讲解 9-Patch 的设置，不熟悉 9-Patch 的读者可以自行上网查阅。

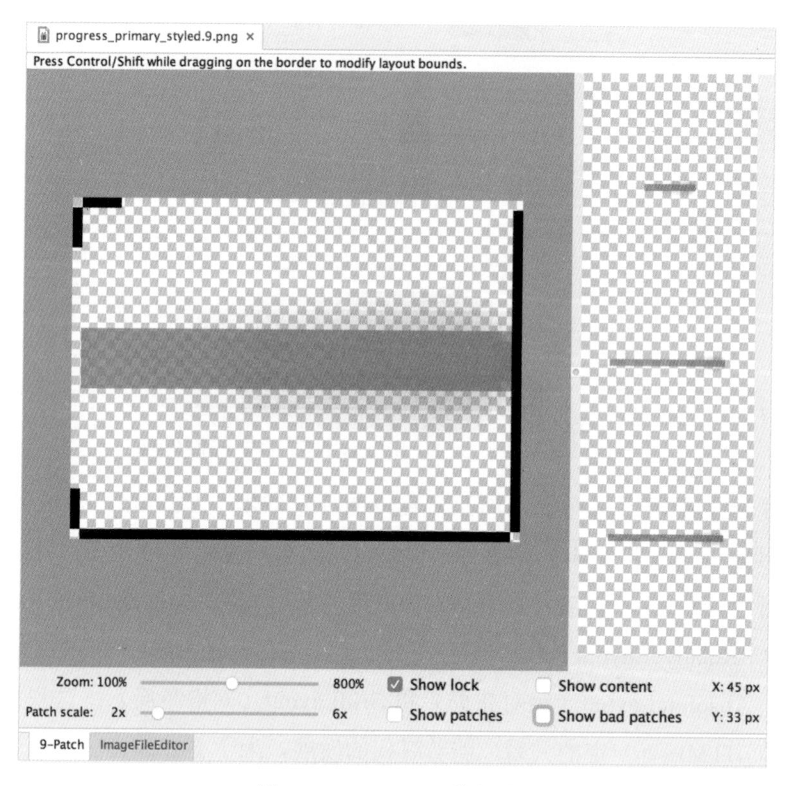

图 4-14　9-Patch 的设置

其次是元素之间的距离，在这里笔者基于自己的经验推荐一些常用的适配方法。

（1）将界面所有元素进行分组和层级，考虑清楚子元素和父元素分别是什么。

（2）考虑清楚子元素和父元素的对齐方式是什么，尤其是界面整个父元素和不同模块子元素的关系，是居中、居左还是居右。

（3）考虑清楚当前元素和哪些元素进行对齐，哪些间距是固定的就只对该间距进行标注，其余的间距动态变化越多，整个界面布局就越灵活。

（4）当元素可以被拉伸时，考虑清楚元素宽高的最小值和最大值。最小值是指这个元素低于某个尺寸可能出现不可用的问题；而最大值是指元素超出某个尺寸可能很不美观或者引起可用性的问题，例如一个按钮宽度跟屏幕一样宽或者文字一行高达上百字，阅读体验极差。

（5）在使用网格设计时，间距比块更重要，当界面可以拉伸时考虑清楚何时拉伸元素和块，何时拉伸间距，这部分可以参考网页的响应式设计。

（6）考虑安全区域。刘海屏、药丸屏以及屏幕四周的圆角让界面四周的设计变得“不安全”，为此避免与屏幕的圆角、刘海等区域发生重叠或裁剪，建议结合不同平台的安全区域规范。

（7）为多个不同尺寸的设备设计界面时，先从中间尺寸开始设计，然后向两侧兼容。这个方法不仅适用于不同尺寸的移动设备，也适用于一个应用界面显示在移动设备、平板电脑和桌面计算机上。

以上就是界面动态布局的通用知识，规则不多但能更好地帮助读者将整个界面布局调整为动态布局，这样更有利于后续的自适应和响应式设计。最后，读者要切记一点，如果要实现动态布局，就没有“100% 完美还原设计稿”这一说法。

4.2 如何针对不同平台的特点进行设计

4.2.1 基于不同平台的特点和规范去设计

当为不同平台设计界面时，首先要考虑的是应用在当前平台上是否适用，这时基于不同平台的“使用场景”和“能力”的考虑变得非常重要。使用场景包括使用时间、地点、环境等参数，例如用户从一个专注固定的场景切换到一辆公共汽车或者火车上，这时用户获取信息的方式会从计算机切换为手机和智能手表，由于用户切换使用场景时会经常切换设备，所以明确使用场景很重要。能力是指平台之间得以区分的独一无二的功能。以手机为例，由于手机随时在用户身边，所以它是一台非常个人和隐私的设备，这时应该用指纹、人脸识别等安全方式来访问用户的核心数据。同时手机拥有摄像头、GPS、陀螺仪、加速器等传感器，所以它能获取用户一天的行为，并且识别用户的当前环境，从而判断出用户当前的使用场景是什么。

相比手机，更大的屏幕以及更好的扬声器带来的沉浸感使得平板电脑的使用时长比手机要长。用户不仅可以把平板电脑当作一台放松设备用于看视频和玩游戏，同时搭配触控笔、键盘和触控板的平板电脑能让交互行为变得更精确，所以当前平板电脑已经成为移动办公里最重要的生产工具。但由于平板电脑体积较大，用户不可能经常随时随地使用它，所以平板电脑相对于手机会缺少一部分能力，例如早期的 iPad 不具备 Face ID、蜂窝网络以及用于步态跟踪的协处理器。

桌面计算机一般用于固定且专业的场景中，例如大部分白领一天会坐在桌面计算机前几个小时。为了完成专业工作，桌面计算机的配置会高于手机和平板电脑，同时鼠标和键盘能让用户做更多精确复杂的工作，更大的屏幕允许用户打开多个任务或窗口同时进行。除此之外，一台桌面计算机有可能成为一台共享设备，这时每位用户都拥有自己的账户以及访问公共区域的权限，所以桌面计算机的隐私性比手机、平板电脑低。同时桌面计算机体积较大，一般长时间放在一个区域，所以桌面计算机更不需要太多的传感器来获取用户的行为。

在 WWDC 2017 上苹果的设计师 Cas Lemmens 分享了自己对于跨设备交互设计的看法，不同设备可以按照不同的特点进行划分，例如将不同的设备按照“个人 / 多人”以及“移动 / 固定”来划分，如图 4-15 所示。我们能看到 Apple Watch 是最具移动性且个人使用的设备，而 Apple TV 是最具固定性且能多人使用的设备。Cas 讲解了为什么只有 iPhone 和 Apple Watch 才有“健身”App。为了给用户提供准确的数据，“健身”App 必须长期开启并且时刻在用户身边，因此“健身”App 是移动的；同时“健身”App 会追踪数据并且只是当前用户的数据，所以它是个人使用的。此时平板电脑、桌面计算机和电视三个平台分别涉及“多人”和“固定”的特性，所以在这些设备上看不到“健身”App。

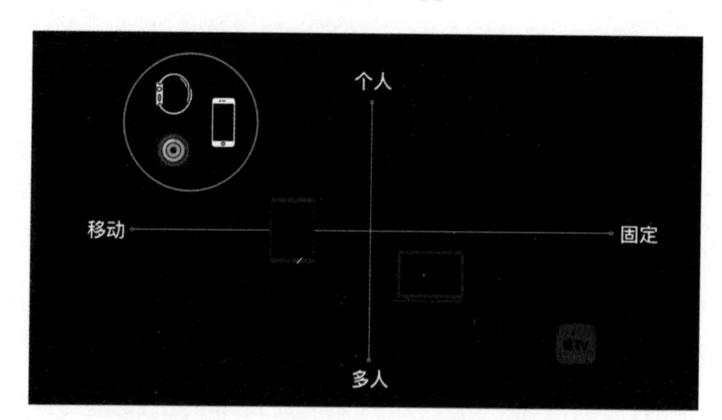

图 4-15　将设备按照“个人 / 多人”以及“移动 / 固定”来划分

Cas 也提到设备可以按照“多任务 / 单任务”以及“宽松交互 / 精确交互”来划分，并以“库乐队”App 为例讲解，如图 4-16 所示。首先，“库乐队”App 的特点是用户行为必须非常精确，而且用户必须在自己想要的地方和时间准确操作声音。

其次，它需要与多任务配合工作，用户需要能够同时播放多个声音，需要控制连接到平台上的所有的硬件和乐器。所以“库乐队”App 只能在手机、平板电脑以及桌面计算机上使用，而手表和电视并没有该应用，因为手表屏幕太小而用户的手指很粗，交互起来并不精确，而电视只有一个遥控器，无法进行复杂的操作行为。

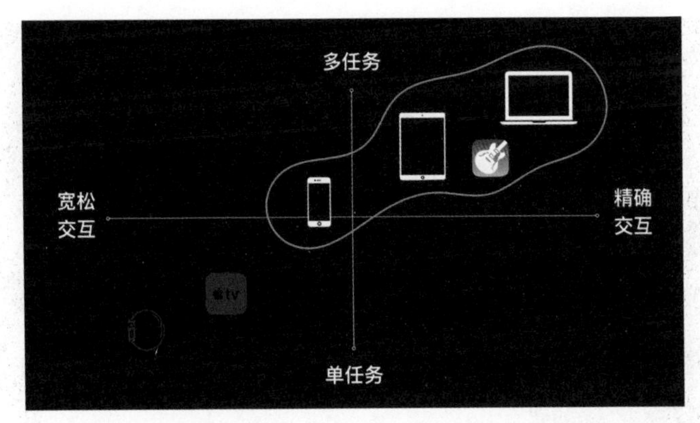

图 4-16　将设备按照“多任务 / 单任务”以及“宽松交互 / 精确交互”来划分

确定完应用应该适用于哪些设备后，还应该基于不同设备的特点来考虑功能的设计。例如出现在每个设备上的提醒弹窗拥有的元素都差不多，都是一个描述和 1 ～ 2 个按钮，并且会模糊掉后面显示的内容，但是当仔细看图 4-17 中描述的长度、按钮的样式、默认选中的目标，会发现它们都是不一样的，因为不同设备的屏幕大小不一样。

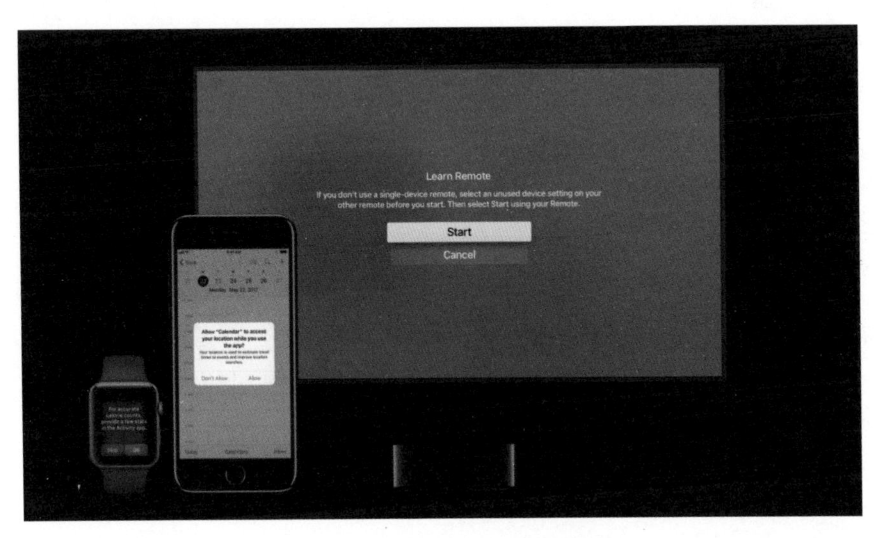

图 4-17　不同设备的提醒弹窗

不同设备上的导航方式也不一样，如图 4-18 所示，当用户想在 iPhone 和 Apple Watch 返回到上一个界面，可以点击左上角的“返回”按钮或者在侧边滑动，但是在 Apple TV 的屏幕上没有“返回”按钮，因为“返回”按钮位于遥控器上，所以没有必要在屏幕上再添加一个按钮用于导航。

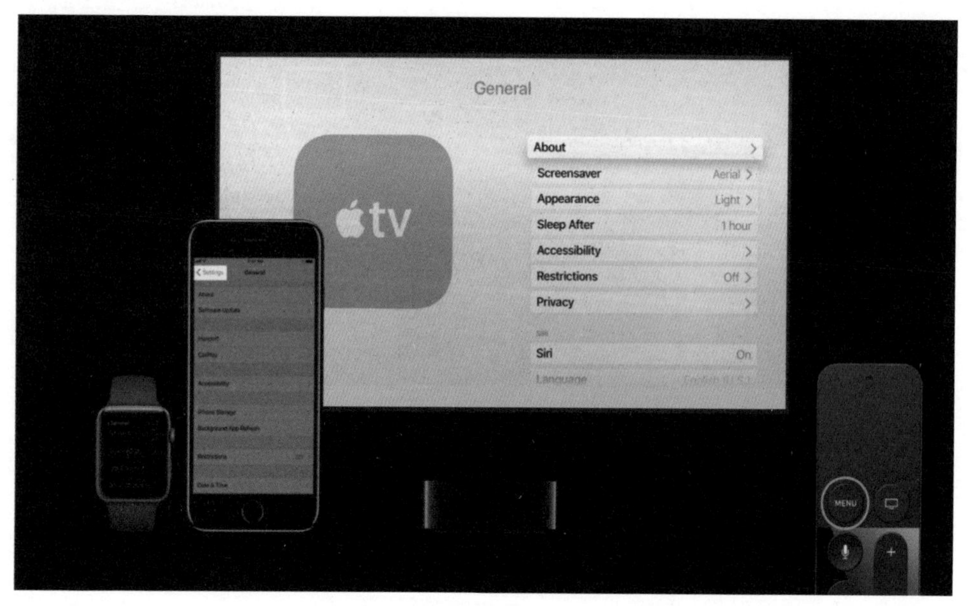

图 4-18　不同设备的“返回”按钮

每个设备拥有自己的设计规范。苹果的人机交互指南（Human Interface Guidelines，HIG）、Google 的 Material Design、微软的 Fluent Design System 以及华为的鸿蒙设计规范都会讲述自己不同设备的设计规范。尽管不同系统的设计理念有所差异，但交互层面的设计原则却越来越相似。

4.2.2　构建灵活的动态布局框架

手机、平板电脑和桌面计算机有着各自的设计规范，如果要设计一款基于动态布局的应用，这时不能完全照搬每个平台的设计规范，否则应用没有足够变化的空间实行界面的自适应。那么应该如何考虑整个布局设计？以下是笔者的几点思考。

1. 基于人体工程学进行设计

当用户持有打开的设备时，他们的接触范围可能会受到限制。在移动互联网前期会基于手机的操作热区设计整个界面布局，竖屏操作下的热区如图 4-19 所示。Google 的 Material Design 3 标注了基于折叠屏的操作热区，如图 4-20 所示，图中显示了用于不同交互考虑的三个区域：第一个区域是绝大部分用户无法操作的区域，需要伸展手指才能到达；第二个区域用户可以舒适地触摸到；第三个区域对用户操作来说具有挑战性，因此 Google 建议避免将重要的交互元素放置在距离屏幕上方 1/4 的区域以及离底部边缘太近的地方。

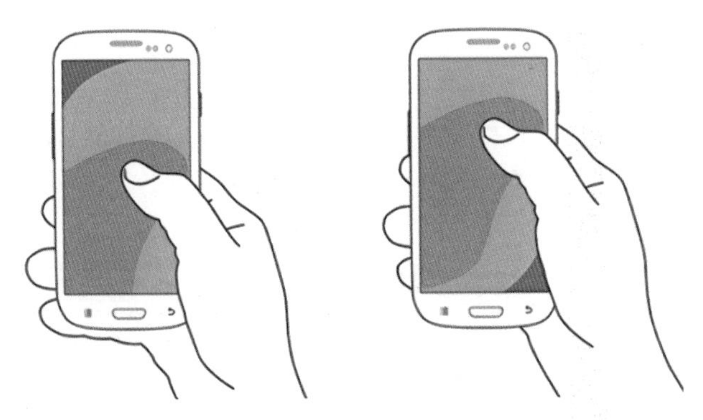

图 4-19　基于传统手机的竖屏操作热区

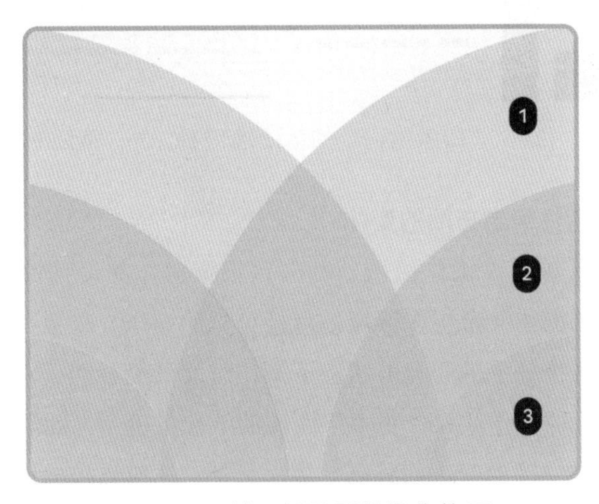

图 4-20　基于折叠屏的操作热区

2. 将交互框架分解为导航区域、操作区域和内容区域

上文提及不同系统设计规范在交互层面的设计原则越来越相似，因为不同规范在一定程度上都会将交互框架层面抽象和分解为导航区域、操作区域和内容区域，只有分解得越彻底，解耦得越干净，应用适配到不同平台上的灵活性才会

越高。下面先看一下图 4-21 中“印象笔记”的案例，“印象笔记”的移动端和 PC 端分别将界面分解和抽象为三个区域：导航区域、操作区域和内容区域，它们分别由不同的内容或者控件组成，这样的好处是当界面发生变化时，只需关注不同区域的内部变化即可，每个区域可以基于屏幕大小和方向、设备支持的传感器和功能等特点进行内部调整，包括屏幕较大时可以将下一级内容显示在当前界面中。

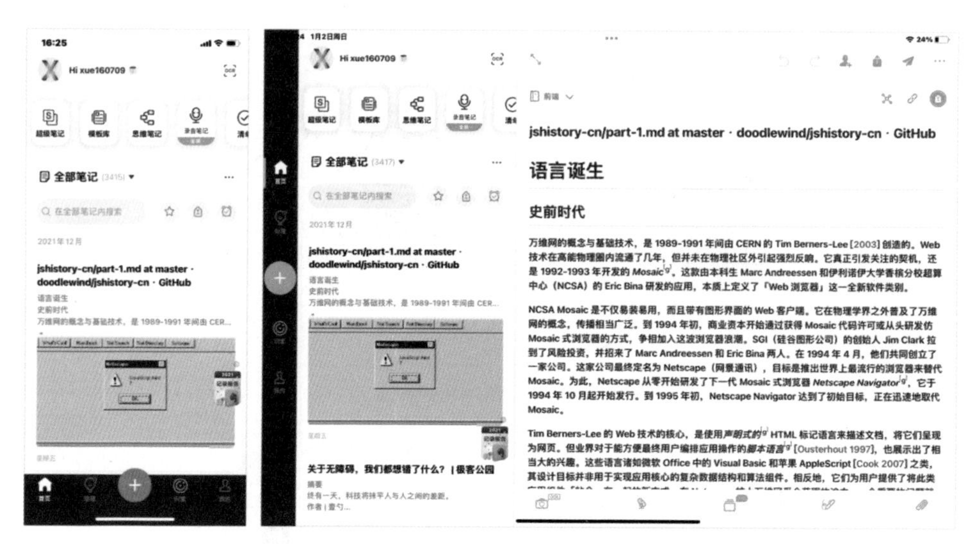

图 4-21 “印象笔记”的移动端和 PC 端的界面布局

3. 基于设备特性考虑布局的变化

无论是导航区域还是操作区域，都应该根据操作的可见性确定功能的优先级，并将最重要的操作（希望在区域中保持可见的操作）放置在操作区域的前几个插槽中。例如在传统手机的竖屏状态下操作空间只能容纳 2 ～ 4 个选项，我们可以将优先级较低的操作放入“更多”区域的下拉菜单中，而这些操作将随着界面的宽度以及操作空间的变大而外露更多。另外，还应该根据设备拥有的硬件能力动态显示或隐藏部分功能，以图 4-22 所示的 Tab 设计为例，由于大部分桌面计算机没有摄像头，因此相机功能并不适用于大部分桌面计算机，因此可以将相机功能显示在 Tab 的最右侧，当 PC 端检测不到摄像头时可以将它隐藏，当设备拥有摄像头时再将它显示出来。

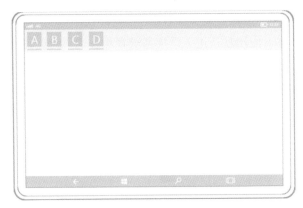

图 4-22　部分功能选项可以根据设备特性进行显示或隐藏

最后根据空间大小调整每个区域的显示方式。如图 4-23 所示是一个导航菜单，在小屏幕上它可以是一个可隐藏的汉堡菜单，选项以纵向排列的列表显示，但是在大屏幕上导航菜单以 Tab 的形式横向显示会更好。

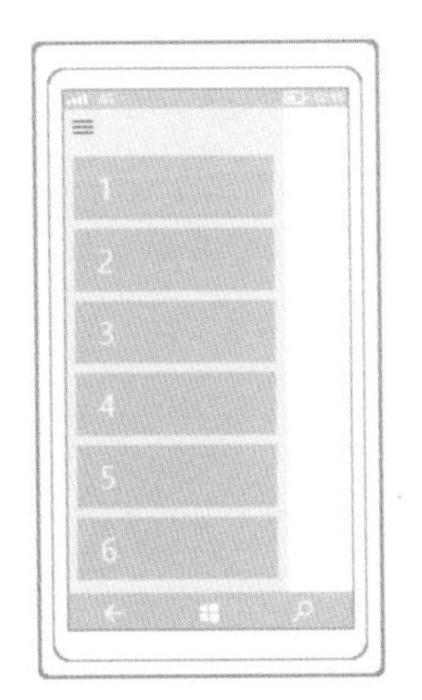

图 4-23　导航菜单可以根据设备特点进行变化

4.2.3　动态布局中的界面层级变化

为了降低设计和开发成本，当前很多产品会通过对单个界面布局进行拉伸变化以及将多个界面组合在一起来适配折叠屏手机、平板电脑和桌面计算机。在不改变当前信息架构的基础上，拉伸布局可以分解为对内容、容器和间距进行动态显示，从而尽可能保留原本的界面布局。

对内容的操作主要通过等比例伸缩或者裁剪填充实现，这时内容的宽高大小和显示位置都不是固定值，具体的变化由参照物的变化决定。以播放视频为例，在普通手机竖屏状态下，视频播放页顶部会播放视频，下方会有视频相关的信息、评论互动等；当处于横屏状态下应用默认进入全屏播放视频界面，这时可以理解为视频播放控件已经发生了拉伸，当视频比例跟设备比例不一致会适当地在视频左右处增加黑边；在折叠屏展开状态下，由于屏幕的宽度翻倍，即使不进入全屏播放状态视频的宽度已经和沉浸式播放模式相当，如图 4-24 所示，所以用户无须切换到全屏播放状态去最大化观看视频，而且在全屏播放状态视频上下方有大面积的黑边也不美观。

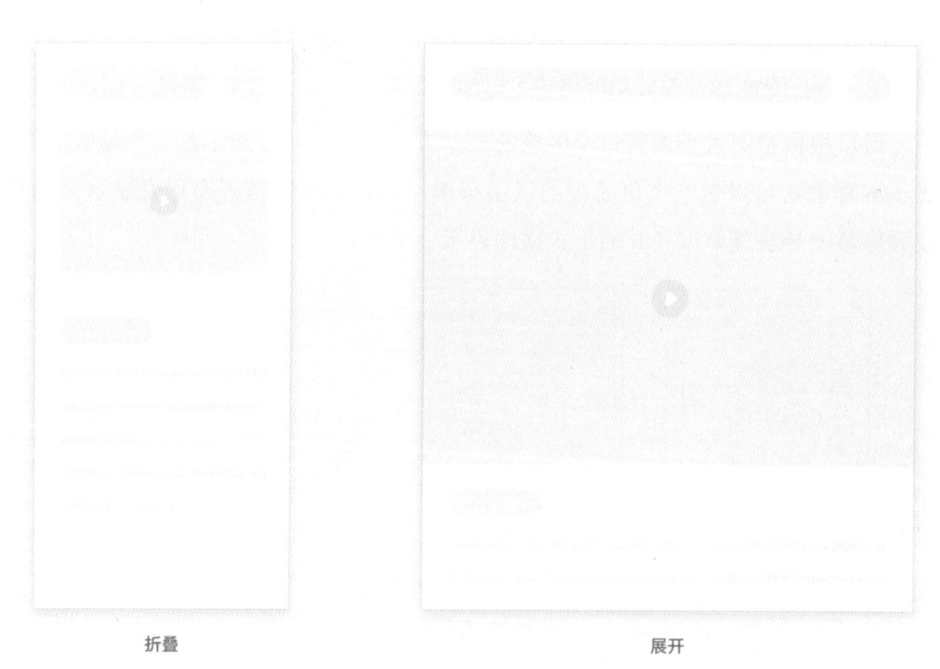

图 4-24　折叠屏折叠时和展开时的视频播放界面

在《折叠屏移动智能终端人机界面设计及开发指南 V2.0》中提及在折叠屏从折叠态到展开态的过程中，建议图片、视频等视觉元素不应发生变形、裁剪等信息缺失；展开态字体大小不应发生明显变化，在保证可读性的基础上，建议保持跟折叠态一样的大小（如果要发生变化，建议展开态为折叠态字体大小的 1.2 倍）。一行 20 个文字是最佳的文字显示方式，因此不建议展开态字体放大太多。相关规范如图 4-25 所示。

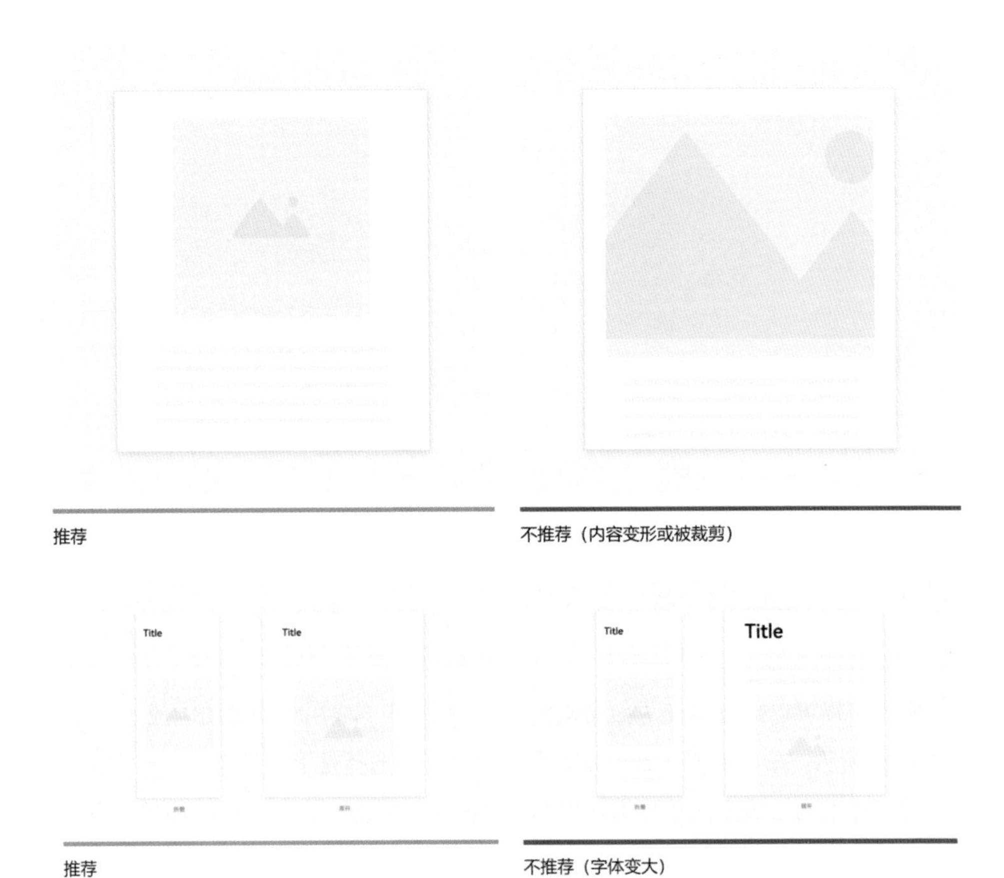

图 4-25　折叠屏从折叠态到展开态的过程中图片和文字的变化建议

接下来是对容器进行拉伸。容器的拉伸跟内容拉伸相似，宽高大小和显示位置都不是固定值，具体的变化由参照物的变化决定，但容器拉伸是尽可能保留内容的原有比例，通过自适应当前界面的宽高从而填满整个空间。当容器内的元素横向布局且元素之间的距离相对固定时，一行能显示元素的数量可随着容器宽度的改变而发生变化，例如视频列表界面，以图 4-26 为例，由于视频类的内容有不同的长宽比例之分，因此在列表中往往采取网格或瀑布流的形式来呈现，在普通手机和折叠屏折叠态上可以采取双列显示，而在折叠屏展开态或者平板电脑中可以扩展为三列显示。还有一种方法是对元素之间的间距进行动态拉伸，这种做法更多是将显示对象的父元素等比例划分为几个区间，然后通过不同对齐的方式显示元素，这种做法适用于导航栏，读者使用时应该参考费茨定律进行设计。最后，容器拉伸和内容拉伸会经常配合使用。

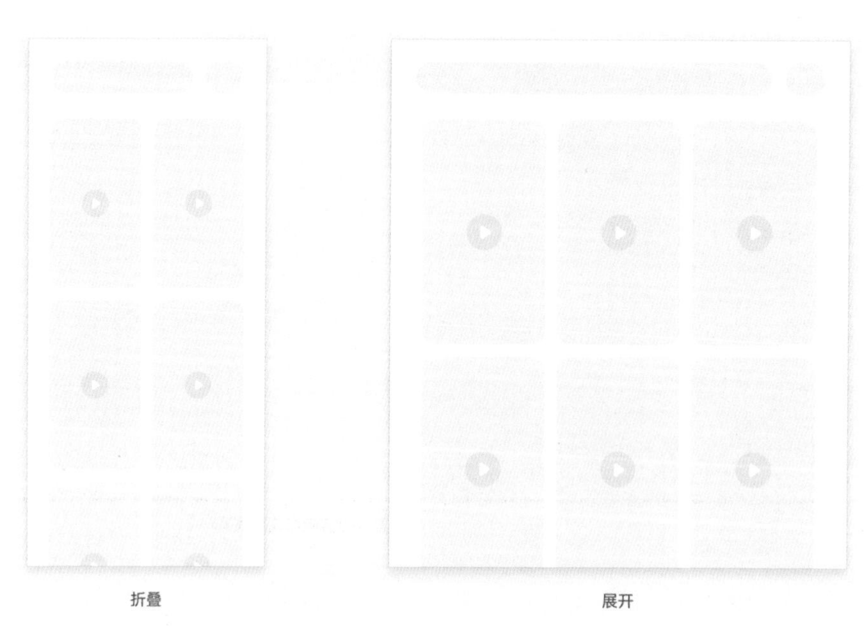

图 4-26　对容器进行拉伸

弹性布局可以通过改变界面结构实现，这种做法一般用于网页的响应式设计，如图 4-27 所示，布局内的元素会根据布局的宽度来选择是上下排布还是左右排布，适用于信息架构层级少的单界面，例如门户网站首界面、内容详情界面等。

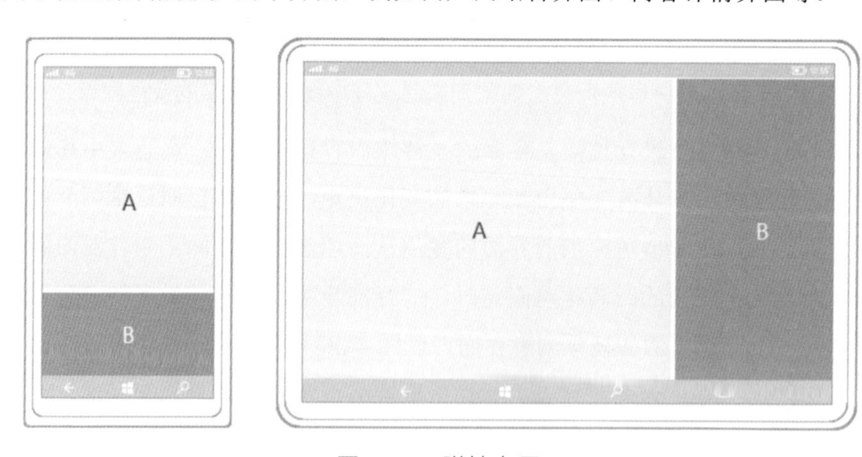

图 4-27　弹性布局

差异布局是一种比较特殊的改变界面布局的设计，它会根据横竖屏的特性设计整个界面，但这种设计模式的门槛较高较少采用，需要考虑实际场景的适用性，日历、图表等功能可以考虑使用这种做法，如图 4-28 所示的 iOS 日历应用。

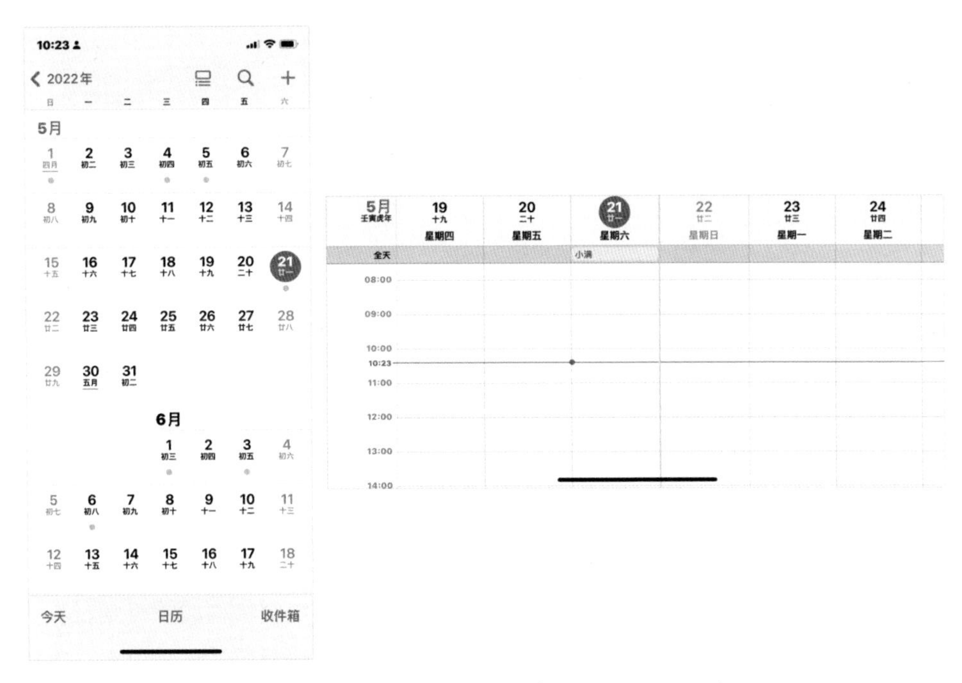

图 4-28　竖屏状态和横屏状态下的 iOS 日历应用

对于社交、工具应用来说，通过单个界面布局变化占满整个折叠屏和平板电脑并不能提升用户的使用效率，这也导致平板电脑经常被调侃为“视频播放器”或者“压泡面工具”。在苹果和 Google 分别对平板电脑增加了大量功能后，平板电脑能同时显示同一应用内的两个界面或者多个应用界面，这除了能有效提升界面使用效率，还能降低移动应用迁移至平板电脑的适配成本。除了以上好处，屏幕左右两侧分别显示两个界面能有效解决一台设备拥有两个独立屏幕的问题，如图 4-3 所示的 Surface Duo。

双界面设计模式是将竖屏状态下原本两个具有关联关系的界面内容组合到同一个界面，在空间上建立关系，并以分屏的形式同时呈现出来，降低原本跨界面交互、不断来回切换的操作成本，创造出高效率的用户体验。组合界面之间有三种关系类型：层级递进关系、主次关系、并列关系。

层级递进关系的信息架构采用分栏布局样式。分栏左侧的列表形式是信息架构概念上的列表，可以是普通的文字列表，也可以是宫格、瀑布流等适合于复合媒体元素的列表；分栏右侧可以是多层列表中的下一级列表，也可以是详情内容，如图 4-29 所示。

图 4-29　层级递进关系

层级递进关系分为单一层级和多层级。

单一层级结构一般以“列表 + 详情”的形式呈现，这类结构的特点是左右两侧内容属性固定，用户点击左侧中某一个条目，右侧打开对应的详情内容，实现内容的快速切换，常见的邮件、备忘录应用都符合单一层级结构。

多层级关系拥有多级分类子界面，这时设计信息架构需要同时满足“用户可感知当前的所处位置”以及“需要时可以找到想要的内容”两个条件。前者是为了避免用户在界面跳转时迷失方向，界面组合中左侧界面主要显示列表，它可以是根列表或子列表，如果是子列表需要提供出口让用户重新回到上一层级，右侧界面可以是子列表或详情页，操作可以保持普通手机的“层层深入”，并借助返回操作“层层退出”的导航定义。为了达成“需要时可找到”的要求，笔者建议保持固定的搜索入口在屏幕的固定位置，帮助用户随时找到自己所需的元素或分类。

在主次关系类型中，界面分为主界面和辅助界面，两者有明显的主次关系，辅助界面依赖主界面，因此主界面关闭或切换时，辅助界面也会同步关闭或者切换。辅助界面主要显示主界面相关的从属信息，例如视频的评论、商品参数等，它可以根据场景进行隐藏或者常驻，两者分别以悬浮窗面板和边栏的形式呈现，如图 4-30 所示。

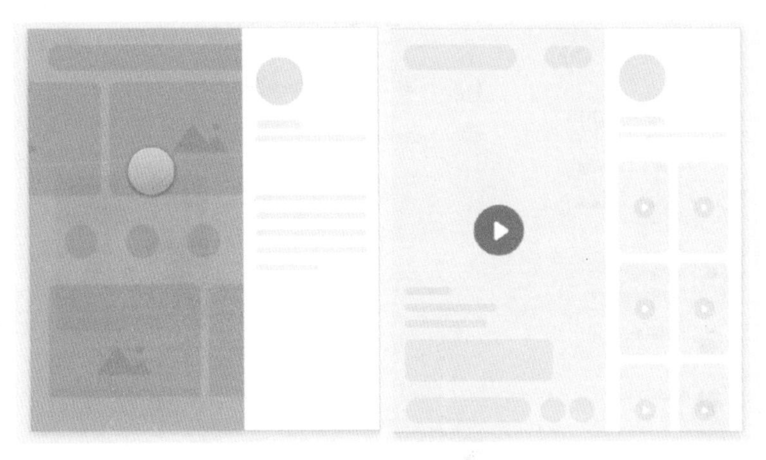

图 4-30　主次关系

在层级关系界面和主从关系界面中，两个界面的展示比例应该基于用户场景和需求进行定义，例如将屏幕分成两个相等的空间以显示列表和详细信息，如图 4-31 所示。如果列表中的内容可以轻松阅读，应用程序还可以使用三分之一的列表和三分之二的细节来划分屏幕，这种布局适用于具有无缝铰链的设备，如图 4-32 所示。

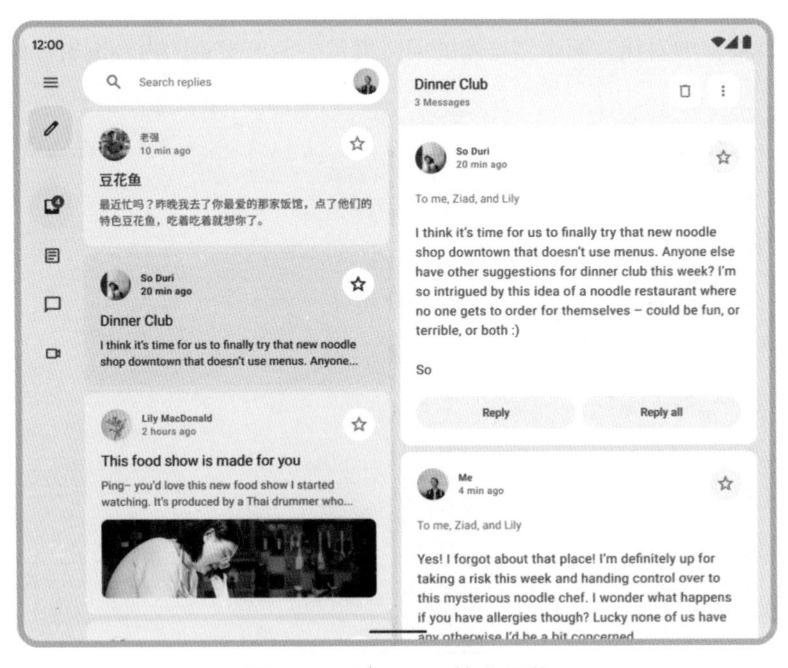

图 4-31　以 1 ∶ 1 等分屏幕

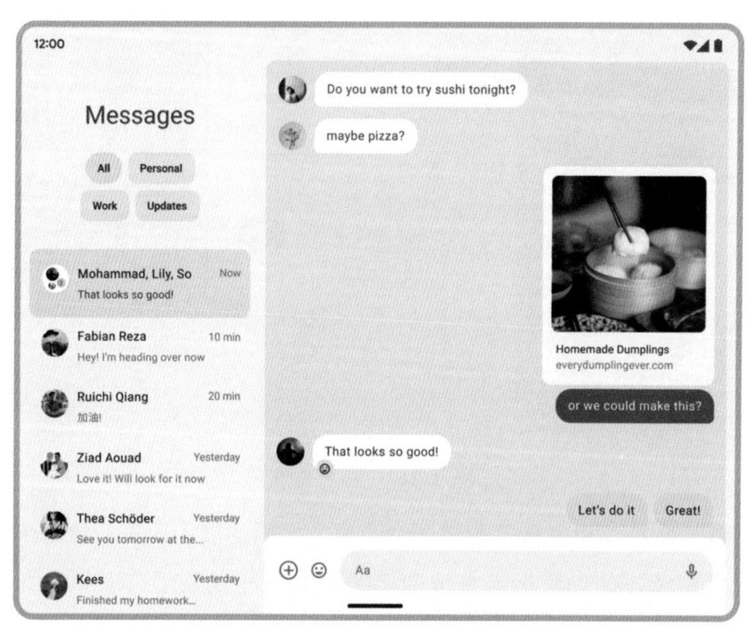

图 4-32　以 1 ∶ 2 划分屏幕

在并列关系类型中，界面中的两侧内容处于同等重要的地位。两侧的内容可以是同类型的内容，也可以是不同类型但有关联的内容。 这种方式常见于购物应用中两件商品的对比、两个浏览器的同时展示、两篇文章的内容编辑，如图 4-33 所示。

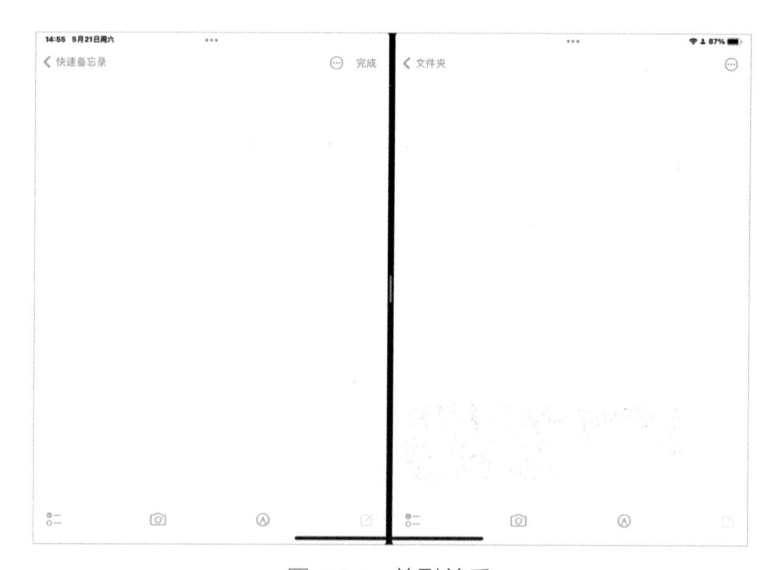

图 4-33　并列关系

这里有一点需要注意，在不同场景下用户有可能随时将平板电脑和展开态的折叠屏进行横竖屏切换，层级递进关系应该以详情页为主；主次关系应该以主界面为主。由于并列关系中两个界面的重要程度相等，而且两者可能在信息架构中没有父子或者同一层级的关系，所以读者需要密切关注切换后应该显示哪个界面，用户操作一段时间后切换回横屏模式后当前是否需要显示已消失的界面，如果显示需要和开发人员沟通清楚当前的应用生命周期和内存管理是否支持。

综上所述，双界面模式比单界面模式更适合大屏设备，可以更好地发挥大屏优势，但要避免破坏应用原有的沉浸体验状态，避免仅仅为了扩充内容或强制应用分屏而过度改变用户体验和用户习惯的情况。此时应该思考采用哪种设计模式能够适合业务场景解决当前产品的核心问题，达到体验增益的效果。尤其在处理折叠屏折叠态和展开态的来回切换时，需要保证当前任务的连续性。切换之前的任务和相关状态得以保存和延续，或能够快速恢复，给用户提供连续的体验。

4.2.4 以平板电脑为桥梁打通移动端和桌面端的设计

在 4.2.3 节强调了基于设备特性考虑布局的变化，如果要实现跨设备的界面设计，那么读者应该以平板电脑为桥梁打通移动端和桌面端的设计，为什么？因为平板电脑的屏幕大小处于移动端和桌面端之间，此外平板电脑的设计是在移动端的基础上衍生出来的，平板电脑和笔记本电脑在产品定义上又有着相似之处，所以在界面布局调整和功能定义时平板电脑向下兼容手机和向上兼容桌面计算机的难度远低于手机界面布局适配桌面计算机。

上文提到，平板电脑的界面可以由移动端界面的拉伸或两个界面拼接而成，在桌面端也可以通过该方式实现，甚至可以显示三个界面的信息。这样移动端和桌面端的功能整体保持一致，只是在视图层面和控件层面会有所差异；以图 4-34 所示的苹果的备忘录应用为例，它在 iOS、iPadOS 和 macOS 上基本一致，只是使用的控件和视图不一样。

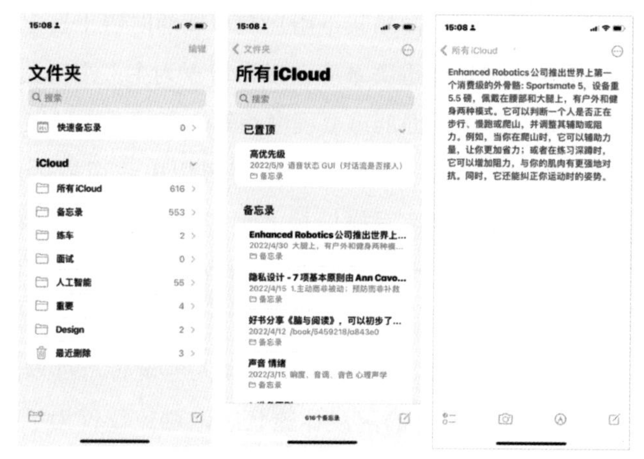

iOS备忘录

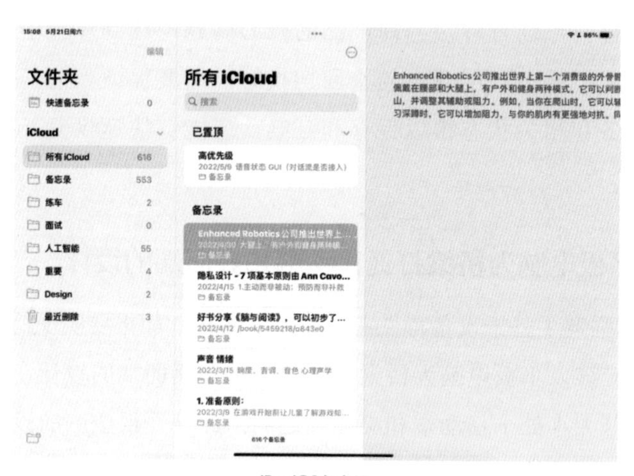

iPadOS备忘录

macOS备忘录

图 4-34 iOS、iPadOS 和 macOS 上的备忘录应用

在桌面端绝大部分应用都会采用多栏布局的方式构建信息架构，移动端也有相似的方式，即抽屉式导航（也被称为汉堡导航），只不过在不需要它时隐藏起来；在平板电脑上由于空间足够，抽屉式导航可以选择不隐藏，这也是 iPadOS 中最核心的功能——边栏（Sidebars）。笔者以 iPadOS 13 和 iPadOS 14 的“家庭”App 做对比，如图 4-35 所示，读者可以看到 iPadOS 13 的“家庭”App 的标签栏（Tab Bar）中有许多空余的水平空间，原因是它参考了移动端的设计，这导致应用没有充分利用好 iPad 大尺寸的空间，用户导航到一个特定的房间需要更多的步骤。在 iPadOS 14 中，设计师使用边栏替代了标签栏，这样可以更好地利用大屏幕，用户通过简单的单次点击就可以进入任何自己想查看的房间，交互变得更简单。在 macOS 上，iPadOS 的边栏只需要转换为 Mac 样式的边栏就直接符合 macOS 的设计规范，如图 4-36 所示。

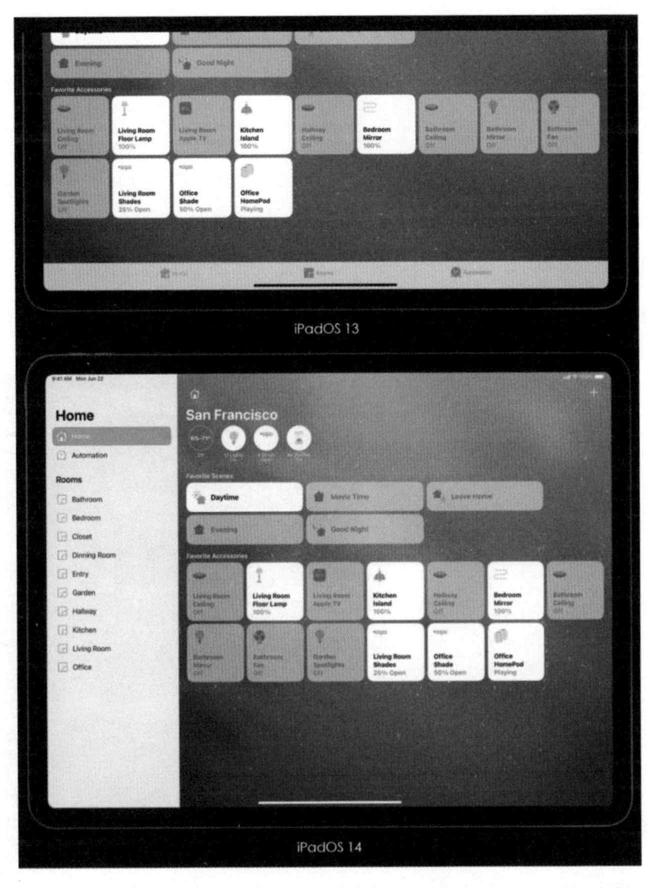

图 4-35　iPadOS 13 和 iPadOS 14 的“家庭”App 设计差异

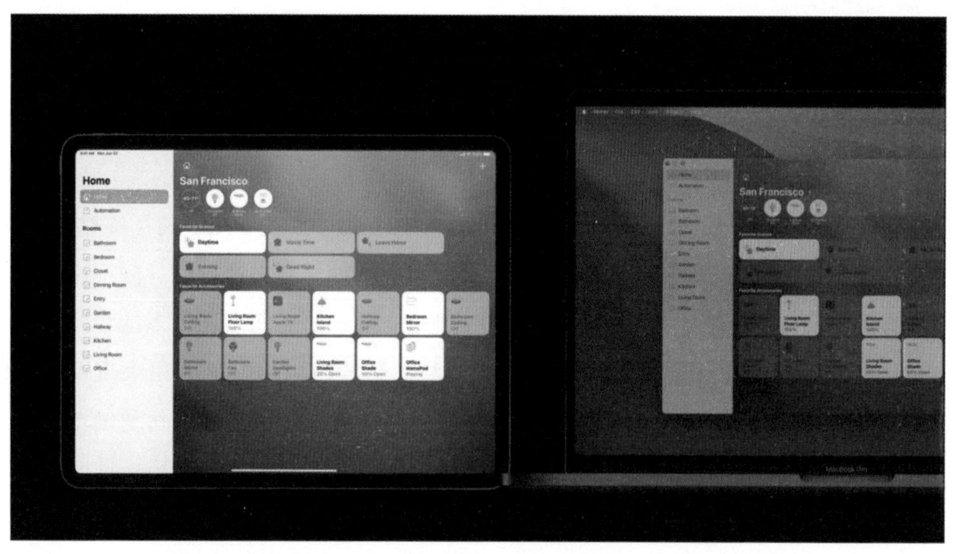

图 4-36　iPadOS 14 和 macOS 的“家庭”App 设计差异

边栏是一个扁平化信息层级和同时提供对几个相同层级的信息分类的访问的好方法，而且能让内容充满整个屏幕以展示更多的内容，同时能给用户更多的上下文关系，很适合用于平板电脑或桌面计算机的设计上。但是边栏（即抽屉式导航）在移动端上交互效率低于标签栏，所以可以在移动端将边栏转换为标签栏。在苹果的设计规范中，标签栏和边栏都用于显示应用信息架构的第一层级信息，只不过边栏具有更多的展示空间可以容纳多个第二层级的内容，如图 4-37 所示。

图 4-37　苹果相册在 iOS 和 iPadOS 上的标签栏和边栏

以上设计适用于绝大部分应用设计，除了部分需要沉浸式体验的应用和游戏。在移动端和桌面端上，交互体验最大的区别是交互流程发生变化时是跳转界面才能完成操作还是在当前界面完成操作，这取决于上文提及的层级递进关系、主次关系和并列关系。如果是层级递进关系、主次关系，大部分情况可以通过边栏和标签栏解决，这时在布局设计时需要读者投入更多的精力对界面元素进行归类、分层、排序；如果是并列关系，应该考虑通过多窗口的形式来解决。如果读者想深入了解边栏的设计，可以参考 WWDC 2020 的 Designed for iPad 课程，以及 HIG 的 Sidebars 相关内容。

除了导航的设计，操作区域也是设计师的重点关注对象。移动端和桌面端操作区域的最大不同是移动端的大部分操作都是靠近底部，而桌面端的操作是以菜单的形式常驻显示器四边或者四角，最常见的是放在显示器顶部。为什么？因为对于移动端来说，最好的热区是在设备底部；对于使用鼠标的桌面端来说，把工具放在显示器四周是为了满足费茨定律。但是，macOS 和 Windows 已经将自己最重要的 Dock 放置在显示器底部，同时应用窗口可以往下拖动直至几乎不可见，所以双方的应用设计规范都会建议把操作选项放置在窗口的顶部，这样能避免可用性问题，如图 4-38 所示。

图 4-38　macOS 上 iPadOS 应用迁移前后的变化

从图 4-38 中会发现应用已经变了样，这个跟应用的平台迁移有关，如果读者需要考虑将 iPadOS 上的设计迁移到 macOS 上，可以自行查阅 Mac Catalyst 的相关资料。

移动端和桌面端操作区域的另外一个不同是移动端的操作区域太小只能显示若干个操作选项，而桌面端拥有大量的空间去平铺操作选项。以图 4-39 的“腾讯文档”为例，“腾讯文档”会将常用但不容易出错的编辑选项聚集在一起形成一个工具栏，在移动端和平板电脑上，工具栏会出现在界面底部或者在软键盘的上方，并且根据设备宽度自适应显示多个操作选项；在桌面端，这些编辑选项会和剩余的编辑选项融合成一条更长的工具栏以实现良好的视觉效果，这种方式值得读者去借鉴。

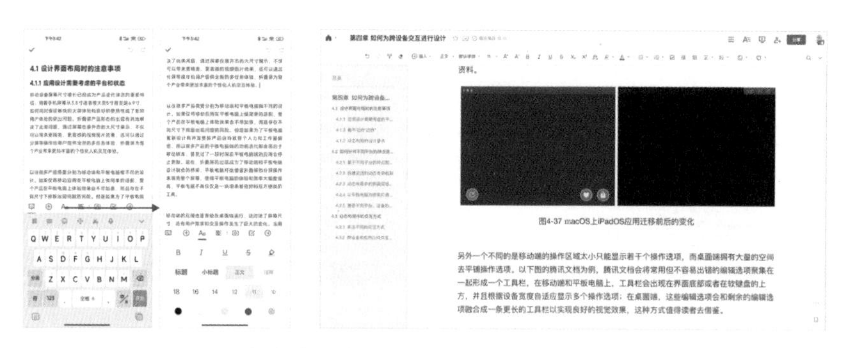

图 4-39　移动端和桌面端的“腾讯文档”工具栏差异

4.2.5　兼容不同平台、设备的差异和特点

尽管我们希望能将一套设计使用在不同平台和设备上，但苹果、Google 和微软提供了不同的设计规范，以及移动端和桌面端本身就有着较大的差异，导致不同平台和设备的控件和组件会有所区别。以 Tooltip（提示）为例，Tooltip 被称为 Help Tag（帮助标签），是移动端和桌面端上的典型差异，Tooltip 的作用如下：解释控件或者组件的作用是什么，展示被截断字段的完整信息。Tooltip 在桌面端的出镜率就很高，而移动端很少看到 Tooltip 的使用，因为触控交互中没有悬停（Hover）的交互状态，但 Android 8.0 以上版本是有 Tooltip 的相关规范，它的触发需要用户通过长按视图或者将鼠标悬停在视图上才会显示。现在无论 iPadOS 还是 Android 平板电脑已经支持鼠标的交互行为，所以不排除后续苹果也会为 iOS 和 iPadOS 提供 Tooltip 的相关功能。

很多产品在移动端喜欢用“弹窗 + 蒙层”的方式遮挡下方的内容，目的是让用户聚焦于弹窗上的信息和选项。但这种做法在平板电脑和桌面端上并不是一个很好的设计手段，因为平板电脑和桌面端拥有更多的空间，尤其桌面端应用处于全屏状态。在 WWDC 2020 上，苹果设计师以文件的重命名为例讲解了自己对于该问题的思考。如图 4-40 所示是用户在 iPadOS 13 的“文件”应用重命名一个文件夹的场景，这时用户看不到其他文件夹的信息，很有可能让他失去重命名文件夹名字的线索。

图 4-40　在 iPadOS 13 的“文件”应用重命名一个文件夹

为了保持上下文关系，iPadOS 14 对这个细节进行了修改，用户在重命名一个文件时，屏幕上的其他内容也是可见的，如图 4-41 所示。这个细节在 iOS 上也得到了修改，移动端、平板电脑和桌面端在这个交互细节上得到了统一。因此，不使用蒙层遮挡屏幕上其他部分的内容除了能让应用的设计更轻量、保持上下文关系可见，还能将应用更好地适配到桌面端。

图 4-41　在 iPadOS 14 的“文件”应用重命名一个文件夹

如果移动端有较多的临时信息需要展示给用户，除了跳转界面，模态（Modal）也是一个不错的选择，但临时界面和模态并不适用于平板电脑和桌面端，因为平板电脑和桌面端拥有足够的空间去显示信息，而临时界面和模态都会遮挡住过多内容。临时界面还需要用户多跳转一次，所以可以将这些临时信息通过浮层或者菜单的方式来承载。

除了以上细节，其实还有很多细节都是设计过程中需要注意的，例如选择内容时桌面端使用下拉框，而移动端更多使用 Action sheets；在设计导航时桌面端有空间显示面包屑导航，而移动端没有这样的空间，等等，笔者在此不一一阐述，感兴趣的读者一定要熟悉不同平台、系统的设计规范之间的差异。要实现一套三端完全可以共用的设计可行性很低，我们还是需要根据不同平台的特点和场景选择合适的交互设计。交互设计除了界面的设计，还有交互方式的设计，这是下一节讲述的内容。

4.3 动态布局中的交互方式

4.3.1 关注不同的交互方式

当一个应用能运行在不同设备上，除了界面布局符合相应的规范，用户如何使用也是需要考虑的问题。在很多情况下，设计师没有注意到多个设备之间的差异导致移动应用在桌面计算机上运行出现体验不佳的问题。例如在只有鼠标和键盘的桌面计算机上不支持双指操作，导致图片无法进行缩放；移动应用在桌面端输入文字会调出手机的输入键盘，无法通过物理键盘进行文字输入，只能通过鼠标对软键盘上的字母进行单击操作……本节内容将重点介绍不同的交互方式，这有助于读者在设计跨设备应用时能更完整地思考不同的操作方式。

1）触摸屏

触摸屏允许用户对界面上的元素进行直接交互，大幅度降低了用户的学习和使用成本。用户可以通过单点和多点触控方式对操作对象进行点击、移动、旋转、平移或者调整大小等操作。同时部分设备提供的触觉反馈能为用户提供更自然、更真实的感觉。如图 4-42 所示是常见的手势操作。当移动端和平板电脑上的应用运行在不可触控的桌面计算机上，绝大部分的手势都无法使用，因此在设计多设备交互时，应该尽量避免使用过多的手势设计。

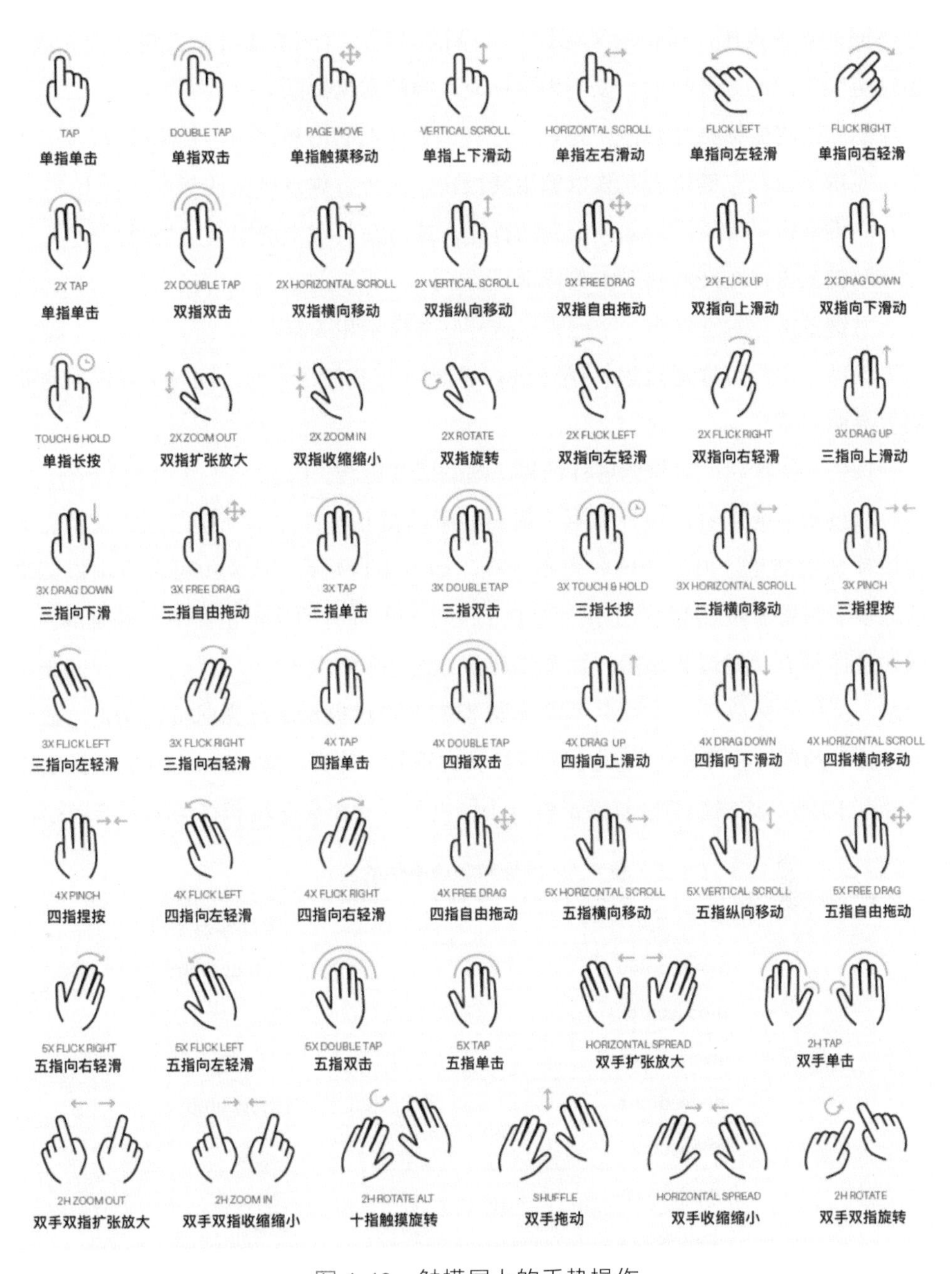

图 4-42　触摸屏上的手势操作

2）鼠标

鼠标是大部分桌面计算机的标配，适用于需要基于像素精度进行定位和单击的交互任务上。和触摸输入不一样的是，触摸能够通过不同的手势对操作对象进行不同的直接操作，而使用鼠标进行复杂的交互行为一般需要配合键才能完成，但这考验用户的记忆能力。以下为鼠标交互中的常见做法。

悬停：将鼠标指针悬停在元素上可显示更详细的信息或教学视觉效果。

左键单击：左键单击元素以调用其操作，或者将焦点停留在某个元素上。

左键双击：常用于启动某个应用程序，或者在文本中选中某个词组。

左键三击：在文本中选中整段话。

右键单击：右键单击一个元素以选择它并显示相关菜单。

滚动：用户可以通过鼠标滚轮进行界面的上下左右滚动，同时可以配合键盘实现界面的缩放。

按住左键拖动：对物体进行选择、拖动或者旋转。

从技术层面来看，鼠标和触摸需要监听的交互事件并不一样，因此使用它们和控件发生交互时关注的内容也不一样，如表 4-1 所示。从表中可以看出鼠标事件远多于触摸事件，因此基于鼠标事件的交互控件拥有的状态也会多于触摸事件，例如悬停状态、经过状态等，而且鼠标能结合不同的控件和位置显示不同的光标状态，例如光标放在文本框上可以变成“I”的形状提示用户当前可以输入，放到可以移动的图片上光标会变成十字带箭头的符号，等等，Windows 10 的光标状态已经有 17 种，这些细节会直接影响一个网页是否能在桌面端和移动端完美运行。

表 4-1 鼠标和触摸事件的区别

鼠标交互事件	触摸交互事件
mousedown	touchstart
mouseenter	—
mouseleave	—
mousemove	touchmove
mouseout	—
mouseover	—
mouseup	touchend

3）触控板

桌面计算机上的触控板具备鼠标的精确输入和间接的多点触控输入方式，尽管它支持手势操作，但它和直接交互的触摸屏有着本质的区别，因为它需要光标才能实现一系列的交互行为，所以它更像多功能的鼠标，苹果的 Magic Mouse 就是很好的例子。在触控板交互中，Windows 和 macOS 都支持两指模拟右键单击、双指滑动平移内容等交互行为。

4）键盘

键盘是文本的主要输入设备，对于一些残障人士或者认为它是和应用程序交互得更快、更有效的用户来说，键盘是必不可少的。键盘有三种，分别是物理键盘、屏幕键盘和触摸键盘。除了桌面计算机，平板电脑也能兼容物理键盘。

物理键盘除了能打字，还能通过上、下、左、右、Tab 等按键对界面上的元素进行导航。更重要的是用户可以通过物理键盘上的快捷键提升工作效率，例如 Office、Photoshop 等专业工具都会配备一系列的快捷键。读者在为平板电脑设计跟生产力相关的产品时，一定要记得为用户提供一套快捷键方式，如果担心用户记不住所有的快捷键，可以在界面上基于上下文显示相关的快捷键信息。

屏幕键盘（也称软键盘）一般是为没有物理键盘的桌面计算机或者行动不便的残障人士提供的，它是物理键盘的直接映射，所以屏幕键盘会一直显示在屏幕上，用户可以通过触摸、鼠标、笔 / 触笔或其他指点设备实现数据的输入。

触摸键盘更多是指移动设备上的键盘（即输入法），它仅会在文本输入或者可编辑文本控件获得焦点时出现。触摸键盘不能替代屏幕键盘，同时不支持应用程序或者系统命令。有一点需要注意，屏幕键盘优先于触摸键盘，如果存在屏幕键盘，则不应该显示触摸键盘。

如果需要通过物理键盘和屏幕键盘来操作控件，那么控件必须具有焦点。控件接收和移动焦点的一种方法是通过 Tab 按键来实现，这种方式已被纳入无障碍信息设计中。良好的导航设计应该提供合乎逻辑且可预测的 Tab 按键走焦顺序，而它应该符合用户的阅读习惯，如图 4-43 所示。当界面中有太多控件无法单独使用 Tab 按键进行有效导航时，这时应该支持上、下、左、右、Home、End、Page Up 和 Page Down 按键在控件之间移动焦点。最后，当应用程序启动时，应该将默认焦点设置在最直观或者用户最有可能首先与其交互的元素上。

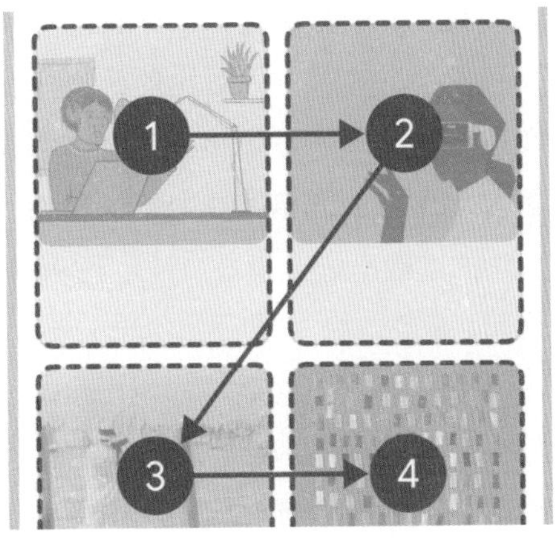

图 4-43　用户的阅读习惯

5）触控笔

触控笔需要和触摸屏或者触控板配合使用，是手写输入的最佳设备，同时也可以像鼠标一样完成精确的像素指点操作。触控笔分为主动笔和被动笔，主动笔可以基于压力、笔锋等参数实现不同的书写和交互行为，而被动笔无法实现以上功能，只能模拟简单的触摸和点击操作。

触控笔在平板电脑上变得越来越重要，因为平板电脑逐渐成为移动办公的重要生产工具，用户用触控笔写字比用触摸键盘输入方便得多，苹果在 iPad 上已经支持将手写文字转化为标准文字的功能。当用户手握触控笔时，除了基于笔尖的点击、长按、滑动等交互行为，用户的食指还可以做其他事情，为此苹果在 Apple Pencil 2 正面增加了一个传感器来识别用户食指在触控笔正面的点击事件并允许切换不同的功能。读者设计触控笔相关交互时需要注意不同平台的触控笔的区别，有一点需要额外注意，如果是在 Apple Pencil 上设计功能的切换，尽量不要将低频和高频操作功能放在同一个切换列表里，因为用户很有可能误触到表面从而引起功能的切换。

6）语音

语音交互和语音输入已经渗透在用户的日常生活中，它能帮助用户迅速完成任务和输入，这种交互方式和基于触摸、焦点的交互方式有着本质的区别。在 2016 年左右，国内的百度输入法、搜狗输入法已经支持将语音输入集成到输入法（即触摸键盘）上。百度、斯坦福大学和华盛顿大学共同完成了一项有关智能手机输入方式对比的研究，发现相比于传统的键盘输入，语音输入方式在速度及准确率方面更具优势。利用语音输入英语和普通话的速度分别是传统输入方式的 3.24 倍和 3.21 倍。此外，通过加入纠错功能后，语音输入英语及普通话的准确率进一步提高，达到 96.43% 和 92.35%，输入速度仍为传统方式的 3 倍和 2.8 倍。

7）手柄

手柄是一种高度专业化的设备，通常用于玩游戏，但是它也用于模拟基本的键盘输入并提供与键盘非常相似的界面导航体验。

表 4-2 是 Universal Windows Platform 设计规范中对不同交互方式的分析，供读者设计交互体验时作为参考。读者一定要切记，移动端是以触摸屏、语音为主，桌面端是以鼠标、键盘为主（部分计算机有触摸板），而平板电脑同时拥有以上

交互方式，这也是为什么笔者在上文提及设计一套兼容不同平台的设计时一定要先从平板电脑开始考虑，然后向移动端和桌面计算机兼容。

表 4-2　Universal Windows Platform 设计规范中对不同交互方式的分析

交互方式	触摸屏	鼠标、键盘、触控笔交互	触摸板
精度	指尖的接触面积大于单个 x、y 坐标，这增加了意外激活命令的机会	鼠标和触控笔提供精确的 x、y 坐标	与鼠标相同
	接触区域的形状在整个运动过程中会发生变化	鼠标移动和触控笔描边提供精确的 x、y 坐标。键盘焦点是显式的	与鼠标相同
	没有鼠标光标来协助定位	鼠标光标、触控笔光标和键盘焦点都有助于定位	与鼠标相同
人体工程学	指尖运动是不精确的，因为用一个或多个手指进行直线运动是很困难的。这与手关节的曲率和运动中涉及的关节数量有关	使用鼠标或触控笔执行直线运动更容易，因为控制它们的手的移动距离比屏幕上的光标短	与鼠标相同
	由于手指姿势和用户对设备的抓握，显示设备触摸表面上的某些区域可能难以触及	鼠标和触控笔可以到达屏幕的任何部分，而任何控件都可以通过键盘上的 Tab 键顺序访问	手指姿势和握力可能是一个问题
	对象可能被一个或多个指尖或用户的手遮挡	间接输入设备不会导致遮挡	与鼠标相同
对象状态	触摸使用双状态模型：显示设备的触摸表面要么触摸（打开），要么不触摸（关闭）。没有可以触发其他视觉反馈的悬停状态	鼠标、触控笔和键盘都公开了一个三态模型：向上（关闭）、向下（打开）和悬停（对焦）；悬停允许用户通过与 UI 元素关联的工具提示进行浏览和学习。悬停和对焦效果可以传达哪些对象是交互式的，并且还有助于定位	与鼠标相同
丰富的互动	支持多点触控：触摸表面上的多个输入点（指尖）	支持单个输入点	与触摸屏相同
	支持通过点击、拖动、滑动、捏合和旋转等手势直接操作对象	不支持直接操作，因为鼠标、触控笔和键盘是间接输入设备	与鼠标相同

读者在设计跨设备交互时，一定要考虑清楚设备的使用场景和特点是什么。例如在桌面计算机上，用户习惯使用的是键盘和鼠标，这时文字输入应该优先支持物理键盘；由于手表体积有限，语音输入是一个不错的选择；在移动端和平板电脑上文字输入可以兼容物理键盘、触摸键盘、触控笔和语音交互。如果输入方式需要手写输入或者绘画，在桌面计算机不一定有触控板支持手写输入，为了解决这个问题，苹果支持用户在 iPad、iPhone 上将速绘、形状和其他标记添加到 Mac 文稿中，其中的交互流程仅仅是在 Mac 右键选择“从 iPhone 或 iPad 插入”→“添加速绘”即可，这时 iPhone 或 iPad 会自动打开画板供用户手写输入，完成后内容会直接复制粘贴到 Mac 中。除了文字输入，图片输入也是一种交互输入手段，但桌面计算机不一定有摄像头或图片并不在计算机里，同样地，苹果支持将 iPhone 或者 iPad 作为图片的输入来源，交互流程跟上文相似，做到了无缝地跨设备内容输入。

在交互输出方面，笔者认为最常用的规则是用户当前使用哪个设备就以当前设备作为输出的渠道。例如用户当前正在使用桌面计算机浏览手机里的歌单，选择歌曲后音乐应该从桌面计算机的扬声器中发出，如果是视频则应该在桌面计算机播放。当设备承载不了当前媒体时，应该推荐合适的设备输出该内容，例如用户的微信好友发了一个视频消息过来，用户用手表接收了相关消息并打算查阅，这时用户正在敲字的桌面计算机可以将相关视频播放出来。以上细节不一定是最好的选择，笔者只是抛砖引玉提供相关的想法，读者可以基于用户场景和自己的产品做更深入的思考。

4.3.2 数据互通的重要性

读者在桌面端一定遇到过这样的场景：可以将图片直接拖入聊天软件进行发送，也可以将文档、音乐、视频等文件拖入相应应用程序直接进行使用，这种拖动操作交互极大地方便了计算机的使用。苹果从 iOS 11 开始也新增了相似的体验，平板电脑上的图片、文字都能实现直接的拖动跨应用分享，除此之外，拖动也成了各个系统中应用程序内部或在应用程序之间传输数据的最佳可视化操作方式。

为了实现优秀的拖动分享体验，设计师需要明确当前系统的拖动设计规范是什么，而且确认界面中哪些内容可以被传输，以及这些内容包含哪些数据格式，例如文本、图片、视频、网址、文件等，因为这些数据将由对应的控件和组件来承载，例如文本能拖动到文本框但不能拖动到相册中（除非系统提供相应的接口），而且交互会受到拖动项目的媒体类型和放置区的影响，如表 4-3 所示。如果图片或视频中包含云端图片或视频，应该提前提醒用户下载完再拖动，否则用户会疑惑为什么拖动一直不成功。

表 4-3　不同的拖动外观

媒体类型	拖动外观
图片	静态图像缩略图
视频	静态图像缩略图
文本	文本块
应用	应用程序图标
模型	文件缩略图（无预览）
字体	文件缩略图（无预览）

在桌面端，用户除了喜欢用鼠标拖动内容，还习惯用“复制 + 粘贴”的形式进行跨应用的数据共享。可惜目前大部分应用在跨系统交互时只支持文字的复制粘贴，并不支持图片的拖动和复制粘贴。例如用户无法将桌面计算机中的图片直接拖动进投影在桌面电脑上的移动应用聊天场景中，更不支持复制粘贴，这需要用户进行若干步骤才能完成操作。这些问题的背后除了系统是否支持该功能，更重要的是设计师有没有考虑过这样的场景并着重提示产品经理和开发人员实现这样的功能。笔者认为，跨设备的文件管理和剪贴板功能变得异常重要，以上问题更多是由于文件管理和剪贴板没有开发完善，导致两台设备的数据没有实现完全互通。

4.3.3　浅谈跨设备和跨应用之间交互的基础体验要求

在桌面端用户习惯打开多个应用或窗口同时操作，这为跨设备和跨应用交互带来新的挑战，首先当前移动端的应用暂时无法做到多窗口显示内容，除了 iPad 的浏览器、备忘录等应用。其次移动端算力不足以实现复杂的跨设备和跨应用交互，因此整个跨设备和跨应用还处于一个非常早期的阶段，以下是笔者认为应该注意的问题：

（1）保证应用任务的连续性。当应用以分屏、悬浮窗显示时，需要保证应用不被特殊情况打断进程。例如应用在不同窗口模式间切换时、在设备横竖屏旋转以及流转到其他设备时，应用避免发生重启等问题，而且切换之前的任务和相关状态得以保存和延续，或者能够快速恢复，给用户提供连续的体验。

（2）保证多个任务同时正常使用。通过多窗口交互实现多个任务并行时，要保证多个应用都能正常使用。例如用户正在全屏玩游戏或看视频，同时利用悬浮窗或者其他窗口打开了其他应用。只要游戏或视频应用还在前台显示，就依然要保证能正常运行，不会因为新打开的应用而导致游戏 / 视频暂停。

（3）关注权限的正常获取。在跨设备交互时由于部分设备不具备相应的传感器和功能，导致部分权限的获取并不适用于当前设备，例如桌面计算机不一定拥有读取联系人、获取身体运动信息等的能力，因此相关权限在桌面计算机上并不适用。如果读者设计的应用在启动时非要获取到以上权限才能继续使用，那么该应用是无法在桌面计算机上安装的（例如在苹果 Mac 上安装 iPad 应用），因此读者需要考虑一下哪些权限并不一定是非要获取且会影响下一步交互流程的，应该将它们重新设计和管理。

（4）多考虑音频带来的影响。例如当前应用正在播放视频或播放音乐时，用户开启了一个新的应用窗口并触发了新的音频内容，此时系统会自动暂停原来应用中视频或音频的播放，以便于用户听到新的音频内容。出现这种情况的原因是系统的音频管理器会自动管理各个应用的音视频任务和音量大小，当用户摘下苹果耳机，音视频会自动暂停也是因为音频管理器起的作用。如果读者正在设计的应用涉及音乐、视频、直播和游戏类型，需要关注并遵循不同平台的音频管理器的管理机制，尽量做到自己的音视频可以被用户快速控制，以及自己的音视频不要影响到用户，尤其需要关注当用户摘下耳机或者耳机已经被切换到其他设备时的体验。

（5）关注跨设备后带来的隐私事项。如果读者正在设计的应用涉及隐私，例如金融和企业应用，一般会在任务管理界面对界面进行模糊处理，以及不允许应用进行截屏和录屏操作。由于部分系统允许应用通过镜像的方式流转到其他设备上使用，如果读者担心用户会在其他设备上做截屏等操作，应该关注镜像后带来的隐私泄露问题并做好隐私保护，以及关注相关控件是否允许拖动复制内容。

（6）通过应用和能力的调用，取长补短。不知道读者有没有想过当安装在桌面计算机的移动端应用使用微信登录时会发生什么交互流程？是微信显示二维码让用户扫一扫还是直接无法打开？在 macOS 上如果安装了 Mac 的微信应用，该移动端应用会直接调出 Mac 版本的微信，笔者认为，在这点上苹果提前思考了很多状况并做出了正确的设计，这个设计更多是考虑了不同设备下同一款产品的深度链接需要一样，才能实现以上的功能。除此之外，在 Mac 上运行的 iPad 应用能直接获取摄像头调用能力，但无法获取相册中的图片，因为桌面计算机上的图片分布在四处，这不是一个“照片”应用能够管理的，笔者希望在未来的 WWDC 上苹果能基于剪贴板的强化实现将桌面计算机中的图片拖进移动应用的功能。

华为在跨设备能力调用上做了大量的创新，例如手机调用无人机的摄像头进行拍摄、手机调用电脑的 GPU 对手机游戏进行加速……不同设备有着各自的优缺点，在跨设备交互时应该做到取长补短。笔者试着举些例子：手机相比其他设备拥有更多传感器、AI 能力及用户数据；桌面计算机除了拥有更大的屏幕，还有键盘和鼠标可提升生产效率；手表除了实时贴身还有 PPG（Photoplethysmography，光电容积脉搏波描记法）、ECG（Electrocardiography，心电图）等跟健康监测相关的传感器，读者可以根据自身需求对不同设备进行能力上的组合或者任务流转。但有一点需要注意的是，即使是同类型设备，硬件规格也不一定对齐，例如有些智能手表就不配备 ECG 功能，因此读者在设计时需要做好容错上的处理。

（7）整体体验符合用户预期。由于跨设备交互仍处于发展的早期，每个平台的规范及措施仍未完善，这时有很多额外工作需要读者注意，包括交互状态的可视化。因为平台和终端之间很可能相互不兼容，这时交互状态应当在不同设备上实时同步。应用跨端后的体验应当符合当前设备的视觉和操作体验，最简单的例子是手机应用流转到 PC 后应当可以变成横屏或者折叠屏展开态模式，以及支持键鼠操作和快捷键的响应，这有助于用户效率上的提升。在这一点上苹果相比其他厂商已经走得更远，支持 Catalyst 的 iPad 应用在 Macbook 上几乎拥有 macOS 的原生体验，包括右键菜单等，感兴趣的读者可以搜索“Mac Catalyst”阅读相关内容。

以上内容是笔者在以往设计过程中遇到的一些问题和思考，希望能对读者有新的启发和帮助，如果读者对这部分内容感兴趣的话可以多参考苹果和华为的设计。

第 5 章

基于人工智能的设计

5.1 人工智能基础知识

5.1.1 人工智能模型，有多少人工就有多少智能

人工智能的发展得益于算力、算法和数据的不断发展，关于人工智能的发展历史和基础概念，读者可以阅读笔者在 2019 年出版的书籍《AI 改变设计：人工智能时代的设计师生存手册》。在讲解人工智能对设计的帮助之前，读者需要提前了解一些关键信息，首先是人工智能模型到底是什么。

现在的人工智能模型几乎由神经网络构成。神经网络由多个神经元构成，每个神经元有多个输入通道，可以类比生物神经元的树突。输入信号到达神经元后，经过计算输出到下一个神经元。神经网络由很多神经元连接起来，每一条连接都有一个参数。训练神经网络就是不断调整这些参数使得最后的损失函数的值不断变小的过程。最后，算出来的损失函数的值小得不能再小，神经网络就训练好了，可以通过推理来满足产品需求。

“训练神经网络的过程中有多少人工，就有多少智能”。这句话的言外之意就是，现在搞人工智能的，在算法层面拉不开太大的差距，关键在于谁有人工标注过的、高质量的数据。神经网络的学习过程，其实就是从有效的海量数据中总结规律的过程。

说起数据，大家需要知道计算机数据分为两种：结构化数据和非结构化数据。结构化数据是指具有预定义的数据模型的数据，它的本质是将所有数据标签化、结构化，也就是常见的技术术语“标注”。后续只要确定标签，数据就能读取出来，这种方式容易被计算机理解，神经网络需要的正是结构化数据。

非结构化数据是指数据结构不规则或者不完整，没有预定义的数据模型的数据。非结构化数据格式多样化，包括图片、音频、视频、文本、网页等，它比结

构化数据更难标准化和理解。非结构化数据可以承载来自世界万物的信息，人类在理解这些内容时毫不费劲；对于只懂结构化数据的计算机来说，理解这些非结构化内容比登天还难，这也是为什么人与计算机交流时非常费劲。全世界有80%的数据都是非结构化数据，研究人员想训练深度学习模型必须把非结构化数据这块硬骨头啃下来。

假设需要训练一个神经网络来识别狗的种类，它们分别是柯基、柴犬和阿拉斯加，如何去做呢？这时需要收集很多柯基、柴犬和阿拉斯加的图片，每一种类的图片数目几乎一致、没有杂质且场景广泛。为什么？在这里笔者分别解释一下。

如果不同犬类的图片数目相差过大，那么很容易导致神经网络“偏科”，后续工作时神经网络会倾向于最熟悉的那一个选项。在业界最出名的“偏科事件”是大家习以为常的人脸识别算法。全球最大的人脸数据集拥有67万人员信息和500万张照片，而这些都来自美国的相册网络——Flickr，那么使用Flickr的都是哪些人？更多是美国用户。以美国人的照片作为基础来训练人脸识别模型可能会导致它在识别其他地区的人时产生算法偏见，因为全球的互联网访问量并非均匀分布，500万张照片不能代表地球70多亿人。当人脸识别系统模型没“见过”一些“独特”的脸部特征时，有可能会把他们误认为不是人类。相信大家也听说过谷歌公司的人脸识别把一名黑人识别为大猩猩，这就是数据偏差导致的，而当时谷歌公司的整改方法是把识别类别中的“大猩猩”去掉，这成为当时的热议话题。

没有杂质的意思是，用来学习的图片最好保持内容的单一纯净。机器学习的过程实际上是一个提取、总结特征的过程。如果杂质太多，例如在柯基中混杂了金毛甚至哈士奇的照片，那么柯基的特征就会不清晰，神经网络学习起来就会特别吃力。

场景广泛的意思是，柯基可能出现在海边、草地、家里等，而且拍摄的角度可以是正面或侧面，拍摄距离可以是近距离或者中远距离，照片里的柯基有可能是全身照、半身照或者只露了一个脑袋。为什么需要这么多不同的照片？因为希望能让神经网络把不同场景下柯基的特征识别出来，如果所有的柯基照片都是在草地上拍摄，那么神经网络很有可能无法识别海滩上的柯基。这在考验神经网络泛化能力的同时也在考验人工泛化的能力。

从以上内容可以看出标注就是给模型准备正确答案的过程，毫无疑问，这是最耗时也最费人力的。图片准备好了，还不能直接用，需要把所有图片分成三部分：训练集、验证集和测试集。举个例子，训练集就好像大家平时学的知识，每学一个知识点，可以对一下答案，知道自己哪里存在知识漏洞，然后补齐。经过知识体系一遍遍的强化，大家做题的能力越来越强。验证集就好比课后习题，考验平时学的东西，用来检验大家的学习水平。若检验出学习效果不好，可能是大家对某个知识点的掌握存在问题，需要重新调整学习方法。测试集就是期末考试，考题可能都没有见过，考查大家举一反三的能力。

训练集是真正供机器去学习的样本，大概占总数的 80%。训练模型往往是一个很漫长的过程，它取决于机器性能有多强悍。如果方向走错了，再重来会费时费力，所以需要在训练的过程中时刻监督它是否在不断进步。验证集就是每隔一段时间来评估模型能力的数据。通过观察模型在验证集上的表现，可以通过调节参数来优化模型。测试集就是真实的数据，它们往往不那么“规整”，里面的图片神经网络压根就没有学过，这才是考察模型真实水平的环节，也就是俗称的“泛化”。

从以上案例可以看出大多数的人工智能还真的是“有多少人工，就有多少智能”。读者可能会问，既然深度学习由研究人员发明，为什么不直接在算法层面优化整个机制？因为深度学习怎么学习数据对于大部分研究人员来说都是一个黑盒子，更不用说普通的算法和软件工程师，因此学术界和工业界开始提倡“可解释性”这个概念，如果你训练的模型自己都无法解释，那么如何让用户去信任你的产品？

5.1.2 基于预测的人工智能

在上文提到训练神经网络的过程就是不断调整参数使得最后的损失函数的值不断变小的过程。这句话简单理解就是神经网络不断通过训练集和验证集调整自己的参数，从而获得通过测试的可能性，这背后的本质是人工智能模型在预测自己的行为在测试集中是否正确。因此，人工智能是一种预测手段。

一些专家很早之前就认为预测是智能的核心，杰夫·霍金斯（Jeff Hawkins）在《人工智能的未来》一书中率先提出预测是人类智慧的基础。他认为人类的智慧是靠大脑使用记忆进行预测来实现的，这也是为什么很多技术人员将机器学习称为“人工智能”的原因，因为机器学习的输出（即预测）是智能的一个关键组成部分，预测的准确性会随着学习而改进，而较高的准确性能让机器执行现今与人类智能相关的任务（如物体识别）。

然而，预测并不是决策，它只是决策的组成部分，在《AI 极简经济学》中，作者认为决策的其他组成部分包括判断、行动、结果，以及三类数据（输入、训练和反馈），如图 5-1 所示。

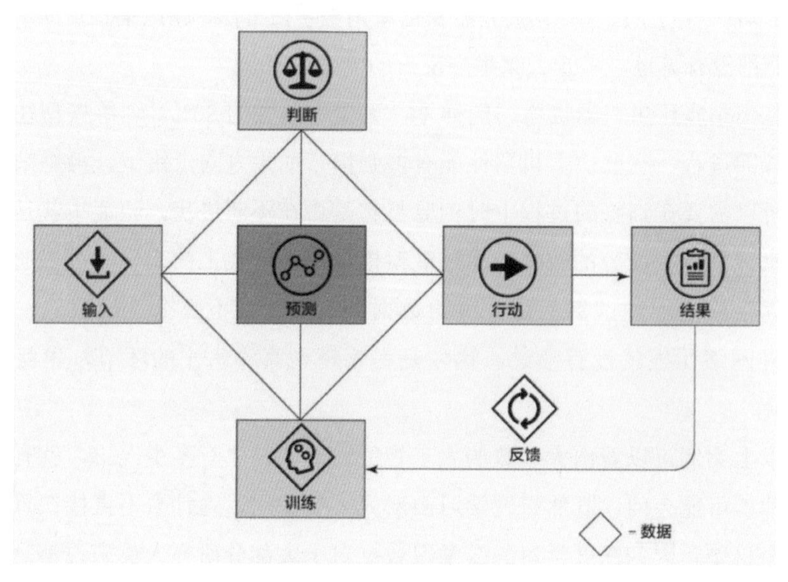

图 5-1　决策的组成

在图 5-1 中可以看到预测是决策的核心，同时预测影响行动和判断。预测是填补缺失信息的过程。预测将运用已掌握的信息（通常称为“数据”）生成未掌握的信息。从图 5-1 中可以看出预测依赖数据的输入。越来越好的数据带来越来越好的预测。数据在人工智能中扮演着三种角色。首先是训练数据，用于训练和生成最初的人工智能模型；其次是反馈数据，通过经验来改进人工智能模型的表现；最后是输入数据，它通过人工智能模型生成预测。在某些情况下，这三种角色存在大量重合，同一批数据甚至能身兼三职。

虽然预测是一切决定的关键组成部分，但它并不是唯一的组成部分，预测机器不提供判断，只有人类才会进行判断。这时人类设定的“指标”起到判断的作用。仍以上文犬类的品种分类为例。完成训练后，研究人员会通过测试集来评估模型的有效性，例如当前模型的准确率是 75%，而给模型设定的指标是 90%，那么研究人员需要调整模型的内部参数再重新训练，使得模型准确率能逐渐接近 90%，这就是不断调整参数使得最后的损失函数的值不断变小的过程。

在人工智能中不是指标定义得越高越好，因为现在很多算法都难以突破瓶颈。以语音识别准确率为例，在 2015 年，中文语音识别准确率在实验室环境下已经达到 97%，但后续几年内并没有看到这一数字有明显的变化，那么几时可以达到 99.9%？下面看两组数据，第一组数据是准确率从 85% 提升到 90%，失误率降低 1/3，可以认为这是渐进式变化，这意味着找对方法，进一步增长是很有可能实现的，例如语音和图像识别的准确率在 2012—2015 年都在以 2～3 倍的速度增长。第二组数据是准确率从 98% 提升到 99.9%，看起来前者的 5% 比后面的 1.9% 困难，其实后者失误率要降低到之前的 1/20，这并不是渐进式变化。当算法难以突破瓶颈，预测的结果准确性不会有更高的提升，因此发生错误时就涉及容错的设计，这部分内容会在后续章节中提及。

由于人工智能是一种预测，那么它存在自己的局限性、不一致性、不确定性甚至是不可预测的行为。所谓人工智能的局限性，是指系统执行的结果和人们的预期之间存在错位，而这个错位是由人工智能模型的准确率决定的，即使准确率高达 99.99999% 它也不是绝对完美的，模型有可能产生的任何一次失误都会在一个真实的使用场景里影响到一个真实的人，读者必须认识到这一点。

随着时间的推移，人工智能系统的准确率会随着学习新数据而发生变化，这时系统会通过一些量化的信息（例如 99%）来描述输出结果的可信度（也被称为准确率），因为直接使用数字符合人们认知的方式。天气应用中会告知用户有 30% 的可能性下雨，但是用户如何根据“30%”这个数字来判断是否需要带伞？30% 和 40% 又有什么区别呢？所以在某些情况下，仅提供可信度仍然无法帮助人们有效地评估风险。例如用户询问“现在从这里出发到北京需要多长时间”，得到的答案是“一点三十分到达那里的可能性为 72%”，这结果会让人无法理解。

上文提到人工智能有可能具有不可预测的行为，而这些行为可能具有破坏性、混淆性、冒犯性甚至危险性。为什么会出现这种情况？可以从两个角度来思考。第一个角度引用《AI 极简经济学》里的内容，从“已知”和“未知”的角度来思考。我们将两者做结合可以得到如下四种结果。

（1）“已知的已知”：有些事我们知道自己知道。在 AI 中指拥有丰富的数据，机器预测良好。

（2）“已知的未知”：有些事我们现在知道自己不知道。在 AI 中指数据太少，预测会很困难。

（3）“未知的未知”：有些事我们不知道自己不知道。在 AI 中指过去经验或者当前数据未曾涵盖却仍有可能出现的事情，所以，预测很困难，我们甚至都没意识到。

（4）“未知的已知”：有些事我们以为自己知道。在 AI 中指预测机器似乎会给出一个非常准确的答案，但它却可能错得离谱。

第二个角度是从“正确”和“错误”的角度来思考，这在 AI 里是非常重要的思考方式。我们将两者做结合也可以得到四种结果，如图 5-2 所示。

（1）“真阳性”：模型能正确预测一个积极的结果，对应“已知的已知”。

（2）“真阴性”：模型正确预测负面结果时，对应“已知的未知”。

（3）“假阴性”：漏报——当模型错误地预测否定结果时，对应“未知的未知”。

（4）“假阳性”：误报——当模型错误地预测正面结果时，对应“未知的已知”。

图 5-2　人工智能四种结果

从以上四个象限可以看出只有“已知的已知”和“真阳性”不涉及“未知”和“错误”，这才是人工智能能预测出来的正确答案，而假阳性混杂在真阳性中，导致结果存在一定的误差甚至破坏性。因此，用户不应在任何情况下都完全信任人工智能系统，所以读者在设计人工智能系统时，应该考虑到系统能够做什么和不能做什么，并将其告知用户，正确地校准用户的信任。

5.1.3　人工智能模型的注意事项

本节将介绍一些设计师在工作中可以用到或者需要注意的地方。

1. 工程师使用深度学习框架实现各种人工智能模型，但深度学习框架之间基本不兼容

在没有深度学习框架以前，神经网络的搭建、卷积运算及梯度更新全靠人力解决。后来 Google、Meta、百度等公司将这些基础的、大家都用得着的、需要极致运算速度的逻辑抽象出来封装成框架，让框架使用者专心于业务的实现，而不必从头开始做重复的工作。现在比较有名的有以下几个框架：

- Google 开发的 TensorFlow 是业界流行的深度学习框架。TensorFlow 比其他框架开发得晚，但后来居上已经成为 AI 开发者的首选。Google 在 TensorFlow 的平台上开源了很多经典的 AI 算法，例如人脸识别、手势识别和体态跟踪的 MediaPipe。由于 TensorFlow 拥有 TFLite、TensorFlow.js 等能部署在手机、网页的深度学习框架版本，因此 TensorFlow 普遍应用于工业的实际开发生产中。
- Keras 是基于 TensorFlow 用纯 Python 语言编写的深度学习框架，也就是说它是在 TensorFlow 的基础上再次集成的，所以它的代码更加简洁方便，在 TensorFlow 上需要数十行甚至上百行的代码在 Keras 上只需要几行代码就能完成。但因为它是在 TensorFlow 框架基础上再次封装，因此运行速度会相对较慢。
- Meta 开发的 PyTorch 也是主流深度学习框架之一，它在 2018 年整合了另一个广为人知的元老级的框架 Caffe2。PyTorch 目前在学术研究领域处于领先地位，但它部署起来比 TensorFlow 复杂很多，所以在产品开发过程中很难找到基于 PyTorch 的神经网络模型。
- 飞桨（PaddlePaddle）是百度推出的深度学习框架。飞桨跟 TensorFlow、PyTorch 一样拥有大量的官方模型库，同时支持多端部署能力，更重要的是飞桨根据国内的大量工业实践任务对模型上进行微调和优化，因此它上手难度较低的同时实现效果甚好。IDC 发布的 2021 年上半年深度学习框架平台市场份额报告显示，飞桨跃居中国深度学习平台市场综合份额第一。

了解这些框架是为了让读者更好地寻找技术资源及更好地和开发人员进行沟通。在这里有一个需要注意的地方，当前不同的深度学习框架之间无法兼容和转换，这让开发人员非常痛苦。因此，读者尽量避免推荐基于不同深度学习框架的开源技术给开发人员。例如当前的技术是由 TensorFlow 开发，但如果你推荐了 PyTorch 的开源模型，开发人员可能会不理睬你，因为做二次开发或者局部优化

很难。尽管2017年Amazon联合多家软硬件公司发布了神经网络模型转换协议ONNX（Open Neural Network Exchange），想通过一种开放的中间文件格式存储训练好的模型，从而实现不同框架之间的无损转换，但现实是只有少量模型支持ONNX，笔者希望这个问题能在以后得以解决。

2. 当前大部分人工智能从业人员被称为调参工程师

当前很多人工智能产品都是基于现有开源模型结合自己的数据通过调参实现，当调参工程师发现下载的模型默认值不能满足需求时，可以试试调小学习率，如果还不行，可以换个初始化方法试试。如果过拟合了，加大正则或许还有救……这也是为什么很多从事人工智能的开发人员被称为调参工程师的原因。

这背后的原因在于一个神经网络从理论到落地，需要先构建模型，即把学术论文里的网络搭建起来；然后训练模型，即把自己需要的数据准备好；最后部署到手机、服务器等硬件上运行，其间涉及协同多个CPU/GPU甚至大规模分布式集群进行工作的问题，以及优化内存开销、提高执行速度等问题，而这些问题都涉及大量不同领域的技术，因此很多开发人员并不具备从头设计一个神经网络的能力。为了满足产品需求，开发人员接到需求后一般会到GitHub上看一下有没有相关的技术，这时候他们会留意GitHub上的Star数量（类似知乎的点赞数量）和注释文档。如果GitHub上没有合适的模型，开发人员只能硬着头皮去看相关的论文并动手实现，这不仅费时费力而且出了问题还不知道能请教谁。

3. 学术论文上看到的效果在工业界落地还有很长一段距离

为什么近几年我们能在不同论文里看到人工智能技术在不断进化，但在工业界却很难感知到？第一个原因是研究人员研究一项新技术可以暂时不用考虑落地的事情，他们可以调用几十个甚至上百个顶级的CPU/GPU。例如2012年谷歌的科学家用了16000个CPU连接起来教会机器“猫”长什么样；2020年，拥有1750亿个参数的OpenAI的GPT-3背后是包含28.5万个CPU核心、1万个英伟达V100 GPU的分布式集群，目前没有一个用户的手机或者计算机能承载这么多硬件和能耗。第二个原因是让一个专心搞算法研究的博士写一个数学公式不难，但是让他去搞明白复杂的任务配置，分布式系统里的性能、资源、带宽等问题却是一件困难的事情。术业有专攻，研究和工程是两码事，能解决这些问题的只有同时拥有大量优秀研究人员和工程师的公司，例如Google、Meta、百度等。

4. 开源模型的实现效果是有限的

基于上文，相信读者能理解为什么开发人员习惯到 GitHub 找开源模型，因为只有大公司能将深度学习里的核心问题解决且封装成能简单调用的深度学习框架开源给各大开发者，常见的开源模型有用于人体多个部位识别和跟踪的 MediaPipe、支持中英文识别的 PaddleOCR 等，感兴趣的读者可以自行在 GitHub 或 Gitee 上搜索自己需要的开源模型。

基于这些开源模型，开发人员在无须重复造轮子的情况下迅速将深度学习应用到各行各业，但这里有两个前提需要大家理解。第一个前提是由于公司自身需要积累技术壁垒，开源出来的技术不会是当时最好的技术，所以小公司拿着现有的开源技术是很难跟这些大公司抗衡的，例如某公司拿着 Google 开源的手势识别算法实现的产品不一定能比 Google 的产品做得好。第二个前提是大公司在发布会展示的技术或者在论文期刊上公开发表出来的论文有可能是正在探索的技术，例如在 Google I/O 2021 发布的黑科技全息视频聊天技术 Project Starline，它本质上是一个 3D 视频聊天室，旨在取代一对一的 2D 视频电话会议，让用户感觉就像坐在真人面前一样，如图 5-3 所示。这项技术看似只需要屏幕和摄像头就能实现，其实背后涉及数十万元的设备和前沿技术，因此并不是所有的公司都能将其复制出来。感兴趣的读者可以阅读 *Project Starline：A High-fidelity Telepresence System* 这篇论文。

图 5-3　Project Starline

5. 模型和算力都会决定产品体验

已经训练好的人工智能模型如何部署将决定产品体验质量。如果一个基于服务器集群训练的神经网络在移动设备上部署会面临比较多的挑战，一个几 GB 的神经网络模型可以在拥有不断电、几十个 GPU 以及上百 GB 内存的服务器集群上运行，由于手机的空间和算力都比服务器小很多因此无法承载该模型，所以部分神经网络模型只能在服务器上运行。但这带来一个明显的问题，数据在网络上的来回传输和计算时间是无法满足手势识别、美颜效果等实时交互需求的，因此这些神经网络模型必须通过剪枝的方式压缩模型体积，同时要基于移动端的 CPU、GPU 以及移动端深度学习框架重新编译模型，为了不显著增加 App 的占用空间，重新编译后的神经网络模型的占用空间需要在几 KB 到几 MB 的级别，这又增大了模型设计和开发的难度。

5.2 人工智能如何影响界面设计

5.2.1 搜索、制作素材和内容

如果说大部分设计师的产出都和素材、内容有关，例如图标、插画、界面视觉、动效视频甚至是 VR 场景，那么 AI 能不能完成以上工作呢？答案是能，在工业界迅速推陈出新的时代，笔者举一些能实际使用的例子，读者可自行尝试。

GauGan 是英伟达公司在 2019 年推出的新功能，它是一款被训练了 100 万张图片的对抗生成网络，用户在 GauGan 平台上通过几笔就能自动生成一张“风景照片”。图 5-4（a）是笔者当时花了 20 秒画的图，图 5-4（b）是 GauGan 十几秒内生成的图片。2021 年，经过 1000 万张图片的训练后，升级版的 GauGan 2 已经能实时通过文本生成图像，用户无须画出想像场景的每个元素，只须输入一个简短的句子，GauGan 2 便能快速产出影像的关键特征和主题，如图 5-5 所示。如果以后读者没有风景素材，不妨考虑一下这个平台。

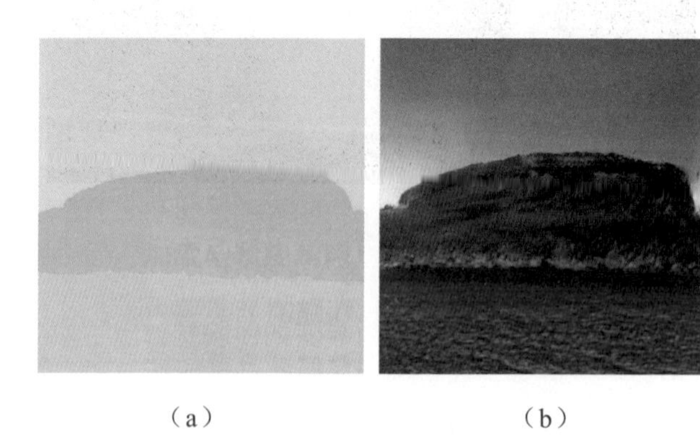

（a）　　　　　　　　（b）

图 5-4　GauGan 使用案例

图 5-5　GauGan 2 使用案例

Disco Diffusion 可以说是 2022 年最火的 AI 绘画程序，它可以根据描述场景的关键词渲染出对应的图像。这款程序的特点在于它是直接托管在谷歌的 Colaboratory 上，即整个程序是直接在浏览器中编写和运行代码的。Disco Diffusion 需要用户动手修改参数的地方极少，用户只需要输入关键词就能生成一幅一幅高质量的绘画。图 5-6 是笔者输入了“a beautiful painting of Chinese Shanshui landscape，clouds，robot，ink style，trending on artstation”后生成的中国风绘画，感兴趣的读者可以自己尝试一下。

图 5-6　Disco Diffusion 生成的中国风绘画

人物照片是设计中的常用素材，肖像权和版权成为设计师烦恼的问题之一。generated.photos 也是一款免费产品，它号称可以通过 AI 技术自动生成 10 万张肖像照片。这个网站拥有不同的种族、年龄、皮肤、性别、眼睛、心情等数据，可以通过排列组合的形式创造出 10 万张肖像照片，这些照片里的人物在现实生活中都是不存在的，所以不存在肖像权问题，图 5-7 是笔者通过不同参数生成的肖像照片。

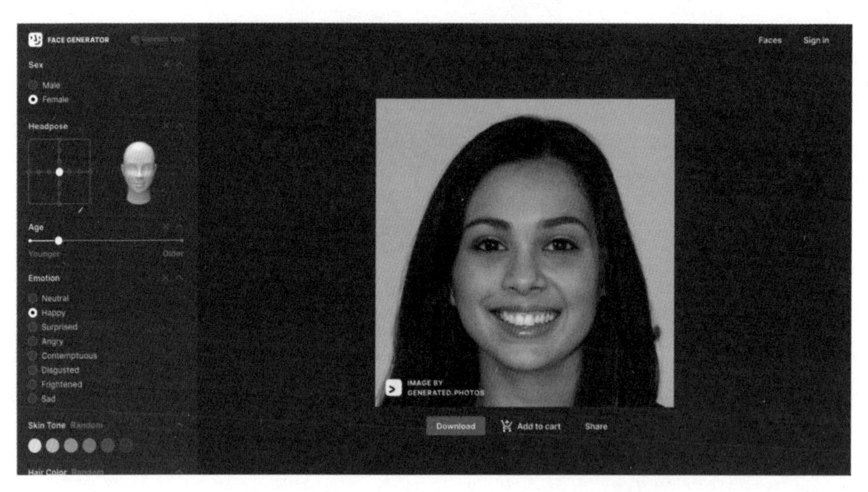

图 5-7　用 generated.photos 生成的肖像照片

最后推荐一个设计师容易上手的人工智能设计工具 Runway ML。Runway ML 的主要模型包括图片生成、动作捕捉、自然语言处理、物体识别、自动渲染与设计等。基于图像界面的 Runway ML 对于设计师来说更友好，设计师只需上传图片、视频等素材，单击各种按键就能完成模型训练和调试，通过若干步骤就能完成基于 AI 的素材制作，如图 5-8 所示。

图 5-8　Runway ML 程序界面

5.2.2 人工智能对界面的影响

现在的 AI 能用于界面设计吗？答案是能。GUI 屏幕不仅成为人类用户与基础计算服务交互的界面，而且还成为对基础任务进行编码的有价值数据源。构建 GUI 和组件的语义对于用户的 GUI 交互行为建模及挖掘基于数据驱动的 GUI 设计方法至关重要。例如，可以将应用程序中的任务建模为一系列 GUI 动作，其中每个动作可以表示为交互类型（例如单击）、交互组件和图形用户界面；还可以将应用建模为所有界面的集合，或者建模为用户使用应用时产生的大量交互追踪；还可以基于深度链接的语音快捷指令（例如 Shortcuts），将其建模为以自然语言表达的用户意图与目标界面的匹配；还有将用户正在或者以前查看过的界面建模为界面的上下文，从而在智能界面中帮助推断用户的意图和活动；等等。

实现基于数据驱动的设计需要设计师正确获取大量的界面数据，当然不是在 Dribble 或 Behance 下载各种基于灵感驱动的设计案例。2017 年，伊利诺伊大学的研究人员发表了一篇名为 *Rico: A Mobile App Dataset for Building Data-Driven Design Applications* 的论文。在论文中，作者从 Google Play 商店下载了 9772 个免费应用程序，涵盖 27 个类别。作者还在 UpWork 上招募了 13 名工作人员，花费了 2450 个小时在不同应用上产生了 10811 个用户交互轨迹。最后整个数据集包括 72000 个用户界面的视觉、文本、结构和交互式设计属性。Rico 还公开了 Google Play 商店中的商店元数据，包括应用类别、平均评分、评分数量和下载次数。Rico 最主要的功能是设计搜索，它能根据关键词或者截图找到类似的结构，还可以通过应用名字找到相关的应用截图，不仅能为设计师提供灵感还能大幅度提升设计师的工作效率。

笔者整理了一下现有技术和论文，人工智能对界面设计的影响主要有以下四个方面，但读者需要注意的是，以下全部内容更多是研究层面的结论和可行性探索，都没达到可商业化落地的阶段，因此还需要等待一段时间才能看到相关的产品落地。

1. 设计搜索和布局推荐

在论文 *Semantic Embedding of GUI Screens and GUI Components* 中，作者介绍了一种名为 Screen2Vec 的自我监督方法，它利用了大量的 GUI 屏幕数据及屏幕上的用户交互轨迹来对其进行训练，可以对 GUI 中的文本内容、视觉设计和布局模式或应用程序上下文进行编码。它带来了以下好处：能基于界面截图寻找相似的界面案例，但更重要的是它能基于用户在当前屏幕的交互任务是什么而推荐相近的结果。图 5-9 显示了 Lyft 应用程序中“请求乘车”界面的最近邻结果示例，Screen2Vec 模型会检索 Uber Driver 应用程序中的“获取方向”界面、Waze 应用程序中的“选择导航类型”界面及 FREE NOW 应用程序中的“请求乘车”界面。在视觉和组件布局方面，推荐的内容均在界面底部 1/3 至 1/4 处具有菜单 / 信息卡，而地图视图占据了大部分界面空间。

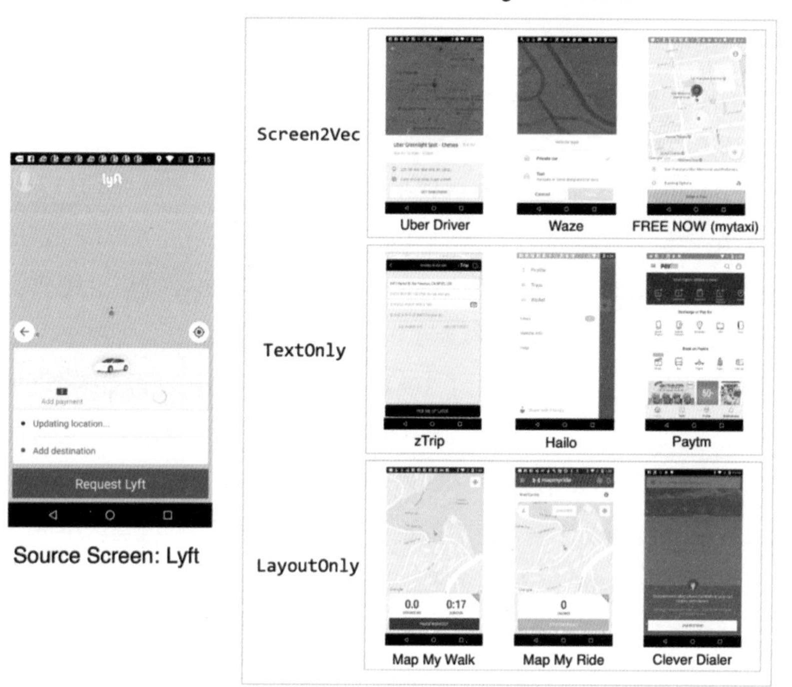

图 5-9　通过以图搜图的方式找到其他竞品的设计

2. 用户交互建模

在论文 *A Deep Learning based Approach to Automated Android App Testing* 中提到名为 Humanoid 的技术，Humanoid 的核心是一个深度神经网络模型，它能预测用户更可能与哪些 UI 元素进行交互，以及如何与其进行交互。同时，Humanoid 还可以根据 GUI 页面的重要性对 GUI 页面上的可能交互进行优先级排序。Humanoid 能帮助设计师完成用户交互的建模和测试，更好地实现设计目标。

3. 自动检测 GUI 中的错误

在论文 *Automated Reporting of GUI Design Violations for Mobile Apps* 中，作者提出了一种名为 GVT（GUI Verification）的方法，它能通过计算机视觉技术和启发式检查来识别 GUI 实现中的常见错误，包括像素的差异大小、布局违规、文本违规和资源违规，然后构建一份报告，其中包含了屏幕截图、代码信息及设计违规的精确描述。论文最后表示，这项技术已经被华为的一千多名设计师和工程师使用，满意度较高。

4. GUI 界面生成

2017 年，UIzard 开源了一款名叫 pix2code 的神经网络工具，它能将界面截图翻译成界面代码；2018 年，Airbnb 和微软相继发布了自己的最新研究成果，设计师可以通过草图直接生成界面代码，减少视觉稿设计、前端开发的工作量。基于草稿的界面生成主要原理是找到手绘控件和系统控件样式之间的规律，然后寻找草稿中控件的布局关系，最后翻译成界面布局和页面代码。微软开源了相应的代码 Sketch2Code，看起来很美好，但笔者体验过后发现 Sketch2Code 的效果并不理想，主要有以下几点：

- 能识别部分控件，但准确率较低。
- 无法识别控件的高度。
- 布局识别效果不好。
- 中文识别效果不好。

既然已经有草稿自动生成界面的人工智能，那么深度学习能不能脱离草稿自主生成界面设计？答案是有可能的，可以通过 GAN（Generative Adversarial Network，生成式对抗网络）自动生成，简单来讲，GAN 就是通过找出不同图片的风格后进行拼接。但是笔者认为，GAN 自动生成界面只具备可能性，其实没有任何实质意义。界面设计里需要考虑业务目标，同时还要考虑不同界面之间的关系，每个界面的布局和流程都会影响下一个界面的设计，同时还有以下理由：

- 界面和流程的优化并不只是漏洞的修补，还需考虑增添、删减和修改功能，便于整个产品的长远发展，但人工智能还不具备这样的能力。
- 深度学习最终看收集的数据是什么。如果收集的数据是普遍性的，那么产出物一定是具有普遍性的结论，例如大部分用户对于相同控件但不同样式的认知是怎样的、相同布局下用户的操作行为是怎样的。能不能通过不同产品的界面设计知道最佳设计是什么？答案是不能，因为不同的商业目标会有不一样的设计目标，因此会产生不一样的设计，这不具备普适性。那么，能不能通过竞品的界面设计知道相同业务的最佳设计是什么？笔者认为做不到，因为其他应用的业务数据和流程分析都属于商业机密，无法得到，因此无法建模。

- 如果想根据每个人的习惯爱好自动生成千人千面的界面设计，那么收集的数据一定是每个人的隐私数据，而且是这个用户的全部隐私数据，这样才能知道这位用户的习惯爱好是什么，但目前无论 iOS 还是 Android 都不允许应用过分收集用户的隐私数据，所以这个想法实现的可能性几乎为零。

因此深度学习不能绕开业务方完全凭借经验自动生成整个界面和流程设计，现在的人工智能还不具备这样的思考和创造能力。

除了 GUI 设计，如果将所有的应用分类为游戏、社交通信和工具，人工智能分类为多模交互、情感交互和意图识别，那么人工智能对不同应用界面设计的影响如表 5-1 所示。

表 5-1　人工智能对界面设计的影响

<table>
<tr><th></th><th>游戏</th><th>社交通信</th><th>工具</th></tr>
<tr><td rowspan="2">多模交互</td><td rowspan="2">手势交互（VR/AR）
语音对话
凝视交互</td><td rowspan="2">手势交互（VR/AR）</td><td>语音交互减少交互流程</td></tr>
<tr><td>手势交互（VR/AR，座舱）</td></tr>
<tr><td rowspan="2">情感交互</td><td>数字人（NPC）</td><td>基于数字人的聊天</td><td>—</td></tr>
<tr><td>情感识别（VR）</td><td>情感识别（VR）</td><td>—</td></tr>
<tr><td>意图识别</td><td>个性化调整难度</td><td>—</td><td>个性化推荐
改变交互流程</td></tr>
</table>

对多模交互感兴趣的读者可以阅读笔者的《前瞻交互：从语音、手势设计到多模融合》一书，本书第 7 章会涉及情感交互的部分内容，更多的内容需要读者阅读其他资料获取。笔者在此重点讲一下意图识别，意图识别已经在逐渐改变我们使用应用程序的方式，包括通过语音交互更便捷地获取信息。例如 iPhone 用户可以通过 Siri 指令打车、查找附近的美食及搜索抖音的视频内容；系统或应用也会通过个性化推荐的方式将用户需要的服务、信息第一时间呈现，例如 iPhone 手机的 Siri 建议和抖音的视频流。笔者认为，我们熟悉的应用流程设计本质上就是

将用户需要的服务功能可视化，如果通过语音交互或者系统主动推荐的角度来看，这些服务功能的背后就是要满足用户的意图是什么，而这些意图就跟一个一个参数一样，它可以由界面来承载，也可以由语音交互来承载，系统和第三方应用可以通过这些参数构建跨场景、跨应用的捷径，为用户主动提供更精准的服务。所以基于人工智能的设计更重要的是理解意图是什么，以及如何构建意图，下一节将介绍苹果公司是如何基于意图重新构建整个系统设计的。

5.3 基于意图的交互设计

对于很多人来说，手机设备已成为生活中的重要组成部分。我们每天都要打开手机执行各种任务，例如通信、订外卖，甚至跟踪记录我们的饮水量。WWDC 2020 中苹果在 iOS 14 首次展示了对于人工智能的愿景：将整个人工智能技术与操作系统和应用程序深度融合。这次苹果在 Design for Intelligence 论坛中提出了两个非常重要的设计理念，真正做到以用户为中心的智能设计。第一个设计理念是借助 Intelligence 帮助用户简化不同任务的交互路径，让用户用最少的步骤完成最重要的事情；第二个设计理念是通过 Intelligence 以用户一天的时间来组织系统和应用的交互行为，让用户的各种日常互动尽可能顺畅。Intelligence 能让用户感觉自己拥有超能力一样，让用户抽出时间专注于自己的生活，让日常生活变得更轻松。

5.3.1 苹果对于智能交互的理解

苹果对于智能交互的理解在于 Widget（小部件）、Shortcuts（捷径）和 Siri Suggestion（Siri 建议）。Widget 是苹果在 WWDC 2020 推出的桌面控件，它能同时支持在 iOS、iPadOS、macOS 多个平台运行。Widget 拥有三种不同的尺寸（小、中、大）可供选择，最小的 Widget 尺寸只有 iOS 屏幕上四个图标的空间大小。

苹果统计过用户每天前往主屏幕的次数大概为 90 次，而且停留时间有限，因此苹果认为 Widget 存在的目的是关注应用程序尚未打开时的体验，它可以为用户提供及时的信息，以及为用户提供手机主页查看应用里的深层信息。苹果认为日历是一个很好的交互入口，因为用户所有的任务都是基于时间轴进行的。日历的 Widget 除了能显示星期几和当前日期，还应该能显示用户在当前的相关活动，而每个活动的开始时间和活动地点等一目了然的详细信息为用户节省了打开应用程序以查找此信息的潜在步骤，如图 5-10 所示。当一天即将结束用户没有更多事件时，不是仅显示一个空白 Widget，系统会告诉用户接下来或者明天需要做的事情。除此之外，如果日历检测到当天是某位联系人的生日时，日历会显示生日礼物图标来提示用户。用户有可能会在日历上添加新事件、查找现有事件并对事件进行更改，而日历程序可以智能地为每个活动定义一个操作。一旦日历应用程序创建了这些操作，用户就可以将它们作为模块，和其他不同操作混合在一起构建不同的 Shortcuts。

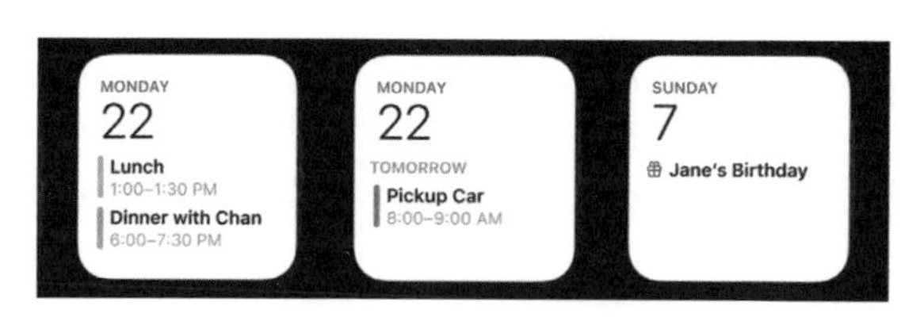

图 5-10　日历 Widget 可以根据不同时间显示不同信息

苹果公司还允许用户将几个不同的 Widget 添加到同一个位置合并为一个智能堆栈。在基于用户的行为和使用场景的基础上，智能堆栈可以在某个特定的时间自动轮换展示与用户最相关的那个小组件，这样用户在桌面直接看到当前最需要的信息。例如当用户醒来时可能想要知道当天的天气状况，或者在上班路上时总是播放最近喜欢的音乐，那么智能堆栈会在不同场景推荐相应的 Widget 给用户，如图 5-11 所示。

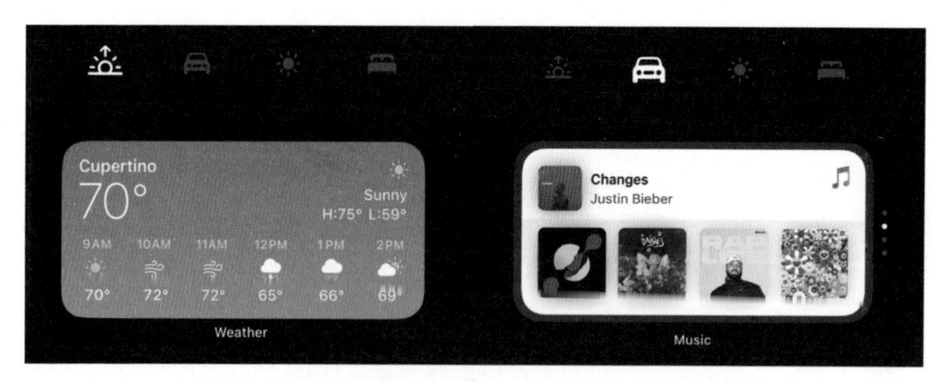

图 5-11　智能堆栈可以根据不同时间显示不同信息

想要为用户提供 Widget，产品需要向应用程序添加 WidgetKit，并且通过时间线告诉 WidgetKit 何时更新 Widget 的内容。如果产品允许用户自行配置 Widget，那么产品需要支持 SiriKit，因为 Widget 由 SiriKit 意图定义来实现，如图 5-12 所示。

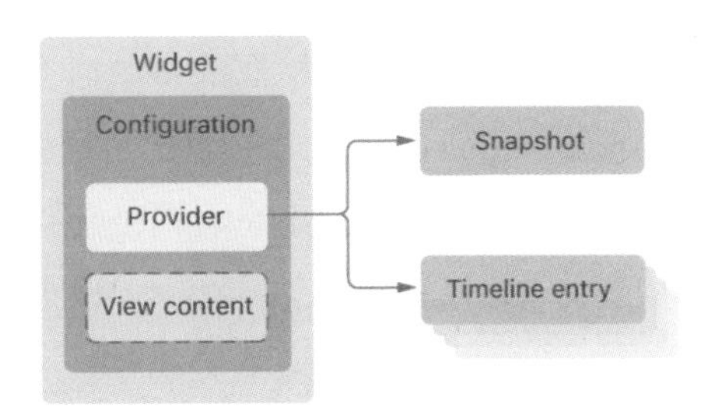

图 5-12　Widget 背后的实现方式

Shortcuts 是苹果在 iOS 12 推出的新系统应用，macOS Monterey 系统版本也率先支持了该功能。Shortcuts 可以让用户无须打开应用程序就能访问内部的功能，并允许用户将不同应用程序中的操作组合成一组一组的语音指令，这样能使用户频繁、复杂的操作自动化，并且通过语音指令激活。例如，共享动画 GIF 的 Shortcuts 包含三个连续操作：获取设备上拍摄的最新照片，使用这些照片构建动画 GIF，自动将 GIF 发送给收件人，如图 5-13 所示。创建 Shortcuts 后，用户可以激活 Siri，然后说出 Shortcuts 的名称来运行它。只需设置正确的条件来运行操作，例如一天中的时间、位置或特定事件发生的时间，它就能帮助用户自动完成相关任务。

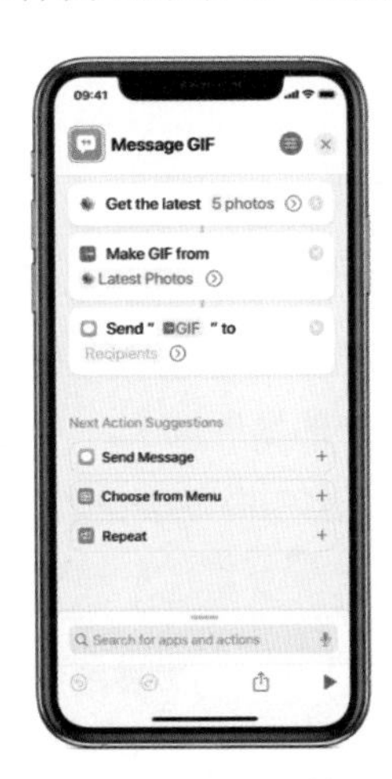

图 5-13　制作发送 GIF 的 Shortcuts

除了用户可以构建自己的 Shortcuts，更重要的是产品自身可以构建多个 Shortcuts，并将 Shortcuts 中重要的参数贡献给系统来做决策，这样的 Shortcuts 被定义为 Donated Shortcuts（贡献型捷径）。Donated Shortcuts 基于用户有规律的行为预测用户下一次执行的特定指令，例如用户每天下午 3 点都会向星巴克下单一杯咖啡，那么星巴克可以将这个用户行为当作一个可预测的动作，并将位置、时间等参数捐赠给系统，那么系统检测到相似的参数时会通过 iOS 锁屏通知、Widget、搜索建议或者 Apple Watch 上的 Siri 表盘提供相关的下单建议给用户。

Siri Suggestion 会根据当前交互任务、用户习惯及使用 App 的方式，提供用户接下来可能要做的事情的建议，从而提升交互效率。以下都属于 Siri Suggestion 提供的帮助。

- 速览锁定屏幕或开始搜索：随着 Siri 对用户习惯的了解，用户会适时获得需要做的事情的建议。
- 创建电子邮件和日程：开始向电子邮件或日历日程添加联系人时，Siri 会向用户建议之前的在电子邮件或日程中加入过的人。
- 接听电话：如果接到未知号码的来电，Siri 会基于用户电子邮件中包含的电话号码进行判断，让用户知道来电者可能是谁。
- 在 Safari 浏览器中搜索：当用户在搜索栏中输入时，Siri 会建议网站和其他信息。

在 WWDC 2020 的 Design for Intelligence 中，苹果的设计师列举了很多例子来说明 iOS 14 中人工智能是如何帮助用户解决问题的。

（1）当用户预订了一间餐厅，日历会自动将这个预订事件记录下来，Siri 建议会根据时间和交通情况将信息推送到用户的多个设备上。

（2）当用户赶飞机时，Siri Suggestion 会在地图首页展示机场和航班的相关信息，用户只需操作一步即可非常方便地获得前往机场的路线。当用户需要值机时，Siri 会建议将值机信息显示在用户的锁屏页上，方便用户一步直达。

（3）当 Siri 发现用户在看电影的时候会推荐用户开启“勿扰模式”。

（4）当用户收到朋友发来的健身房地址短信时，Siri Suggestion 会在地图上显示相关的地址信息，用户只要点击一下即可获取到达该健身房的行车路线。

（5）在健身房，即使用户没有下载相应的 App，也可以将手机靠近接待台的 NFC 标签获取当天的课程表。

（6）当下载健身房的 App 后，用户会发现这个 App 和 Siri Suggestion 可以帮自己养成健康的习惯。例如，当用户在主页通过下拉搜索应用时，Siri 能根据用户使用手机的习惯来学习和预测用户即将要启动的 App，所以即使用户还没开始打字，健身房 App 也会直接显示在用户的 Siri Suggestion 上。如果用户喜欢上了瑜伽运动，Siri Suggestion 还能显示瑜伽运动的时间表。

（7）如果用户在主页上添加了健身房 App 的 Widget，智能堆栈会在适当的时间提醒用户即将要上瑜伽课，这样用户就不会错过任何一堂瑜伽课了。

5.3.2　苹果的 Intelligence 和 Donate

为了实现上述的案例，苹果推出了 Intelligence 和意图框架两个定义。在苹果的定义中，Intelligence 是平台约定。怎么理解平台约定？以分享按钮为例，它在各个应用程序中都是同一个符号，所以用户能轻而易举地知道这个符号代表了分享功能。Intelligence 也一样，它将通过适应系统、平台和用户使用设备的方式来体现自己，通过始终如一的表现使它成为可能。那么什么是 Intelligence ？Intelligence 是操作系统和应用程序之间的协作。Intelligence 包含三个因素：系统、应用和用户。三者之间的关系如下：系统与用户每天使用的应用一起工作，从而使用户的日常工作变得更加轻松。

Intelligence 的目标是使用户手机中的产品更懂用户，包括用户的目标、意图、习惯、偏好、兴趣，甚至用户的人际关系。Intelligence 利用这种理解及用户已实现的目标来帮助用户实现更多的目标，并通过在正确的时间交付给用户有意义的内容、人员、地点和应用程序来丰富用户的生活，从而发现更多内容。Intelligence 可以帮助用户减少获得内容所需的点击次数，以及烦琐的工作和干扰，使用户专注于最重要的事务。

为了实现以上目标，只有苹果公司自己是做不到的，它需要更多的伙伴来实现这个目标，因此在 iOS 14 及后续版本中，所有的应用功能将会集成到系统里，并得到更多的展示入口，包括 Siri、Shortcuts、Suggestion 和 Widgets，应用可以选择适合自己且有意义的入口。

意图框架有三个关键概念，分别是“定义”“学习”和“执行”。首先了解一下“定义”是什么意思。读者应该问一下自己，用户希望通过你的应用做什么？他们的目标是什么？切记，目标是用户想通过使用你的产品获取内容或者达成某些目的，其中的关键操作可以由 Intent（意图）来定义。那么打开界面、跳转界面算是关键操作吗？答案是不是，这只是获取内容和达成目的的路径，它们无须成为 Intent 的一部分。我们应该关注用户打开应用执行的任务和目的是什么，实施它们时需要的相关属性是什么。例如，跟踪记录自己的饮水量意味着什么？下单一杯咖啡意味着什么？

以下单咖啡为例，每位用户喜欢的咖啡品种和需要的容量都不同，这些细节正是每位用户下单咖啡时的动作，也是咖啡的属性，这些被称为 Intent 的参数。意图框架允许用户灵活地定义 Intent 及其参数，在下单咖啡的 Intent 中用户需要定义咖啡的类型及杯子尺寸两个参数，并且通过这些参数来表示用户实际下单的商品，例如用户下单的是大杯的冰拿铁。Intent 能让你的应用程序和系统用相同的语言进行交流。

然后，我们再看一下"学习"是什么意思。Intelligence 的关键是学习用户会做什么，以便预测他们在未来即将做什么。这一点怎么做到呢？这里有一个名叫 Donation（捐赠）的概念。当用户使用应用时，Donation 会向系统提供一些可以用来学习的信号，而这些积极的信号有助于应用在未来做出更好的预测，并在合适的时机将内容展示给用户，例如在 5.3.1 节中提到在星巴克买咖啡的案例，系统会基于 Donated Shortcuts 将不同的 Shortcuts 显示在相应的区域。读者可能会问，可以将用户没有的习惯捐赠给系统吗？苹果表示不应该向系统捐赠用户从来没做过的捷径，例如用户下载了星巴克应用但从没下过单。

苹果在 WWDC 提及用户每个执行动作都应该进行不止一次，这可以帮助系统更准确地预测提供捷径的最好时间和地点。仍以买一杯咖啡为例。Donation 可以帮助用户解决几时以及在哪里下单的问题，但是时间和位置只是理解上下文信号中的一小部分。Donation 是一种记录，是实际执行 Intent 时的快照，系统做出预测时，会从用户应用的 Donation 中收集信息并重建相应的 Intent。举个例子：一天早上用户订了一杯大杯拿铁咖啡，因为这是用户开始新的一天所需要的；中午，用户点了一杯更清爽的柠檬水。第二天，用户又点了一杯大杯拿铁开始新一天的工作。随着用户继续使用该应用，这些信号会随着时间累积，虽然中途用户的某些行为会发生变化，但系统仍然会学到用户的一些固定模式。当系统学习到这些模式后，就会做出预测，同时会尝试将正确的任务与用户的情况相匹配。

如果应用尚未运行也要做好相应的准备，因为系统做出正确的预测或者用户在 Widgets 或者 Siri Suggestion 点击后，系统会将基本 Intent 传递给应用，这时候该 Intent 能在应用中立刻被执行。还是以刚才的下单咖啡为例，这时系统会在 Siri Suggestion 显示一条下单咖啡的推送信息，目的是让用户在下订单之前确认订单是否正确。当用户点击后，系统应该带用户跳转到订单确认的界面。

意图框架除了打通应用程序内部和 Widget，还支持 Siri 和 Shortcuts，产品可以 Shortcuts 的形式向 Siri 添加自定义 Intent。仍以下单咖啡为例，用户可以通过 Shortcuts 的方式进行。如果用户每次都想点一杯不同类型的咖啡，可以将“咖啡种类”这个参数置空，这时每次用 Siri 下单时 Siri 都会问用户想点什么类型的咖啡。

读到这里，相信读者大概了解了 Intent 和 Donation 分别是什么。Intent 是每一项任务抽象后的语句，最重要的参数是 When/Where/Who/How/What，而 Donation 即是用户每天每项任务的执行情况，它会根据 When/Where/Who/How/What 多个维度来预测用户在某个时间段 / 某个地点做什么，当用户的固定模式被 Donation 发现，那么 Intent 的准确率会增加，所以 Intent 和 Donation 是相辅相成的。通过 Intent 和 Donation，Intelligence 将苹果成熟的人工智能能力及系统能力赋予每个应用程序，同时基于应用收集来的用户信息和用户习惯反哺自己，让自己变得更懂用户。因此，Intelligence 将成为操作系统和应用程序之间的桥梁，也是苹果正在构建的重要能力之一。

5.3.3 苹果的其他计划

为了更快地构建 Intelligence，除了让开发者自行开发或者让用户自行构建 Shortcuts（因为自 Shortcuts 推出以来一直没被开发者和用户利用起来），苹果还打算从界面像素推断不同移动应用程序的可访问性元数据（因为视觉界面最能反映应用程序的全部功能、内容和数据），从而判断用户行为和背后的意图。在论文 *Creating Accessibility Metadata for Mobile Applications from Pixels* 中，苹果收集和注释了 4068 个 iPhone 应用程序的 77637 个屏幕数据来检测 UI 元素，并和有视觉障碍的相关人群合作创建了一种基于启发式的方法来分组并为检测到的 UI 元素提供导航顺序，以更好地适应屏幕阅读器的预期用户体验。

笔者介绍一下该论文的重点内容。移动平台上可用的许多辅助功能都需要应用程序提供描述用户界面组件的完整和准确的元数据，因此可访问性元数据是使无障碍服务能够改变人们与 UI 交互方式的基础，并支持人们以不同方式使用它们。无障碍服务了解元素的状态和交互性（例如可点击性、选择状态）很重要，因为它们可以以不同方式处理不同的元素。

例如按钮、滑块等交互控件自身已经表明它们支持的操作，但是像文本、图片和图标等控件在大部分情况下是不可点击的。根据使用屏幕阅读器的用户反馈，他们通常可以从替代文本（由 OCR 和图像描述生成）推断文本和图片元素的可点击性，但很难从图标识别结果中判断图标是否可点击。为此苹果研究团队训练了一个梯度提升回归树模型，它会根据位置、大小、图标识别结果等特征来预测图标的可点击性。基于以上工作，苹果公司构建了屏幕识别来生成辅助功能元数据来增强 iOS VoiceOver，该功能基于 CoreML 模型仅占 20MB 内存，在运行 iOS 14 的 iPhone 11 上推理时间仅为 10 毫秒左右。

跟 5.2.2 节提及的多篇论文一样，苹果知道哪些 UI 元素可用、它们包含哪些内容、它们处于什么状态及可以对其执行哪些交互。笔者推断苹果后续通过机器学习判断当前界面包含哪些语义，从而推断出相关意图并自动成为各种捷径的操作。除此之外，该论文对 GUI 和 VUI 融合有着重要作用，因为 VUI 强调的是上下文语义，而 GUI 强调的是可读性和可操作性，两者并没有直接关系，而苹果的这项工作能初步建立两者的关系，以上内容笔者期待能在未来的 WWDC 中看到。

5.4 基于人工智能的设计事项

自动化可以帮助用户减少烦琐的任务从而提高效率，尤其是无聊、重复性的工作，例如按照人物、主题等特征对拥有上千张照片的数据库进行图片排序并分组；也可以帮助用户完成一些由于缺乏知识、能力的任务，例如识别不认识的植物；更可以完成一些人类基本无法实现的事情，例如在数万亿张图片中找到相关的人，这些任务都是用户乐于委派给人工智能来完成的。以下是在设计基于人工智能的功能和体验时需要考虑的事情。

5.4.1 合理地收集数据和优化模型

有多少数据就有多少智能，基于人工智能的体验需要数据来创造、运行和改进。然而数据的获取成本往往很高，因此读者必须对所需数据的规模和范围做出决定。模型需要多少不同类型的数据？需要多少种不同的对象？需要多长时间收集一次数据？类型多、对象多和频率高有可能带来更高的收益，但成本也会更高，读者一定要谨记准确率的提升存在着瓶颈问题。如果要收集用户的数据，那么读者需要关注以下事项：

（1）在不同国家地区收集数据需要遵循当地的法律和文化。

（2）采集用户的隐私数据时必须显性地告知用户这些数据会用于哪里、保存在哪里、使用范围是哪里，并且需要为用户提供退出或删除其账户的权限。

（3）这些数据是否存在无意中泄露用户数据的风险？会有什么后果？

（4）如果要将用户数据和其他用户数据一起训练时，一定要谨记避免“数据偏见”的出现。

“数据”与“指标”代表着模型层面的设计要素。指标可以给出关于模型质量的客观数字，但指标应该在产品演进过程中不断持续优化，因此读者应该始终对指标的有效性保持质疑和评估，持续追踪和思考当前模型指标的合理性。另外，如果在用户研究过程中发现产品体验欠佳，但指标显示一切良好，说明当前模型很可能存在问题。这时需要识别出系统出现错误的来源有可能来自哪里，并且结合场景、用户行为数据及当前指标对模型出错的状况进行分析，如有必要可以考虑寻找更好的模型。

5.4.2 基于可解释性构建合理的人机信任

5.1.2 节提及了 AI 为什么会预测错误，因此在设计过程中需要考虑到失败场景的存在，考虑到人们在实际使用时可能经历的各种情况，提供必要的额外保障措施，为用户提供失败的前进路径以响应他们遇到的错误，以保持用户和 AI 之间的关系，而不只是面向一切运作正常的情况而设计。

AI 的预测能力可以随着时间而发生变化，将 AI 集成到产品中意味着建立一种随着用户与 AI 系统交互而变化的关系。用户可能会期待当前的体验会根据个人的品位和行为发生变化，当体验和用户预期不符时，那么用户极有可能认为当前系统出现错误。这种错误在 Google 的 People+AI 研究团队中定义为“上下文错误”，它是通过对用户在特定时间或地点想要做什么做出错误假设而使得 AI 系统变得不那么有用的实例，用户有可能会因为上下文错误感到困惑而无法完成任务导致放弃产品。举个例子，一名素食主义者在一款饮食推荐应用上只搜索素食食谱，有一天他的朋友借用手机搜了一款肉类食谱，后续饮食推荐应用就经常向机主推荐一些肉类食谱，那么机主会认为这款产品出现了严重故障。再举一个例子，饮食推荐应用没有考虑宗教和地区因素向伊斯兰教地区的用户推荐猪肉食谱，但没有相关途径允许用户选择关闭“猪肉”这一选项，久而久之，两个案例的用户都会卸载该应用。

出现以上两项事故的原因在于上文提到的“未知的已知”，也就是假阳性，系统认为自己知道用户的习惯和偏好而推荐了相关的内容，然而用户觉得自己被冒犯但无法改变相关操作，导致应用最终被卸载。这背后的原因在于系统的推荐策略没有得到很好的解释，以及没有提供相关途径允许用户修改行为，破坏了用户对该系统的信任。

由于 AI 驱动的系统基于概率和不确定性，而且产品可以随着时间的推移适应并变得更好，因此合理的解释对于帮助用户了解系统的工作方式至关重要。无论在学术界还是工业界都会提及“可解释性”一词，因为可解释性和信任本质上是相互关联的，而如何构建可解释的人工智能系统是当前人工智能领域最核心也是最难的问题。在产品设计层面，可以通过以下方式来提升用户对 AI 系统的信任：

（1）不合理的高预期会导致用户沮丧和放弃使用产品，所以当用户初次接触 AI 系统时，系统应该明确传递自己能做什么、可以做到哪种程度，从而建立用户正确的预期，这有助于用户知道何时信任系统的预测及何时应该他们自己判断。

（2）在某些情况下，对于一些复杂算法的输出可能没有明确且全面的解释，因为开发者都有可能不知道它是怎么工作的。但 AI 仅仅是一种预测，最后的执行是由人来决策的，所以读者可以强调做出当前决策的具体原因是什么，强调该决策对用户的价值是什么。避免长篇大论讲述技术的实现方案，尤其使用一堆专业术语，因为绝大部分用户都会不理解。

（3）将一些能客观反映关联条件的重要输出结果作为辅助信息解释给用户很重要，因为它能告诉用户本系统并不是自作聪明地替用户做主观假设。

（4）有必要时应该解释数据的来源。有些时候，用户在新功能、新设备或者新场景上看到自己的信息会感到惊讶，因为他们不能理解自己没有授权的情况下为什么系统会使用他们的数据，严重点会认为自己的数据被泄露从而影响对 AI 系统的信任。为了避免这种情况，读者有必要向用户说明这些数据来自哪里及 AI 系统将会如何使用它们。另外，告诉用户 AI 系统正在使用哪些数据，如果系统出错，用户也可以自查当前自己没有提供某些数据给系统。

5.4.3 交互过程的注意事项

在用户使用 AI 功能前，需要对 AI 模型进行一定的初始化和校准设置，就像传统应用注册过程中填写基础信息、用户偏好一样。在校准过程中应该确保流程简单快捷，其中可以为用户提供相关介绍和指引，尽量一次完成校准，避免在使用过程中进行多次校准设置。以苹果的 Face ID 为例，Face ID 的校准设置只需要通过两次扫描来收集最基本的信息，其间系统会进行持续提示和引导，包括系统会清楚地告诉用户为什么需要扫描面部，让用户知道 Face ID 的工作机制及好处。在整个过程中，系统会以可视化的方式让用户始终对进度保持感知，如果扫描停滞了，系统会提供必要的指引帮助用户进入正确的操作状态，完成后系统会明确地反馈成功的结果。

无论人们戴上眼镜还是改变发型，甚至是随着年龄增长而发生相貌的变化，Face ID 都可以持续识别，无须多次设置，这背后的原理是用户每次使用 Face ID 时，系统都会潜移默化地获取和更新面部信息，这种设计是隐性交互的一种。隐性交互会在人们使用功能的过程中获取相关信息，从而对功能进行优化和更新，基于隐性交互的交互设计在苹果 iOS 中使用甚多，例如无处不在的 Siri Suggestion、苹果输入法等。Siri Suggestion 在上文已经提及，它会通过观察用户如何与功能进行互动，来判断他们的习惯与需求意图，进而主动提供相应的个性化体验。为什么我们在小屏幕上打字也能精准地输入每个字母？在苹果的一项专利中提到 iPhone 会通过机器学习动态优化每个按键的实际点击区域，但是按键的可视尺寸并不会发生变化，如图 5-14 和图 5-15 所示，人们会随着时间的推移而感知到键盘正变得越来越精准和个性化。这也是隐性交互的一个特点，它不会带来立竿见影的效果，但交互体验的精确性和舒适度会随着时间而逐渐提升。

图 5-14　用户看到的输入键盘

图 5-15 根据使用情况不断变化的按键操作区域

苹果的“照片”应用也涉及隐性交互，它可以通过机器学习来自动优化照片，例如找到最佳旋转角度和裁切方式。“照片”提供优化建议的方式非常微妙，当用户进入照片的编辑模式并选择旋转或裁切工具后，照片便会自动进行细微的调整。但它实际上并没有真正进行修改，仅是作为一个简单的操作起点供用户选择。如果用户觉得自动调整符合自己心意，直接点击“完成”即可。如果用户不喜欢它的建议，也可以直接通过相关的控件进行手动调整，修正系统的优化方案，这时系统会直接退出自动优化模式。

隐性交互也适用于信息流应用中，以抖音 App 为例，当用户在某类视频停留超过一定时间，抖音 App 会默认用户喜好这类视频从而推荐更多相关的视频给用户。这种做法带来的问题是用户能看到一个又一个相似的视频，然而用户的需求、兴趣及场景是多种多样的，为了补足推荐模型的固有局限性，抖音 App 会通过地理位置，人工推荐等方式隐性加入更多内容，从而帮助用户浏览更多类型的视频。

但有些时候系统会推荐一些用户不想看到的视频，为了让 AI 系统更好地匹配当前用户，应该允许用户手动修正错误的输出结果或者用户不需要的结果，这种方式被称为显性交互。仍以抖音 App 为例，如果用户对某个创作者或者某类内容不感兴趣，可以点击“不感兴趣”告知抖音 App 不要再推荐类似的视频，此时抖音 App 立刻切换到下一个视频，并且通过 Toast 提示“操作成功，将减少此类视频推荐”告知用户系统已理解用户的意图。

显性交互是为了让用户参与整个决策中，所以这时需要提前设定相关功能，并且清晰地描述出操作的含义及结果，并尽可能提供更具体的选项来帮助用户理解和选择。例如在地图应用中，如果无法了解特定用户的关注点，他们有可能喜欢风景秀丽的路线，也有可能倾向于收费较少的路线，或是希望避开高速公路，等等，此时应该给出多个选项供用户选择。当用户多次使用了某个选项，可以通过隐性交互的方式帮助用户默认选择该选项，从而减少交互的步骤。如果某些显性反馈会打断用户的沉浸感，那么可以考虑增加操作步骤只提供负面反馈方式作为显性反馈，例如抖音 App 需要长按界面唤出菜单才能点击“不感兴趣”。

人工智能的准确率会决定不同的交互行为，这时应该基于不同的阈值（即不同的指标）动态调整为系统提供更便捷的隐性交互还是需要用户参与的显性交互。为了提高准确度，用户当前的场景会成为判断条件。可以这么理解，每多一个参数，模型预测的准确度会提高一点。因此，未来基于人工智能的设计更多是理解用户和场景，通过用户最近的互动行为和当前场景反推当前应该提供什么服务给用户。最后，人工智能系统在交互过程中不可避免地也会出错，这时应该允许用户快速地校准或者关闭。当系统不确定用户的意图时，应该降级 AI 系统提供的服务，并且允许用户自行完成任务。

5.5 智能设计：基于“准确率”和“兜底”的设计

笔者从事智能设计多年，有一个很明显的感受就是基于智能的设计跟传统的 GUI 设计是很不一样的。传统的 GUI 设计可以抽象为对界面布局和流程的设计，设计过程是具象的，因为它是一个可视化过程。基于智能的设计非常广泛，语音交互、基于 AI 的推荐、基于摄像头和传感头的感知和反馈都能归纳为智能设计。智能设计的设计过程是抽象的，它可能不存在可视化的过程，即使有，它的流程有可能不是分步的，而是一步完成，这时设计师很有可能不知道自己该做什么。

怎样理解基于智能的设计？笔者认为最重要的是理解两个因素，即“准确率”和“兜底”。上文提到人工智能可以理解为是一种预测，结果同时存在着 99%、90%、80%、60% 等不同可能性，那么怎么理解这些数据？首先要根据实际情况设计阈值，然后根据阈值设计不同的交互流程，如图 5-16 所示。

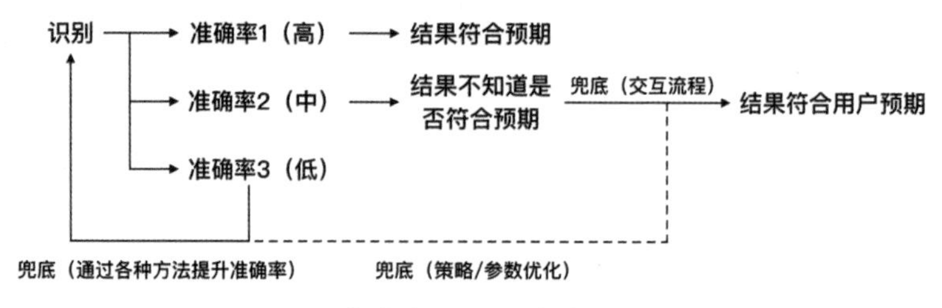

图 5-16　“准确率”和“兜底”之间的关系

假设我们认为准确率为 99% 就算正确，结果是符合预期的，正如图 5-16 中的准确率 1，那么模型的结果可以直接输出。以识别动物为例，如果算法识别到一只生物 99% 是猫，那么结果可以直接显示“猫”。

那么如何理解 90%、80%、60% 的准确率？它们的结果会存在错误的风险，也就是上文提及的假阳性。最好的办法是把低准确率的结果剔除，但这种“一刀切”存在一个很大的问题，即在什么地方“切”？例如低于 60% 的结果是不准确的要抛弃掉，那么 60% ～ 98.999% 部分存在的假阳性怎么解决？笔者认为这就是智能设计需要考虑的最重要的部分，也就是兜底。

怎样理解“兜底”？首先要理解“正确”和“错误”是相对的，就像刚才的阈值一样，高于 99% 为正确和低于 60% 为错误是人为定义的，它也可以是高于 60% 为正确，低于或等于 60% 为错误。兜底除了应对错误，还要将错误变成可用，以及通过各种办法提升结果的准确率，这就是读者在设计智能体验时需要做的事情。

以语音交互为例，当语音识别不佳或者系统不能理解用户说的话时，语音助手播报“不好意思，我听不懂”是最简单的兜底方式。但这种方式的用户体验基本为 0，因为它不能满足用户需求和解决用户问题。那么该怎样通过兜底提升整个用户体验？首先，要知道出现错误的原因是什么，以刚才提及的语音识别不佳（可以对应图 5-16 的准确率 3）为例，这时可以将问题分解为环境和说话人两个因素。如果是环境太嘈杂，可以通过硬件和算法实现对噪声的处理，包括利用声源定位识别说话人的朝向及距离麦克风的距离，从而动态调整麦克风的拾音情况，这时还能抑制其他朝向的噪声。如果是说话人发音不标准或者说的是方言，那么应该增加语音识别的数据样本和支持方言的识别。

以上看起来全是技术需要考虑的问题，但怎么梳理问题和制定应对策略才能提升整个用户体验也是设计师需要考虑的问题。在已有技术的基础上，需要了解当前存在的问题有哪些，它们在哪个因素上影响整个识别的准确率，哪些是技术需要解决的，哪些是设计可以引导解决的。如果将“识别失败—引导成功”看成一个动态过程，那么整个语音交互将变成由“技术＋场景”驱动交互策略的设计问题，而不仅是用户说完一句话机器是否能准确识别的技术问题。例如刚刚提到的识别用户和麦克风的距离，如果距离过远是否可以提示用户声音大一点或者靠近一点；如果知道用户说的话是方言，尽管系统目前识别不了，也可以提示用户重新换一种说法，并友好地推荐用户使用普通话。

讲完语音识别不佳，接下来讲一下“系统不能理解用户说的话”这个话题。“系统不能理解用户说的话”绝大部分原因来自文本内容完全匹配不上意图，所以不是用户没说清楚，而是意图的设计和泛化没有做到位。如果意识到这个问题，可以有多种手段去实现兜底，以下是语音交互常用的4种兜底方法，它们之间是互斥的：

（1）以多种形式告知用户系统暂时无法理解他的意思，例如“抱歉，目前还不能理解你的意思”“我还在学习该技能中”等。这种做法参考了人类交流过程中多变的表达方式，使整个对话不会那么无聊生硬。这种兜底策略成本是最低的，并且需要结合语音助手的人设一起考虑。如果这种兜底方案出现的频率过高，用户很有可能觉得产品什么都不懂，很不智能。

（2）将听不懂的语句传给第三方搜索功能。基本上很多问题都能在搜索网站上找到答案，只是答案过多导致用户的操作成本有点高。为了让用户获得更好的体验，笔者建议产品提供百科、视频、音乐等多种搜索入口。以“我想看哈利·波特的视频”这句话为例子，可以通过正则表达式的技术手段技能挖掘出“视频”一词，同时将“我想看”“的”词语过滤掉，最后获取“哈利·波特”一词，直接放到视频搜索里，有效降低用户的操作步骤。这种兜底策略能简单有效地解决大部分常用的查询说法，但用在指令意图上会非常奇怪，例如“打开客厅的灯”结果跳去百度进行搜索，这时候会让用户觉得产品非常不智能。还有，如果在设计整个兜底策略时没有全局考虑清楚，很有可能导致截取出来的关键词有问题，导致用户觉得很难理解。

（3）将听不懂的语句传给第三方闲聊机器人。有些积累较深的第三方闲聊机器人说不定能理解用户问的是什么，而且提供多轮对话的闲聊机器人可以使整个产品看起来“人性化”一点。由于闲聊机器人本身就有自己的角色定位，所以这种兜底策略一定要结合虚拟角色并行考虑。而且闲聊机器人需要第三方API支持，是三个兜底策略中成本最高的，但效果也有可能是最好的。

（4）将听不懂的语句传给 Q&A（Question and Answer）。用户在遇到问题时会提出各种问法，尤其是不懂如何使用产品的时候，例如“怎么打开 ACC（Adaptive Cruise Control，自适应巡航控制）？”或者小孩子经常会问“为什么”，例如“天空为什么是蓝的？”这时候将问题传给搜索功能不一定合适，最好还是根据目标人群和使用场景建立一套问答系统，例如汽车内的用户问得最多的是如何驾驶这辆汽车；家里的智能音箱很有可能被小孩经常问问题。可以通过“为什么”“怎么”等关键词识别匹配 Q&A。

既然兜底方案只能四选一，可以通过语法识别、关键词匹配等方式选择合适的兜底方案，如果匹配上关键字可以交由 Q&A 模块或者第三方搜索功能来解决。如果没匹配上关键字，语法分析没太大问题可以交由闲聊模块解决，问题很大则告知用户“抱歉我没理解”（语句中语法有严重问题一般都是噪声导致）。

以上是完全匹配不上意图时的兜底策略，也就是准确率低于 60% 的情况下需要考虑的事情，那么在 60% ～ 99% 需要设计什么？这时可以理解为机器大概知道用户要什么，但还不是很明确，要做的事情是将机器还不知道的内容补充进去。从这个角度来看，多轮对话属于这个范畴，需要通过对话的方式将意图中缺乏的词槽内容补充进去，从而让整个意图完整并识别正确。另外一种形式是“纠错 + 推荐”，也就是机器大概理解用户想表达什么，通过自我阐述补充完整的观点，或者知道用户的需求无法满足但可以提供另外的解决方案，例如用户说“将空调温度提高到 100℃”，机器可以说“不好意思，空调最高温度是 30℃，需要为你提高到最高档吗？”

当我们把所有的基于智能的设计抽象为“准确率”和“兜底”两个因素，很多未知的、看不见的设计会一下子变得清晰起来。首先我们需要知道影响当前准确率的因素是什么，还有我们可以通过什么手段提升准确率，其次是不准确的情况下我们可以提供什么样的手段提升准确率，或者提供额外的方法满足用户部分需求，最终体验的评价标准就是你的服务能怎么更好地满足用户需求，而这部分更多是由准确的结果来实现。

我们再回看苹果基于意图的交互设计，构建意图框架的目的是将不同应用、功能转换成意图的设计，意图的组成将由服务所需要的参数决定，这时参数的来源有可能不局限于一个应用，有可能来源于设备对环境的监测、用户的历史数据以及其他应用的功能，只要全部参数都齐了，那么苹果可以精准地推荐 Widget、Suggestion 等内容。为了提升整个意图识别的准确率，苹果的 Donation 机制将作为每次意图识别的参考，从而让苹果知道这个意图是否对用户来说真的产生帮助。所以本质上来说，Donation 是对 Intent 的一种兜底方式，它可以通过用户的使用习惯逐渐调整 Intent 的准确率。但是，Intent 和 Donation 的设计和制定需要第三方应用的参与，如果第三方应用没有这样的意识，苹果的整套机制是很难构建起来的，所以苹果有可能打算从界面像素推断不同移动应用程序的可访问性元数据，从而自行判断用户行为和背后的意图，逐渐构建 Intent 和 Donation 的完整机制。但这部分仅是笔者的推测，可能要等若干年后才能看到相关的设计出现。

笔者再从“准确率”和“兜底”的角度重新介绍一下抖音 App 的设计。假设当前用户正在看的视频拥有 A、B、C 3 个标签，如果用户把整个视频看完了，抖音 App 会认为该用户有可能对于这 3 个标签是感兴趣的，从而推荐 A、B、D 标签的视频给用户。这时如果用户也把该视频看完了，抖音 App 会认为用户很大概率对 A、B 标签感兴趣（即 A、B 标签的准确率很高），从而将拥有 A、B 标签的视频推荐给用户。由于用户一直看 A、B 标签的视频会乏味，这时抖音 App 有可能在下一条视频中插入 C 标签的内容，如果用户瞬间滑走，那么抖音 App 会认为用户对 C 标签不感兴趣，近期也不会推荐 C 标签的内容给用户。这种方式是通过“推荐 + 用户交互”调整抖音 App 对于该名用户的画像的准确度，同时抖音 App 会将另外一名拥有相似画像的用户所看的内容推荐给当前用户。

如果抖音 App 引入的新标签不是用户喜欢的，用户可以点击“不感兴趣”告知抖音 App 不要再推荐类似的视频，这就是抖音 App 遇到错误的兜底方法，它允许用户对某些视频不感兴趣，从而减少相关标签的推荐。当用户看过完整的内容越来越多，以及瞬间滑走和点击“不感兴趣”的次数越来越多，抖音 App 对当前用户的画像会越来越精准，推荐的视频也会越来越接近用户的偏好。同时手指滑动看下一条视频的交互成本很低，所以用户可以花很长时间刷视频。

最后，“准确率”和“兜底”不仅适用于语音交互、基于人工智能的推荐，还适用于基于计算机视觉、传感器的智能设计，这些内容会在后续章节中一一提及。笔者相信，当读者能抓住这两个核心去构建产品体验，一定能更清晰地知道自己该做什么，以及怎么能为用户带来更好的用户体验。

第6章

姿态和手势识别

6.1 计算机视觉

6.1.1 计算机视觉的重要性

在介绍姿态和手势识别前，笔者有必要介绍一下计算机视觉（Computer Vision），因为从本章到第 8 章的内容都跟计算机视觉有关。计算机视觉在很多时候会被等同于“图像识别（Image Recognition）”及“机器视觉（Machine Vision）”，其实计算机视觉和机器视觉比图像识别的定义范围更广，而计算机视觉和机器视觉两者的区别在于前者使用更多复杂的技术和算力实现系统“看得清”和“看得懂”。在人工智能领域，“计算机视觉”一词会使用得更广泛，如果读者在搜索图像识别资料时找不到合适的专业内容，可以尝试用“计算机视觉”作为关键词再搜索一下。

回归正题，基于人工智能的计算机视觉技术在不同领域有着广泛的应用，笔者尝试列举三个案例。在交通领域，计算机视觉可以实时监测路面情况，并且识别路面上所有的车辆，包括汽车的类型、车牌、车型、颜色和坐标位置，交通部门知道这些信息后可以实时统计出车流量，为交通调度、路况优化提供精准参考依据。与此同时，如果交通部门需要对特定汽车进行定位和追踪，刚刚提及的车辆属性信息可以为分析预警提供多维度参考依据。

基于计算机视觉的辅助诊断是人工智能技术在医学健康领域应用最广泛的场景。2018 年，百度公司和中国眼科医院合作开发了一款“人工智能眼底照相机”，它能检测三种眼底疾病，包括糖尿病视网膜病变、黄斑变性和青光眼，系统能够从示踪的眼底图像中获取信息，系统的敏感度和特异度均达 94%。该相机已经投入市场使用中。

在工厂的流水线上所有产品都需要被检测，而人工检测存在着较多的弊端，例如合格率因人而异。当工人长时间工作，检测速度变慢，合格率更是无法保证，导致整个生产效率下降。为了解决该问题，很多工厂都会通过工业相机采集产品的图像，然后通过计算机视觉快速检验产品的外观尺寸，包括外形轮廓、孔径、高度、宽度、间距、面积等，判断产品是否符合生产要求，而找缺陷和不合格的地方更是计算机视觉的拿手戏。因此计算机视觉技术已经被广泛部署在工业界的方方面面。

除了以上案例，还有很多场景已经广泛使用到计算机视觉技术，也有很多领域想使用计算机视觉技术提升效率和降低成本，例如医疗领域的肿瘤识别，但这项技术截至本书出版前仍存在着较大的挑战。

6.1.2 简单了解计算机视觉背后的技术细节

计算机主要通过图像分类（Image Classification）技术识别图像中有什么内容，而图像分类只能告诉你图片中出现的类别及其概率，并且只能是被训练过的类别。在训练图像分类模型时，需要用不同的标签和其对应的图像来投喂模型。每个标签都是一个独立的分类，它可以是一个概念或者一个种类的名字，而对应的则需要足够多的图像来训练数据，当模型训练好就能去预测新的图片是否属于训练数据中的分类。当该图片被输入图像分类模型中，模型会输出一串代表概率的数组，里面每个数字都会介于 0 和 1 之间。如果图像属于被训练的分类，那么某个标签的数值会特别高；但如果这张图片没有被模型识别出来，也就是不属于被训练的分类，这时每个标签的数值都不会太高。

以识别兔子、仓鼠和狗三种动物为例，当提供一张图片给分类模型时（如图 6-1 所示），模型会输出这张图片含有这三种动物的概率（如表 6-1 所示）。基于输出结果，能够看到分类模型预测出这张图片中的生物大概率是一条狗。

图 6-1　用于识别的图片

表 6-1　识别出兔子、仓鼠和狗时的概率

动物种类	概率
兔子	0.07
仓鼠	0.02
狗	0.91

除了图像分类，计算机视觉中常用的技术还有目标检测（Object Detection）和图像分割（Image Segmentation）。目标检测即找到目标在图像中的位置，并用矩形框（x，y，w，h）框出来。如图 6-2 所示，如果采用分类和定位，只会得到一个绵羊分类的矩形框；如果采用目标检测，图像里三只绵羊的位置都会显示出来。如果想把绵羊的图像抠出来的同时忽略其他细节，这时需要考虑图像分割技术，如左下角图片采用的是语义分割技术，它能将路面、草地和绵羊识别出来并用不同颜色表示；如果采用实例分割，那么每只绵羊都会用不同颜色区分出来。

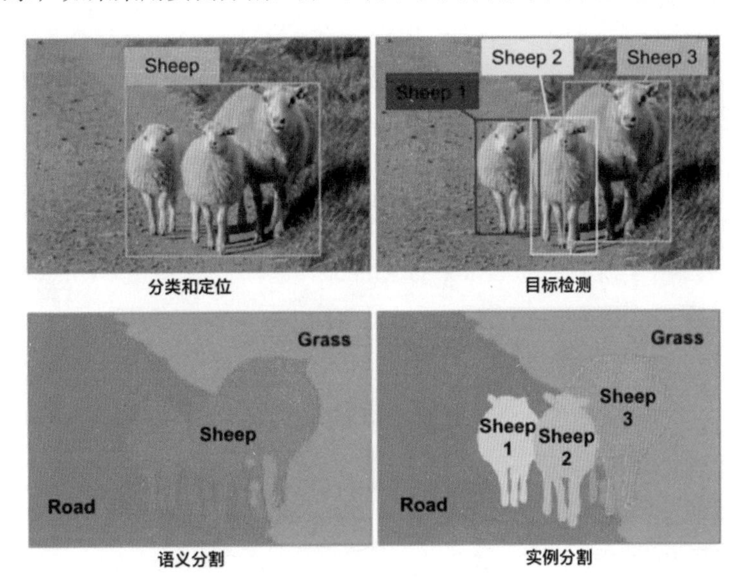

图 6-2　目标检测和图像分割

以上就是计算机视觉的基础介绍，上文提到肿瘤识别仍存在着较大的挑战，原因在于肿瘤图像的质量仍参差不齐，这跟医生的拍片风格及每个医院的数据没共享有关系。那为什么眼底疾病影像识别成熟？因为部分眼底疾病影像拥有公开的数据库，该数据库丰富且完整，在图片分类上能做到更准确，在预测时准确率也会更高，这也验证了第 5 章提及的“有多少人工，就有多少智能”的说法。后

续章节会陆续介绍计算机视觉中的姿态识别、手势识别、人脸识别和眼动追踪的相关应用和原理。

6.2 姿态和手势识别在不同领域的作用

肢体动作是涉及认知科学、心理学、神经科学、脑科学、行为学等领域的跨学科研究课题，其中包含很多细节，甚至每根手指的不同位置都能传达不同的信息，因此让计算机读懂人类的肢体动作是一件棘手的事。基于人体的姿态和手势识别能用于很多领域，尤其是姿态识别，能够在现实世界空间中以令人难以置信的粒度级别跟踪目标群体，这种强大的功能开辟了广泛的可能应用。

6.2.1 体感游戏和健身

在2002年上映的电影《少数派报告》中有这么一套操作系统：主角凭空用双手操作就能控制计算机形成指令。这一套基于手势的界面影响了随后十几年的用户界面和硬件创新。2006年，微软公司开发了一套视觉识别系统，它可以识别用户在三维空间内的手势动作，使用户通过手势控制计算机成为可能。这套系统被微软公司应用于游戏主机Xbox的Kinect体感游戏模块上，Kinect不需要使用任何控制器，只依靠相机就能捕捉三维空间中玩家的肢体动作，从而在游戏中进行操作，或者与其他玩家进行互动。在2009年6月1日的E3游戏大展上，Kinect的首次发布惊艳了全球，它彻底颠覆了游戏的单一操作，使人机互动的理念更加彻底地展现出来。

任天堂的Switch游戏机推出了一款名叫《健身环大冒险》的体感运动游戏（图6-3），玩家需要配合游戏中的动作要求击败怪兽和闯关，这款游戏一上市即风靡全球。《健身环大冒险》主要通过两个Switch的控制器Joy-Con及专属配件Ring-Con健身环和腿部固定带相互配合，监测玩家的各种肢体部位的活动，从而实现不同的体感功能。有些极客玩家还通过一系列编程设备将健身环运用在《集合啦！动物森友会》和《塞尔达传说：旷野之息》上，实现了游戏健身两不误的效果。

图 6-3 《健身环大冒险》

2020 年，Fiture 健身镜作为全球第一款“硬件 + 内容 + 服务 + AI”的智能健身产品在中国上市，正式开启了家庭科技健身新时代。Fiture 健身镜最重要的功能是通过摄像头及姿态识别算法实现常用健身动作的判断，让消费者无须穿戴任何产品或者传感器辅助即可基于 AI 虚拟教练的课程和指导达到健身目的。

6.2.2 控制智能设备

通过姿态识别去控制智能设备的案例很少见，但使用隔空手势识别的比较多，例如带摄像头的坚果投影仪 O1 Pro 和华为智慧屏，如图 6-4 所示。以下是从华为智慧屏官网获取的隔空手势识别操控电视的相关资料。

- 隔空播放暂停：手掌正对屏幕，保持 2 秒。
- 隔空静音：将手指靠近嘴唇中间，保持 2 秒。
- 隔空控制播放进度：张开大拇指和食指，然后捏合大拇指和食指，捏合后左右拖动，向左拖动表示快退，向右拖动表示快进，张开双指确认播放进度。
- 隔空控制音量：张开大拇指和食指，然后捏合大拇指和食指，捏合后上下拖动，向上拖动表示加大音量，向下拖动表示降低音量，张开双指确认调节音量。

图 6-4 通过隔空手势控制华为智慧屏

6.2.3 智能座舱

姿态识别和隔空手势都能运用到智能座舱中。大部分的驾驶员监控系统会通过一个面向驾驶员的红外摄像头来实时监测头部、眼部、面部、手部等细节，可以从眼睛闭合、眨眼、凝视方向、打哈欠、头部运动和身体姿态等检测驾驶员状态，包括是否疲劳、分神或者正在抽烟、打电话等行为。

在隔空手势方面，宝马汽车对接听 / 挂断电话、调节音量、切换歌曲、倒车影像视角调整分别做了手势定义：食指指向屏幕表示接听对话；手指垂直屏幕向右挥手表示挂断电话；食指指向屏幕顺 / 逆时针表示音量增加 / 减少；握拳后大拇指指向左、右两侧分别代表切换上一首歌曲、下一首歌曲；大拇指和食指捏合向左或向右移动表示倒车影像视角向左或向右调整。同时宝马汽车还预留了食指和中指指向屏幕触发自定义功能。

除了以上案例，姿态识别和手势识别用途非常广。例如帮助球员纠正自己姿态错误的同时分析对手的姿态优势和缺陷在哪；商场的 3D 试衣也是基于姿态识别实现人动衣动的效果；在安防领域，姿态识别能有效判断是否有人群聚集甚至斗殴；在养老院，还可以实时检测是否有老人跌倒的情况；手势识别对 AR、VR 领域的导航和操作会产生重大作用……读者感兴趣的话可以自行搜索更多的使用场景。

6.3 实现姿态识别的不同技术

6.3.1 摄像头

姿态识别被定义为图像或视频中人体关键点（被称为人体关节，例如肘部、手腕等）的定位，主要通过摄像头和惯性传感器实现。

在没有深度学习的年代，姿态识别主要通过深度摄像头实现，包括微软的 Kinect、英特尔的 RealSense 和索尼的 PS4 Camera。以 Kinect v2 为例，它采用了 ToF（Time of Flight，飞行时间）摄像头去检测人体姿态，并且最多能识别 6 个人的姿态。ToF 摄像头的原理是让装置发出脉冲光，然后在发射处接收目标物的反射光，通过发出到接收的时间差算出目标物的距离。通过这种方式，Kinect v2 就能知道一个人的深度信息，然后预估出当前人体姿态是什么，以及关键点的所在位置，如图 6-5 所示。

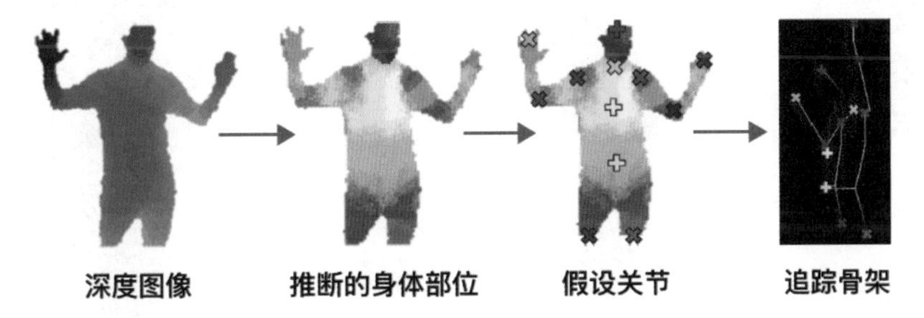

图 6-5 通过深度学习预估关键点的变化

随着深度学习的成熟，传统的 RGB 摄像头也逐渐能用于姿态识别，常见的姿态识别算法包括谷歌的 MediaPipe、Openpose 及百度提供的 3D 肢体关键点 SDK。以 MediaPipe 的 BlazePose 为例，它能实时检测人体 33 个关键点，如图 6-6 所示。如果读者希望能把表情识别和手势识别加入进去，可以选用 MediaPipe 的 Holistic，谷歌的 MediaPipe Holistic 为突破性的 540 多个关键点提供了统一的拓扑结构，并在移动设备上实现了近乎实时的性能，如图 6-7 所示，但对算力的要求会有所增加。MediaPipe 能用于 iOS、Android 和 Web 上，有较好的兼容性。

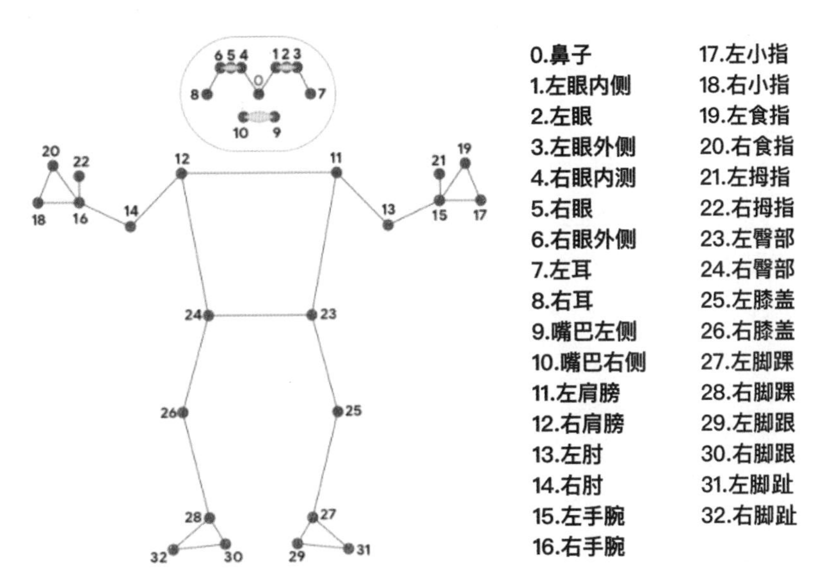

图 6-6 MediaPipe 的 BlazePose 能实时检测人体 33 个关键点

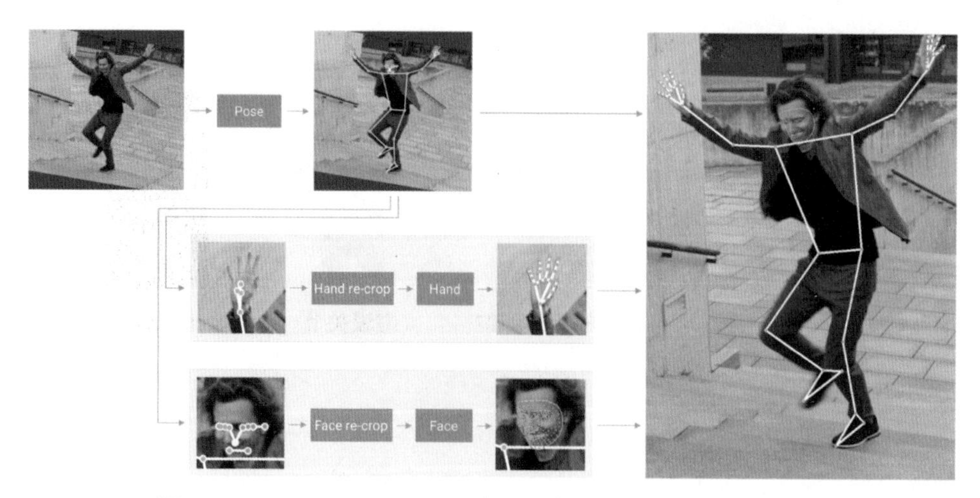

图 6-7　MediaPipe Holistic 对 540 多个关键点进行实时追踪

基于深度学习的姿态识别算法，每个关键点都有一个从 0 到 1 的置信度，如果置信度越高，关键点的坐标越准确。以 BlazePose 为例，当检测到用户的姿态后，模型会返回 33 个关键点的数组，其中包含了每个关键点的 x、y 坐标和置信度，并且可以直接映射到图像上。如果用户在摄像头中只露出上半身，那么模型只会把上半身的关键点显示出来，但有些时候关键点的位置会发生漂移甚至出现不可理喻的变化，例如全部杂糅在一起，这是因为姿态识别模型缺少了下半身的数据，同时背景和光线等问题影响了模型的识别，这时每个关键点的置信度都有可能很低。

基于深度学习的姿态识别算法有很多种类型，从空间来看可以分为 2D 和 3D 两种类型，从人数来看可以分为单人和多人两种情况。笔者先介绍空间相关的内容。由于视频流和图像是平面信息，所以传统的姿态识别算法返回的关键点坐标为 x、y 坐标。但是人的动作是发生在三维空间中，只有二维坐标的关键点会存在较大的误差问题，尤其是发生关键点重叠或者部分关键点被遮挡的时候，所以现在的研究人员和模型算法开始向 3D 姿态识别技术倾斜。3D 姿态识别通过在预测中添加 z 轴信息来将 2D 图像中的对象转换为 3D 对象，然后预测人的实际空间定位。但目前 3D 姿态识别技术面临的挑战包括如何理解图像中复杂的场景（存在野外、城市、家里等因素），以及怎么将图像中的深度信息提取出来（光影、背景变化、相机移动等因素都会影响深度信息），整个技术还在不断优化当中。

单人姿态识别的优势是识别快、难度低，理想状况是输入图像或者视频中只有一个人居中在摄像头前。但单人姿态识别存在比较大的缺点，如果图像中有多个人，来自两个人的关键点可能会被估计为同一个姿态的一部分，例如两个相邻的人一个人的左半身和另外一个人的右半身组合成一个人的姿态。如果输入图像包含多人，则应使用多人姿态识别算法。多人姿态识别算法可以估计图像中多个人分别的姿态是什么。它比单姿态算法更复杂，速度稍慢。但它的优点是当多个人出现在一张图片中，它发生上文提及的将多个人的部分关键点合并在一起的可能性较低。出于这个原因，即使是检测单个人的姿态，这种算法可能也更适用。不过，如果是对多个人进行 3D 姿态识别会更具挑战性，而且相关的技术在本书出版前仍未成熟。

多人姿态识别的误差跟自身的实现方式有关，实现方式分为自下而上和自上而下两种情况。如果是使用自下而上的方式，姿态识别模型会优先检测一个特定关键点，例如图像中出现的所有左手，然后尝试将关键点组装成不同对象的骨架。而自上而下的方式是相反的，算法首先使用对象检测器在对象的每个实例周围绘制一个框，然后估计每个裁剪区域内的关键点。总体识别方式如图 6-8 所示，从图中可以看到两种方式都会有识别正确和错误的时候，所以设计师在设计姿态识别的产品时需要和开发人员了解清楚当前技术用什么实现方式，以及哪种实现方式能更好地避免出错情况。

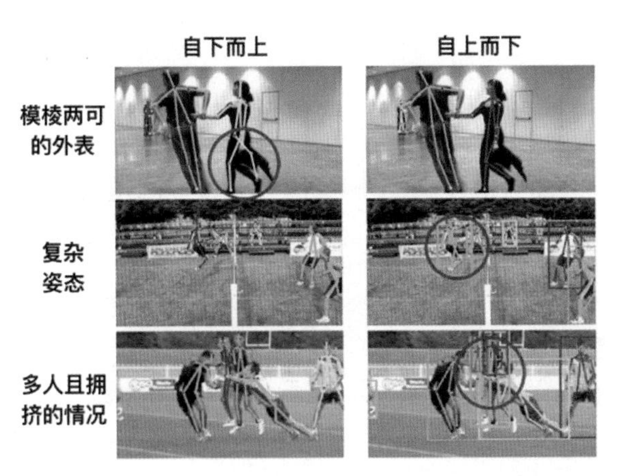

图 6-8　多人姿态识别自下而上和自上而下的实现方式

以上是面向消费者的姿态识别。如果是面向专业群体的姿态识别，例如拍摄科幻电影或者 CG 电影时，拍摄团队会使用光学式动态捕捉技术实现对演员的姿态识别和追踪。在拍摄过程中演员需要穿上单色的服装，然后在身体的关键部位，如关节、髋部、肘、腕等位置贴上一些反光标识点（Marker），环绕在表演场地的 6 ～ 8

个相机会去识别这些 Marker 进行动作捕捉，如图 6-9 所示，最后这些 Marker 的相关数据，包括位置、角度、速度、加速度等会对应到 3D 软件模型骨骼（Skeleton）相应的关键点上。随着技术的发展，演员穿的服装增添了密密麻麻的三角形，演员身体上几乎任何一个地方的运动都可以被精确捕捉到，感兴趣的读者可以自行查阅相关资料。

图 6-9　通过 Marker 的识别进行动作捕捉

6.3.2　惯性传感器

在三维空间中，如果将物体视为刚体（不考虑形变），不管该物体的运动有多复杂，都可以分解为该物体质心的曲线运动和绕质心的旋转运动，而 IMU（Inertial Measurement Unit，惯性测量单元）可以利用加速度传感器和陀螺仪对该物体的加速度和旋转角速度进行测量，以得到目标在惯性参考系下的运动和状态。

大家应该都知道任天堂 Switch 的体感游戏很出名，例如上文提及的《健身环大冒险》。Switch 的两个手柄 Joy-Con 内置了 IMU 传感器，玩《健身环大冒险》需要将一个 Joy-Con 连接健身环（一个纤维强化塑料的弹性圆环），另外一个固定在大腿上。健身环的连接处有一个特制的由力敏电阻组成的感应部件，这个部件可以根据健身环的拉伸和挤压产生相应的信号传给 Joy-Con，再由 Joy-Con 传递给主机。除了拉伸和挤压信号，绑定在健身环的 Joy-Con 会通过 IMU 将自己的三维空间位移变化，包括翻转、位移和晃动等数据传输给主机，主机基于当前运动场景将数据转换为不同的动作，例如吸收和发射空气炮、划船等。绑定在腿部的

Joy-Con 也会通过 IMU 来判断用户的大腿是否处于垂直或者抬起状态，并传递给主机。由于 Switch 只有两个 IMU，所以 Switch 只能实现对特定动作的识别，无法实现对用户姿态的完整识别和追踪，但这些问题不影响用户对《健身环大冒险》的喜爱。

IMU 用于姿态识别也有较大的问题。首先陀螺仪及加速度计是 IMU 的主要元件，其精度会直接影响到惯性系统的精度；其次在实际工作中，各种干扰因素会导致陀螺仪及加速度计不断产生误差，这些误差包括导航误差和位置误差，而且误差会随着时间的加长变得更严重。这是惯导系统的主要缺点，因此 IMU 在使用前需要校准，使用过程中也需要校准，除非是一些简单且对上下文没有需求的运动，例如挥手、跳动。

如果在用户身体上绑定多个 IMU，就可以实现动作捕捉，跟上文提及的光学式动态捕捉技术相似。诺亦腾公司在 2014 年 8 月发布的 Perception Neuron 动作捕捉系统就是由多个 IMU 组成的，它最少使用 3 个 IMU 就可以捕捉手部动作，使用 18 个 IMU 可以捕捉大动态的身体动作，使用全套配置 32 个 IMU 则可以捕捉全身和细致的手指动作，具体细节如图 6-10 所示。据称，《权力的游戏》也采用了 Perception Neuron 技术去拍摄。

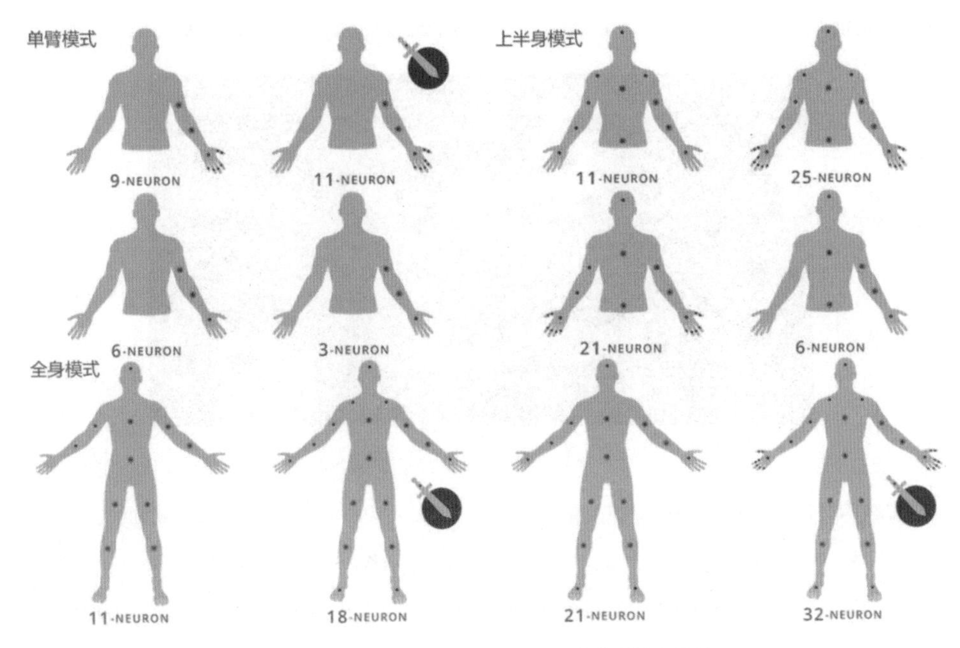

图 6-10　Perception Neuron 动作捕捉系统

6.4 实现手势识别的不同技术

6.4.1 摄像头

实现手势识别有多种做法，例如通过摄像头、数据手套、肌电传感器、毫米波雷达及超声波来实现，它们适用于不同的场景。常见的摄像头方案是通过 RGB 摄像头和手势识别算法得到图片中手的位置、姿态、手势等信息，这种方法的优势是成本低、通用性高，在学术界和工业界研究得比较多，所以开源项目和商用的解决方案也比较多，例如 Google 的 MediaPipe、百度提供的手势识别算法。

由于 RGB 摄像头方案受光照影响非常大，夜间无法使用，所以有些公司会用红外摄像头来替代，例如著名的手势识别硬件 Leap Motion，采用了“双目 + 红外摄像头”实现对手势的实时追踪，并且提供了完整的 SDK 供开发者使用。有些解决方案会通过深度摄像头来捕获手的 3D 信息，例如微软的 HoloLens 1 和 HoloLens 2 都配备了 ToF（Time of Flight）摄像头，但是深度摄像头对硬件设计、算力和功耗都会有额外的要求。

当前基于摄像头的主流手势识别算法，会通过神经网络将人的手部位置识别为 21 个手部关键点。手部关键点也可以理解为手部骨架的关节点，包括手掌的 1 个关键点和 5 根手指上的 20 个关键点，如图 6-11 所示。

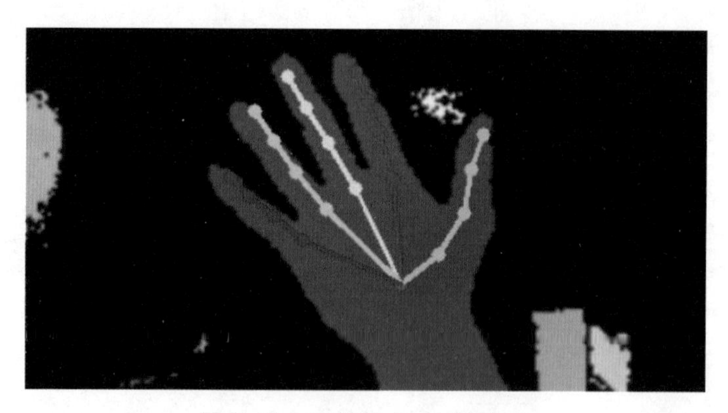

图 6-11　手部的 21 个关键点

基于摄像头的手势识别可以简单分类为两种识别，即静态手势和动态手势。静态手势可以理解为识别“Pose”，它需要手部姿势静止一定时间才能被识别到，然后将这个手势跟数据库中的手部姿势做对比，所以它本质上来说属于图像的分类。在现实生活中，通过“OK 手势”触发好几米外的相机自动拍照正是采用了静态手势识别。百度提供的手势识别技术也是基于静态手势识别，它可以识别照片中的24种常见手势，例如OK、比心、作揖、数字等，如图6-12所示。

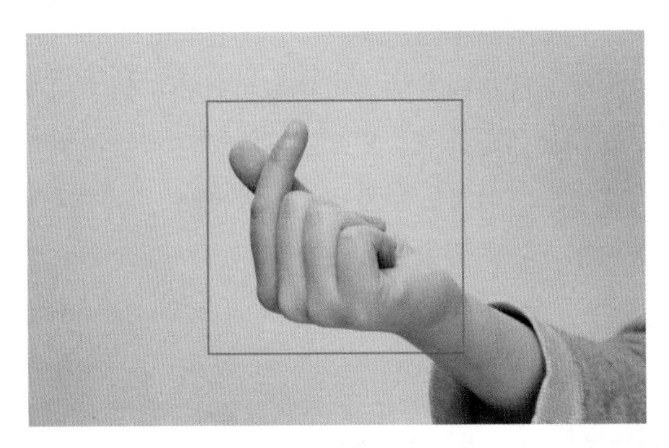

图 6-12　识别比心动作

动态手势即是实时识别视频中手部动作和位置的变化，因此静态手势只是动态手势的其中一部分。这句话怎么理解？如果将实时视频流分解成一帧一帧的，那么每帧图片中的手势都是静态的，如果有连续几帧的手势是相同的，那么它有可能就是一个静态手势，它具有一定的语义；如果不相同，那么这帧图片里的手势有可能代表了其他含义或者没有语义。例如手往左拨代表了前进，手往右拨代表了后退，手指画线有可能代表了鼠标移动，但用户敲打键盘时的手部动作并不需要赋予它含义（除非用户是隔空打字）。总的来说，动态手势即使理解人的手部行为是什么，它也比静态手势复杂得多。最出名的开源动态手势识别技术莫过于Google的MediaPipe，它能实时识别人两只手42个关键点的变化，并能用于iOS、Android和Web上，开发文档可以直接搜索“MediaPipe”。VR设备Meta Quest 2的手势识别原理也是基于每只手21个关键点的实时检测，并无太大差异，如果读者有需要可以查询相关开发文档。

6.4.2　数据手套

数据手套是指在手上戴一个内置传感器的特制手套，通过传感器检测手指的屈伸角度或位置，再根据逆运动学来计算出手的位置。数据手套对手的局部动作检测很准，而且不受视觉方案中视野范围的限制。但缺点是用户必须戴上手套才能识别手势，且只能检测局部的手指动作，不能定位手部整体的位置角度。若想检测手的位置角度，数据手套需配合其他的追踪器。

数据手套除了能实现手势识别，最大的优势是拥有逼真的触觉反馈。2021 年 11 月，Meta 公布了正在研发的数据手套原型，如图 6-13 所示。Meta 手套的原型成本约为 5000 美元，在每个手指上有约 15 个脊状充气塑料片（被 Meta 称为“制动器”），使用时每个充气塑料片的充气程度可以在手的不同位置产生压力或者震动从而模拟出不同物体的阻力或者重量。据介绍，当前正在原型阶段的手套只能提供物体轮廓的感觉，但不能让人区分出材质表面之间的细微差别。Meta 团队希望后续能大幅增加手套制动器的密度，在几年内从数十个增加到数百个甚至上千个。

图 6-13　Meta 的数据手套原型

面向消费者可用的数据手套仍然存在许多障碍。首先是形式上的问题，从图 6-13 可知，当前的手套还需要承载一系列设备以及通过数据线和计算机连接，使用上极其不方便，如何轻量化及无线化是后续手套量产的关键。第二个问题是数据手套需要精确贴合佩戴者的皮肤，这可能需要为每个买家设计不同的合身版本。同时还有一些实际问题，例如如何清洁这款高科技手套，据介绍当前的手套清洗方法是用酒精仔细擦拭。所以，数据手套几时能面向消费者仍是一个疑问。

6.4.3　肌电传感器

肌肉是人体运动系统重要的组成部分，是人体运动的动力来源，一般地，当我们收缩肌肉时，皮肤表面会产生肌电信号。肌电图（Electromyography，EMG）用于描绘肌电信号的变化，近年来被用于人机交互中。面向广大群众知名度较高的交互产品莫过于 2014 年加拿大初创公司 Thalmic Labs 推出的手势识别硬件——

MYO 腕带，如图 6-14 所示。MYO 腕带里装置了 8 个 EMG 传感器，通过表面肌电图（Surface Electromyograhy，SEMG）就能够识别出用户手臂肌肉收缩时肌电信号的变化，另外通过内置的陀螺仪检测手臂的运动速度，两者的结合可以对手臂的空间运动和手势进行识别，并将其转换成操作命令。MYO 号称能识别出 20 种手势，而且能在用户挥动手臂或者手指运动前就能感受到大脑控制肌肉运动产生的生物电。但是，由于人体手臂拥有多块肌肉，且人体内的脂肪越多 EMG 信号就越弱，再加上性别、年龄、皮肤状况等因素也会对 EMG 信号造成一定影响，因此肌电传感器并不能精准测量出每块肌肉发出的电信号，这导致 MYO 实用性并不高，没过多久就停产了。

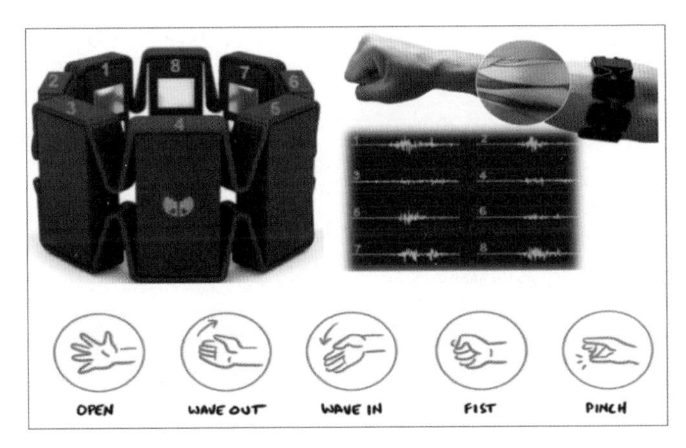

图 6-14　通过 EMG 识别不同的手势

EMG 相比于依托计算机视觉实现的手势识别，它不存在摄像头泄露隐私的问题，而且不会受到角度、光照、遮挡等问题的影响，同时它不需要很高的算力就能单独完成计算。尽管 EMG 的识别准确率较低，但依然是人机交互研究的重点方向。

6.4.4　毫米波雷达、超声波和其他

为了避免全部手势识别都依赖于计算机视觉技术，Google 设计了一款名叫“Soli”的微型雷达芯片，如图 6-15 所示。它采用毫米波雷达实现手势的识别，并首次应用于 Pixel 4 和 Pixel 4L 上，用户可以通过在 Pixel 4 上方做手势，来控制音量、导航菜单等，而无须触摸显示屏。为了实现“亚毫米”手势分类，Soli 背后的团队设计了一个系统，该系统包含从数千名 Google 志愿者那里记录

的数百万个手势进行训练的模型，并补充了数百小时的雷达记录。如果读者对Google的Soli实现原理感兴趣，可以自行搜索Soli Radar-Based Perception and Interaction in Pixel 4。

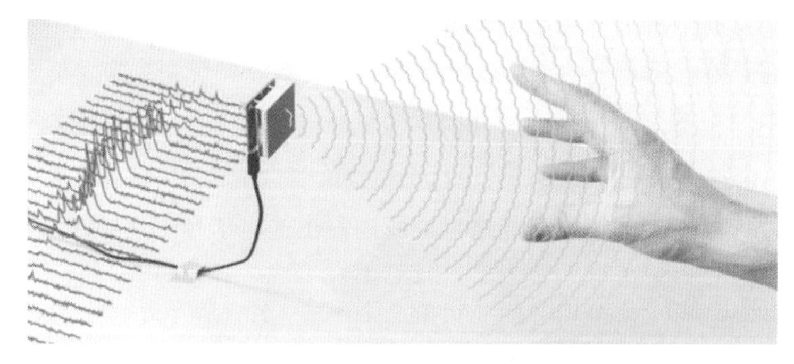

图 6-15　Soli 微型雷达芯片

除了毫米波雷达，超声波也能用于手势识别。2017年，来自深圳的创业公司Maxus Tech在众筹平台Kickstarter上线了一个硬件产品Welle，仅用了21个小时就完成了2万美元的众筹目标。Welle的产品口号是“Turn Any Surface Into A Smart Interface（让任何表面瞬间化身为触控板）”，外形小巧的Welle可以被随意放置在茶几、办公桌甚至墙面上，如图6-16所示，当用户手指在Welle前方做出各种手势，与它连接的智能设备就能立刻做出反应，例如灯光由明变暗、电视瞬间息屏等。

图 6-16　在桌面上利用 Welle 实现手势控制

Welle依托的技术原理并不复杂。据Maxus Tech CEO曾懋介绍，Welle内置高敏感度的声呐传感器，当手在其前方运动时，会反射声波信号，接收器通过对回波进行过滤，提取出主要特征，再利用算法转换成控制不同硬件设备和软件的命令，最终实现隔空操纵物体的目的。Welle可追踪手指运动并识别多种手势和字母，识别范围控制在其前方一张 A4 纸大小面积，字母识别准确率为 96%，至于何种手势对应何种效果，用户可自行定义。

毫米波雷达和超声波两种技术方案都能用于隔空手势或者触控手势的识别，并且不需要过多的算力，还能有效解决隐私的问题，所以是人机交互领域的重要发展方向。但是，两者存在着一定的局限性。第一个问题是距离问题，例如刚才提到 Welle 的识别范围只有一张 A4 纸大小的面积，而 Soli 也只能近距离使用，超出范围后传感器就无法检测手势了。第二个问题是分辨率问题，也可以理解为精度问题。毫米波和超声波都无法像摄像头、数据手套及肌电传感器那样得到手的所有自由度，它们只能识别个别指定的手势，所以在灵活性上不如前面三种方案。

本质上来说，基于毫米波雷达和超声波的手势识别都是对反射波信号进行过滤，提取出主要特征并转换成命令，所以这种方式能适用于其他传感技术。例如迪士尼和卡内基梅隆大学共同研究了一款名叫“Wall++”的大型内容感知传感系统，如图 6-17 所示，它可以感应用户的触摸和手势，甚至可以隔空计算墙与人的距离，也可以隔空感应到用户在家里的活动，并将此转换成不同的指令。从本质上来说，Wall++ 会捕获空气传播的电磁噪声，然后将其转换为相关的信号和指令。

图 6-17　“Wall++”的大型内容感知传感系统

无论是毫米波雷达、超声波还是电磁噪声，检测范围和精度与采用的频率、波长有关，读者可以这么理解：当采用的频率和功耗越高，检测范围和精度也能有相应的提升，但需要的芯片体积和数量也会相应增大，同时也有可能给用户身体带来影响。如果读者想采用相关技术，一定要问清楚开发人员或者解决方案供应商这方面的影响。

6.5 实现姿态和手势识别的设计注意事项

上文提到姿态识别和手势识别用途非常广，然而每个场景都有自己独特的需求和痛点，笔者无法为所有的场景遍历所有的设计注意事项，在此会挑重点讲述一些通用的、重要的注意事项。

6.5.1 为什么选择手势识别和姿态识别

现在主流的交互方式有触控屏幕、语音交互、按键等，为什么要选择手势识别或者姿态识别？读者一定要考虑清楚该问题。麻省理工学院媒体实验室讲师、交互专家 David Rose 在他的文章 *Why Gesture is the Next Big Thing in Design* 中提到手势的优势有以下几点。

- 速度：如果需要快速，手势比说语音输入要快得多。
- 距离：如果需要在房间的另一头进行交流，手势比处理音量更容易。
- 有限的词汇：如果没有一千件事需要说，选择手势就可以了。为给定上下文设置的手势越小，就越容易记住，例如竖起大拇指。
- 表现力胜过精确度：手势非常适合表达情感的显著性。

其实在英文里 gesture 不一定是指手势，也可以翻译为姿态，所以这些优势也适用于基于姿态识别的交互上。读者在考虑以上两种交互方式时，应该结合其他模态的优缺点进行考虑。例如在车内已经有方向盘按键、语音交互的情况下，是否还需要手势交互？这时手势交互的优先级应该排第几？只有通过这样的分析，读者在设计时才能知道手势和姿态识别的作用在哪。

6.5.2 隐私是否为第一考虑对象

众所周知，隐私对用户来说是非常重要的，使用摄像头不可避免侵犯到用户的隐私，但大部分姿态识别和手势识别技术都需要实时开着摄像头才能使用，读者在使用摄像头前需要考虑使用场景是什么。如果是家里的卧室使用摄像头就存在很大的隐私泄露风险；如果是汽车座舱的话也存在隐私风险，但相对来说好一点；如果是简单的体感游戏，那么可以通过上文提及的 IMU 来取代摄像头；如果是简单的手势识别，上文提及的毫米波雷达、超声波都能取代摄像头，通过传感器识别能更好地避免用户觉得自己的隐私受到侵犯。

如果产品需要使用摄像头，那么摄像头是否正在工作的反馈需要明确告知用户。例如 MacBook 的摄像头在使用时，旁边会显示一盏绿灯告知用户摄像头正在使用中，摄像头不工作时绿灯会自动关闭，这个细小的设计能让用户减少自己隐私被时刻侵犯的担忧。此外，可以将模型运行在本地，并将个人图像数据不会同步到云端的做法如实反馈给用户，这能有效降低用户觉得自己隐私数据会被其他人获取的顾虑。

6.5.3 算力是否足够

对于绝大部分智能硬件来说，算力是否足够是一个大问题，尤其是智能座舱。大部分汽车在上市时所用的芯片是几年前的技术，例如 2019 年—2022 年上市的部分智能汽车内置的系统级芯片是高通 820A，而 820A 属于高通公司在 2016 年发布的手机芯片 820 的车规级版本。系统要在芯片上运行一大堆任务，要兼容手势识别和姿态识别是一件困难的事情。所以要实现姿态识别和手势识别，一定要留意当前的芯片算力有多少，而且有多少余量可以长期、实时运行相关的算法。如果基于摄像头和计算机视觉的算法在芯片上算力并不够，可以考虑使用传感器的方案解决，例如用毫米波雷达检测手势的算力会低于计算机视觉的算力，但在手势选型的自由度上会大打折扣，所以读者应该根据需要选择合适的方案。

算力有多少余量可以长期、实时运行相关的识别算法，决定了视频流的分辨率及模型实时运行的帧率和延迟，这些都会直接影响整个产品设计和用户体验。举个例子，假设基于 1080P 视频流的姿态识别算法在当前设备上只有 10 帧 / 秒的运算速度，那么换成 720P 视频流有可能提升到 30 帧 / 秒的运算速度，但是这会影响识别的范围大小，离摄像头越远准确率会下降得越快。在上文提及的 820A 车规级芯片上，如果非要实现姿态识别和手势识别两个功能，就需要有一定的取舍，例如姿态识别可以是一秒只计算一帧，因为驾驶员的姿态并不会每秒都发生变化。

6.5.4 检测距离和安装位置

读者可以试一下站在摄像头前面 3 米拍摄一张照片，然后观察一下每根手指占整张照片的比例有多少。答案是每根手指占的面积不足整张照片的 1/1000，所以站在远处进行精细的手势识别是一个巨大的挑战。读者在设计相关体验时一定要考虑清楚当前姿态和手势识别的最佳范围在哪里，然后引导用户走向合适的区域。

除此之外，设备的安装位置也会影响识别的准确率。举个例子，如果将一个广角摄像头放在天花板可以观察到整个房间的空间布局和用户的位置，但无法识别绝大部分的关键点；如果将该摄像头放在一面墙上，那么超过摄像头视场角的范围则无法拍摄到用户相关图像，这也是为什么智能家居很难通过摄像头实现一系列智能交互，因为上下文的缺失导致设备不知道发起哪项交互内容。

6.5.5 场景对模型的挑战

在姿态识别和手势识别过程中，场景有可能实时变化，包括光线、背景，以及出现单人或者多人的情况，这时每张图片中包含的人的数量是未知的，而且人与人之间的相互作用是非常复杂的，例如接触、遮挡等，这使得确定哪些关键点属于同一个人都变得困难。最后，图像中人越多，计算复杂度越大（计算量与人的数量呈正相关），这使得实时运算和交互变得困难。

以上问题都会引起算法准确率的下降，同时出现一些人类觉得不可理喻的事情，例如上文提及的两个人的一半身体合并成一个人的身体。在这种情况下，开发人员不妨通过增加时间序列看一段时间范围内人体关键点的位置变化，从而实现更准确的姿态和手势识别。还可以做更抽象的人体行为分析，例如判断一个人是否在打电话，等等，从而对图像中的人物行为进行固化，降低对他们行为的实时判断。但这些能力需要开发人员自己去实现，暂时没有开源项目可以使用，而且实现起来有较大的难度。

6.5.6 关键点的缺失和抖动

在上文提到物体的遮挡或者识别对象没有完整地暴露在摄像头前，会导致该部位关键点的缺失，以及其他关键点的置信度降低，使整个识别处于不稳定的状态，尤其是用户双手的重合或者手握其他物体时，手势识别的准确率会下降。尽管没有其他因素的干扰，手指之间过于接近也会存在相互遮挡的情况，例如在VR/AR中双手朝下隔空打字时，无名指和小指经常被前面的手指遮挡，以至于摄像头无法正确跟踪它们。

关键点缺失这个问题到目前为止并没有好的解决办法，工业界和学术界都在攻克该问题，所以当前的产品设计上，只能让用户尽可能地在使用时摄像头和用户中间没有物体遮挡。在运动时出现身体部位遮挡的情况时，尽可能地让用户在摄像头前暴露更多关键点，手势识别也是如此。

关键点抖动的原因是模型对每帧数据进行处理时，会重新对每个关键点进行定位和给出相应的置信度，这意味着人在一动不动的情况下，身体上的关键点都会发生抖动甚至漂移，如果关键点缺失了一大部分，则该现象会更明显。这也意味读者定义一个标准的姿态，需要把相近的关键点都标记上，否则用户做对了姿态，也有可能因为关键点的抖动导致系统还是认为这个动作是不标准的。但这也带来新的问题，即姿态识别可以识别一些大的动作，但是动作之间微小的差异很有可能识别不到。

6.5.7 基于人体工程学进行设计

如果读者希望通过姿态及手势的设计实现部分功能的触发，一定要基于人体工程学进行设计。不合理的姿态和手势交互容易让用户产生疲劳。电影《少数派报告》里汤姆·克鲁斯挥动手臂跟系统进行交互看起来很炫酷，但实际上很少有人能够长时间持续这种交互状态。因为人们举起手臂进行互动的频率越高，时间越久，越容易感受到疲劳。一感受到疲劳，后续的交互任务就很难继续下去了，再过一段时间，如果有其他更方便的交互手段供用户选择，用户习惯后会逐渐忘记手势交互的存在。因此，设计师必须从人体工程学的角度了解手臂运动的物理特性，多去测试自己设计的姿态和手势。

6.5.8 姿态识别需要考虑不同人群身体细节的不同

男性和女性的身体在生理上是不同的，如果模型仅针对男性图像进行训练，它会对男性用户返回更准确的结果，但对女性用户并不友好。其次人的身材并没有固定比例，无论是腿、手臂还是躯干的长度。假如当前用户跟模型训练时采用的模特身材比例不一致，例如模特身高 1.6 米，但用户身高 2 米，两者的身材比例差异较大，导致结果的准确率不尽如人意。

就算考虑到这一事实，用户在运动时也无法确认他们的动作是否标准，因为模型无法做到完美地匹配当前用户，所以结果的准确性也可能较低，这个结论需要提前知道。

6.5.9 部分手势的初始态很重要

很多姿态和手势都是一个连续的动作，这时识别它们其实是将实时视频流分解成一帧一帧，然后识别前后帧之间关键点的变化关系，这时动作的初始态变得非常重要。这是因为系统不可能将所有的算力放在姿态和手势识别的实时预测上，在没有交互时很有可能是一秒只识别一帧图片，所以通常需要一个触发机制来让设备投放更多的算力在后续交互流程中，因此部分手势需要初始态就跟语音交互需要唤醒词差不多。

如果这个手势用于控制设备，那么我们需要考虑什么？首先，我们的手势不能轻易地误触发，所以这个手势不能是一个用户常见的小动作，例如走路时的摆手；第二，它需要是一个比较独特且自然的手势，好比华为智慧屏采用了手指靠近嘴唇中间保持 2 秒来让设备静音（图 6-4），这个手势也是让别人别说话或者小点声的手势，采用一些能有记忆点的常用手势能降低用户的学习成本；第三，这个手势需要多久才能被识别？上文提到设备在没有检测到手势初始态时很可能一秒只识别一帧图片，所以这个时间需要一秒是远远不够的，因为被检测的这张图有可能模糊不能被识别或者被误识别，所以适当增加识别时间有助于提升手势识别的准确率，例如华为智慧屏在隔空播放暂停和静音上都采用了 2 秒的停留时间。

关于动作的结束态，我们可以不用过多地考虑，因为用户结束动作后一般双手垂下或者忙于其他过程，只要用户的肢体语言跟当前的姿态或者手势库不一致，就可以理解整个识别过程已经告一段落。如果需要考虑容错的问题，可以让识别结束得慢一点，例如增加 5 秒的等待时间。

6.5.10 反复运动带来的问题

有些动作存在反复运动的情况，这对于姿态识别和手势识别来说并不是一个好事。以华为智慧屏的控制进度条为例，这时需要用户捏合大拇指和食指并左右拖动，向左拖动表示快退，向右拖动表示快进。在这个设计中存在两个问题：第一个问题是用户向右拖动时是习惯性手腕移动还是小臂移动，如果手腕移动进度条移动的距离很短，这时手掌需要回到左侧继续向右拉动进度条，那么问题来了，手掌向左移动的动作是否会触发进度条向左拖动？

第二个问题是用户很缓慢地移动手部说明用户希望能精细化地调节进度条，这时用户手部位移了一段距离仍未调整完，用户不可能整个人向右移动，他还是需要把手部移动到左侧继续向右移动，这时也很有出现触发进度条向左拖动的情况。以上两个问题都是手势设计和开发中常见的问题，加上做捏合手势时手指之间存在着较多的遮挡，导致关键点的识别准确率下降，因此问题并不是那么好解决。设计师在设计相关手势时，需要额外关注这部分细节，并与开发人员做更深入的配合来优化。

6.5.11 考虑文化的差异

对于同一种手势，在一种文化中是正面表达，但是在另外一种文化里却可能是负面表达。以“OK 手势”为例，OK 手势在大多数地区代表同意，但是在希腊和巴西，这种手势是一种侮辱，有性暗示；在中东国家，这个手势代表邪恶之眼；在一些欧洲国家，这个手势代表 0。向上竖拇指一般表示赞同，但在一些国家还表示搭车；在希腊竖大拇指是让对方滚蛋；在很多中东国家竖大拇指则是挑衅。因此在设计手势及肢体语言时应该考虑不同文化之间的差异，尽量避免在当地使用一些拥有负面表达的动作。当然，该动作面向全球时最好也不要涉及负面表达。

6.6 设计拆解：AI 健身的实现和优化

2020 年，由于新冠肺炎疫情的关系，在家里健身成为部分用户的强烈需求，以 Switch 为主的《健身环大冒险》《健身拳击》《舞力全开》等体感游戏及小度添添健身镜、Fiture 健身镜等智能硬件逐渐流行起来。上文提到，姿态识别主要通过摄像头和 IMU 来实现，小度添添健身镜、Fiture 健身镜正是用了“摄像头+AI 算法”的形式去实现的。

为什么健身镜会火爆起来？最重要的原因是当用户运动时，可以一边看教练的动作视频，一边通过镜子看自己的动作是否标准，这种方式可以认为是“虚实结合”。健身镜的实现原理很简单，只要在屏幕前方加一块单向玻璃做成的镜子即可。什么是单向玻璃？理想的普通镜子反射率 100%，而单向玻璃则是一种光线既能反射也能透射的玻璃，它能让用户看到自己，也能让玻璃后面的内容显示。如果读者对这种实现方式感兴趣并想自行实现一个智能镜子，可以搜索开源项目

“Magic Mirror”，只要通过“树莓派＋显示＋单向玻璃”即可实现一个 AR 镜子，如图 6-18 所示。

图 6-18　Magic Mirror 项目

据介绍，小度添添健身镜镜面为 66 英寸，但是由于成本的问题，健身镜内置了一个 43 英寸的高清屏幕。当屏幕全亮，用户会明显感受到 43 英寸和 66 英寸之间的割裂感，所以屏幕内容一般会用黑色背景为底（普通 LED 屏幕黑色处发光极少，光很难透过镜子传给用户），用户一眼看去会觉得镜面和显示器是无缝衔接的，而且显示内容就跟增强现实一样显示在镜子中。具体效果也可以参考图 6-18。

由于用户在使用过程中距离镜子只有 1 米左右的距离，为了能让摄像头实时捕捉用户完整的姿态及大幅度的运动状态，小度添添专门定制了一款 114° 超广角摄像头并将其安装在镜子的中央部位，以及镜子内置了一块拥有 3TOPS 算力的系统级芯片，能轻松处理摄像头每秒 60 帧的动作捕捉计算。在这里笔者要提醒一下，做姿态识别并不需要过高分辨率的视频流，720P 的视频流已经能够满足需要，过高的视频流只会影响动作捕捉的实时性，导致整个体验下降。

小度添添健身镜还在界面设计上增加了一个“火柴人”的设计，如图 6-19 所示。上文介绍了 MediaPipe 是如何进行姿态识别的，而小度添添健身镜则将整个姿态识别转换成一个火柴人，并将相关结果显示在火柴人附近。读者可能会问，为什么不将这些“完美”、星星符号显示在真人附近？就像抖音 App 那样，视觉效果会更好。但这么做会对算力和算法有更高的要求。首先，健身镜的系统级芯片算力无法和手机的系统级芯片相提并论；其次，将各种贴纸贴合到用户合适的位置需要再做一次计算和渲染（用户体形不一，且站的位置并不一样），会加大对芯片算力的消耗，同时实时性效果有可能不符合预期。另外一个原因是镜子中除了用户自己，还有健身教练的视频在播放，两者在位置上是重合的，所以特效贴纸也不适合显示在中央区域。因此，在显示器底部放置一个小人充当用户的“虚拟化身”并将特效贴纸显示在附近，能有效降低对算力的消耗，也避免了对训练视频的干扰。

图 6-19　小度添添健身镜官方广告图

使用姿态识别的好处是判断用户的动作是否标准并提示用户，小度添添健身镜的做法是在火柴人顶部给出相关的文案提示，例如通过文字告诉用户“双脚分立，右手放下巴前举左手”。这种做法的原理是为教练录制视频时也通过姿态识别的方式将教练的所有姿态和动作数据保存下来，当用户做运动时实时匹配教练的姿态数据，当发现两者重合度低的时候给予相应的反馈，如图 6-20 所示。

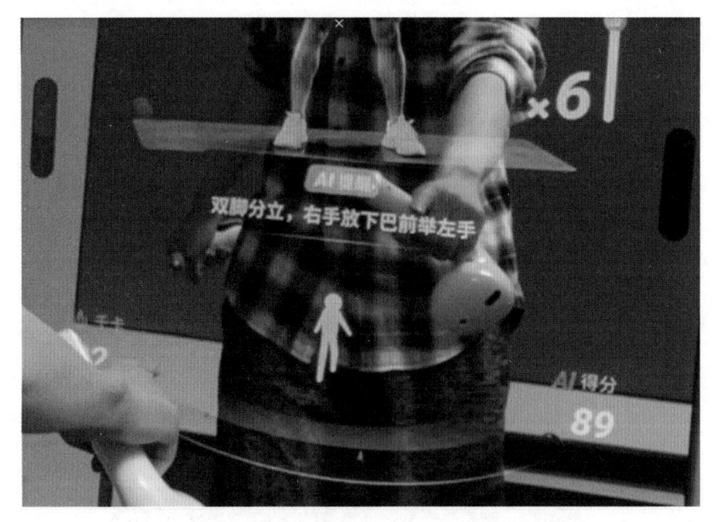

图 6-20　小度添添健身镜的实时 AI 提醒

实时的反馈是 AI 健身镜最核心的功能，就跟一个健身教练实时指导健身一样。但是只通过文字给予反馈是最好的设计吗？笔者不这么认为。首先，在运动时用户根本没有时间注意到文字的显示和变化；第二，简单的文字也无法在用户脑海里转换为标准的动作，例如“双脚分立”这个动作，要双腿分开多少才算标准？脚掌往前倾还是往外倾？这些都会影响肌肉的拉伸情况。在这里，笔者要介绍一下《健身环大冒险》的相关设计。《健身环大冒险》的主角“Ring 君”代表用户，用户的姿态动作会实时映射到 Ring 君上，类似小度添添健身镜的火柴人。以图 6-21 所示的深蹲为例，当用户往下深蹲时，Ring 君的腿部和臀部会显示不一样的特效，例如蹲得越深，积蓄的力量越多，当达到合适的位置时积蓄的力量会释放出来形成燃烧的火焰，同时对怪兽的伤害也会大幅度提升，效果也会更加华丽。除了深蹲，《健身环大冒险》的每个动作都有对应的动画教学，搭配肌群名称标签、动作方向箭头和出力位置高亮颜色，让用户确保自己的动作最接近正确姿势。如图 6-22 所示，Ring 君出力时会触发燃烧的动画，燃烧位置就是正确的出力点，能让用户更有代入感地理解自己该用到哪些肌肉。通过这种隐喻的设计，用户能一眼知道自己的动作是否标准，或者是否能产生更多的积分，同时也比传统的文字反馈更有趣。

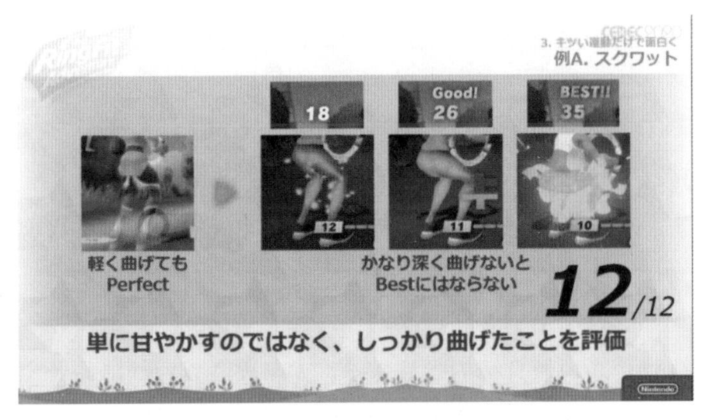

图 6-21　当用户往下深蹲时，Ring 君的腿部和臀部会显示不一样的特效

图 6-22　每个动作都有对应的动画教学

如果读者从事 AI 健身的相关设计，应该好好解读《健身环大冒险》的产品设计和设计细节。当用户在运动时，除了视觉上的反馈，震动、音效反馈都是《健身环大冒险》设计中不可缺少的一环。还是以刚才的深蹲为例。当用户蹲得越深，绑在左腿上的 Joy-Con 震动强度也会越强，而且力道和动作的标准程度相关，这能很好地告知用户动作的标准程度，在做一些看不到屏幕的动作时，这种震动的有无和强弱有可能变成唯一的判断标准。与此同时，正在流汗的 Ring 君会用 20 种以上的方式为用户进行加油。在整个深蹲过程中，前面一半的深蹲次数会采用较慢的节奏进行，这是因为更慢的动作有助于肌肉的充分锻炼，到了后面的深蹲次数会变成加快的节奏，这是让用户产生“开始加速了，再坚持一下就轻松了”的心理，从而避免对后面深蹲动作的厌倦。在强烈的运动结束后，《健身环大冒险》会让用户做一下放松运动，同时会基于用户的运动类型给予不同的放松动作，

如果用户第二天继续打开《健身环大冒险》，系统也会在暖身前会评论用户前几天的健身状况，例如以“你最近比较专注在训练深蹲喔！”的文案提示用户今天是否做一些其他类型的动作。这些细节，笔者认为是非常好的个性化和人性化的体验细节，读者可以多参考《健身环大冒险》的设计细节。

基于摄像头的姿态识别也有不准确的时候，例如用户做俯卧撑的时候，姿态识别模型会返回大量的错误，因为用户有大量的关键点被自己遮挡住，如图 6-23 所示，这时最好的办法是不处理这些动作，也就是遇到这些错误时不给予相应的提示反馈，这也是当前健身镜的主流做法。如果读者设计的产品一定要囊括这些识别有大量误差的动作，这时笔者认为有两种做法：一是不能只用已有的开源项目实现相应的设计，而是和产品经理、开发人员讨论如何通过数据训练实现准确率的提升；二是观察哪些动作容易产生错误，是否能通过手动纠错的方式管理错误，但这涉及男性和女性身体细节等问题，处理起来复杂度较大。

图 6-23　用户右半身有大量的关键点被遮挡住

其他的识别错误包含了人的身体局部离开了摄像头、物体的遮挡及多人的出现甚至遮挡当前用户的情况，这时关键点的缺失或者重叠也会对健身指导造成影响。针对人的身体局部离开了摄像头，关键点的缺失是算法自己能够检测到的，这时应该提示用户重新进入合适的区域；物体的遮挡导致关键点的缺失也能被检测到，在运动前应该提示用户将物体移开，避免运动时对用户造成损伤。关于多人的出现，例如一个人从用户背后路过，如果能对两者区分开，那么问题并不大，但如果两者关键点重合在一起，这时读者可以考虑使这次错误的识别无效。

在健身的过程中，除了对动作的指导，笔者认为姿态识别还有其他的用途，例如突然检测到用户离开，这时可以暂停训练；当用户在运动前期经常叉着腰，结合 MediaPipe Holistic 的面部识别发现用户在频繁地喘气（嘴部的变化），则可以认为当前训练可能对用户来说难度较大，这时可以询问用户是否切换为其他轻松一点的训练。以上的场景都是健身过程中常见的“异常”现象，读者可以多观察用户的健身行为，提炼出更多有用的设计让整个健身体验更人性化。

其他多模态交互手段在健身中也能发挥作用。最常见的就是通过智能手表或者心率带获取心率的变化，例如用户在使用 Fiture 健身镜运动过程中，Apple Watch 会将心率数据实时显示在健身镜上。另外，使用语音交互和手势交互切换课程或者暂停课程也是不错的选择，但在语音交互过程中，可以将“暂停”“下一个”等重要的指令设计为离线指令，也就是不需要唤醒才能使用的指令，这样交互的友好性会更佳。至于手势识别的设计，一定要和运动过程中产生的手部动作区分开来，不然容易打断用户的训练。如果读者真的认为这个手势很重要，例如通过挥动手臂切换课程，但在训练课程中容易触发该手势，可以在训练课程中屏蔽相关的手势，只有在退出课程后才能恢复使用，这也是一个解决冲突的好办法。

6.7 姿态和手势识别的设计工具箱

最后对姿态和手势识别做个总结，在设计相关交互体验前，需要优先关注以下问题：

（1）摄像头的使用是否对用户造成隐私上的影响？该问题该怎么解决？是否需要通过传感器来实现？

（2）硬件的算力是否足以支撑模型的运算？

（3）当前模型运算的分辨率、帧率和延迟是否满足需求？

（4）摄像头或者传感器的安装位置在哪？最佳的使用区域在哪？

（5）面向的用户群体是大众、男性、女性还是儿童？

（6）如果要将姿态识别用于主动交互上，相关的设计是否普适和自然？

（7）是否需要设计一个手势作为初始态让机器释放更多的算力给手势识别？

（8）手势识别时由于手指之间存在较多遮挡导致准确率下降，该问题应该如何解决或者忽略？

从准确率的角度来看，在使用前对用户进行校准可以有效提升准确率。例如用户处于使用区域外导致部分关键点缺失，或者距离过远导致整个关键点之间的连线过短甚至识别出现问题，以及摄像头和用户之间有物体遮挡，设备应该做出判断并给出相应的指示，包括提示用户往中间位置移动、往前靠近及移开遮挡的物体。以上问题被用户解决，都能有效提升姿态识别和手势识别的准确性。

在使用过程中，难免会遇到一些突发情况，例如用户周围有其他人路过，或者用户在运动过程中身体某部位遮挡住其他部位，导致关键点的置信度降低甚至和其他人的关键点掺杂在一起，这时不妨通过增加时间序列观察一段时间范围内人体关键点的位置变化，从而实现更准确的姿态和手势识别，以及更好地将错误结果区分出来，而这些结果可以选择性地不做处理。

在 6.5.6 节提到关键点的抖动问题，这意味着姿态识别无法做到绝对的精准，在实现姿态指导的时候一定要考虑相应的容错，而该容错和算法的准确率有关，读者需要多测试才能知道容错范围大概是多少。如果 AI 健身运动偏向娱乐类型，对于动作标准度的要求并不高，可以考虑采用 Fiture 健身镜的方式，即通过打分和比赛机制实现娱乐化的设计。

正如 6.6 节的内容介绍，在用户健身时应当通过多模态交互给予用户反馈，包括图形界面、音效、触觉反馈的设计，详情可以参考《健身环大冒险》的设计。除了运动姿态需要关注，用户的突然离开及大口地喘气等表现都应该受到关注，因为这些细节都能体现出产品人性化的设计，读者也可以通过多模态交互完成以上细节的设计，例如通过语音或手势实现暂停操作、切换动作等。如果读者对多模态设计，以及手势的语义、分类和不同领域的手势设计感兴趣，可以阅读笔者在 2022 年出版的《前瞻交互：从语音、手势设计到多模融合》一书。

在设计体感游戏或者健身产品的过程中，读者可以基于空间原则、安全原则和指导原则对设计产生相应的约束。空间原则是指产品应该考虑当前用户需要的活动空间是多少，尽可能不要让用户超出当前活动空间，而且尽可能地在该空间里实现更多、更大的身体动作。安全原则需要考虑不同用户群体的生理限制，尤其面向儿童时，避免设计一些容易伤害身体的动作。指导原则是指在使用产品前可以让用户了解相关的规则、限制和身体的活动方式，在使用过程中也可以通过不同的反馈让用户知道正确与否，以及如何修正自己的动作，而且能和空间原则、安全原则一起配合使用。

姿态识别和手势识别的应用领域特别广泛，而且整体技术和模型的精准度仍在不断地提升。在设计相关产品时，读者需要了解更多先进的技术，并且正确匹配到合适的使用场景才能为产品和用户带来更好的体验。

第 7 章

人脸识别和追踪

7.1 人脸识别的不同作用

7.1.1 身份识别

人脸识别彻底改变了用户生活的方方面面，笔者先以身份识别为例讲解。2017 年，苹果发布的 iPhone X 搭载了基于人脸识别的 Face ID，在发布会上苹果官方人员表示：Face ID 面部识别被相同面貌破解的概率为一百万分之一，安全性是 Touch ID 指纹识别的 20 倍。截至 2022 年，人脸识别已经成为大部分手机用户快速解锁手机、完成移动支付的利器。为了保护用户的隐私，华为在 Mate 30 手机上率先推出了“隐藏通知内容”的功能，如果识别到是机主解锁手机，被隐藏的通知内容详情会显示出来，例如验证码和微信消息；但是当前置摄像头感知到当前用户的人脸信息发生变化时，例如有其他人在机主背后围观手机信息，通知内容详情会自动隐藏起来。

人脸识别除了用于移动设备，在金融、智能家居、安防等领域都有着卓越的贡献，例如公司的考勤统计、商铺的快捷支付、天眼辨识嫌犯，等等。在以往，人口流动密集的地方需要查验身份来确保系统的正常运行，查验每位人员的身份需要大量的人力和时间，如果遇上春节等情况，工作人员一时忙不过来可能会导致乘客滞留。现在海关、高铁站和机场陆续使用了人脸识别技术进行身份识别，人们只需要通过人脸识别就能完成安检，曾经一两分钟搞定的事情现在几秒内即可完成，极大提高了安检效率，从而使乘客等待的时间大幅度减少，体验上升。

7.1.2 脸部复刻

相信大家对于“换脸”这个词并不陌生，无论是网络上大量的恶搞换脸视频还是因为各种原因需要将部分演员换脸的影视剧，背后都依赖于人脸识别技术的支持。以往换脸视频并不容易实现，因为需要采集大量的视频作为 AI 模型的训练数据才能实现良好的效果，但 2021 年各种换脸应用，例如 FacePlay、REFACE 的出现降低了脸部复刻的成本，用户只需要一张自己的照片就能将自己的脸部替换到各种时尚模特、大咖明星或者古装美女的照片中。

除了真实照片，基于真人的脸部复刻已经用于虚拟角色上。在很多 RPG 游戏中，捏脸（DIY 游戏角色的脸部细节）是不可或缺的一环，类似《永劫无间》《完美世界》《花与剑》等游戏里都有捏脸的玩法。主流的玩法都是通过拖动滑块来控制脸部不同的参数，如图 7-1 所示，要想“捏”出比较完美的脸型，往往需要花费比较长的时间。现在越来越多的游戏开始引用人脸识别技术，用户上传一张人物照片即可将人物的五官特征迁移到游戏角色模型上，在减少捏脸难度和时间的同时，效果比用户手动调节要好不少。

图 7-1　在《永劫无间》游戏中捏出关羽的脸型

脸部复刻对于数字孪生来说尤其重要，特别是在元宇宙概念和数字人技术正在火热发展的当代。百度在 2021 年为一名演员制作了一个数字化身，从五官、身材到表情和肢体动作，该演员的数字人和本人几乎一模一样。据百度介绍，除了做一些演艺方面的唱跳动作，该数字人可以像“Siri”一样去回应用户的很多问题和指令，简单来说，可以将数字人理解为一个搜索引擎的交互界面。

7.1.3 表情识别和交互

表情识别属于人脸识别下的一个重要分支。面部表情是人类表达情感状态和意图的最有力、最自然、最普遍的信号。2017 年，苹果发布了基于人脸识别的 Animoji 功能，不想露脸的用户可以通过 Animoji 功能录制视频，用户的每个表情都会实时映射到 Animoji 上，可以说，Animoji 开启了基于虚拟人物的视频社交时代。在苹果 WWDC 2020 上，每个在线工作坊的主持人都会用自己创造的 Animoji 来录制视频封面，包括苹果 CEO Tim Cook，如图 7-2 所示。

图 7-2　Tim Cook 在 WWDC 2020 的虚拟形象

在驾驶汽车过程中，司机的嗜睡、愤怒、分心等状态会直接影响司机的驾驶行为和行车安全，而表情识别可以对此进行检测和预警。包含表情识别功能在内的驾驶员监控系统（DMS，Driver Monitoring System）有望成为未来所有车型的标准功能，因为欧盟已强制要求从 2024 年开始在欧洲销售的车型必须配备 DMS。

7.1.4 其他作用

除了解锁、刷脸支付外，人脸识别在手机上还发挥了很大用处。手机相册中基于人脸识别的分类功能为用户节省了不少整理相册的时间，而百度网盘的人物分类功能还可以精准地将一位人物从童年到成年甚至到老年、壮硕到苗条的照片归类到一起，背后的技术需要人脸识别对人的身份、年龄和性别的精准判断。

在相机上众所周知的美颜、基于人脸的对焦功能笔者不再阐述，笔者介绍一下 2021 年小米 12 手机发布会上推出的“万物追焦”功能。平时大家在录制视频的过程中，如果没有运镜相关的经验，需要一边运动镜头一边放大缩小镜头倍数，拍出来的效果很可能不尽如人意。小米基于该用户痛点，在录制视频功能中融合了人脸识别技术，用户在运镜过程中能对特定人物锁焦，实现了“识别锁定目标，追焦不丢失”的功能。

在视频制作中给视频中的角色换脸或者打马赛克也是人脸识别的常见用法。总的来说，人脸识别技术能有效提升安全系数、保护隐私、降低工作难度系数、减少时间成本和提升交互效率。读者在设计交互体验时可以基于以上维度思考人脸识别技术是否能为产品和用户带来价值。

7.2 人脸追踪和识别的技术细节

7.2.1 人脸追踪

人脸追踪的技术原理包含的细节比较多，总的来说，可以分为人脸检测（Face Detection）和人脸关键点检测（Face Landmark Detection），但后者需要处理的细节比前者多很多，所以对于算力的要求也相对高一点。人脸检测可以简单理解为在图像中找出所有的人脸位置，然后用矩形框（x，y，w，h）标出人脸的位置，手机相机在检测到人脸时出现矩形框并自动对焦正是用了人脸检测功能。

人脸关键点检测是对人脸中五官和脸的轮廓进行关键点定位，图 7-3 能较好地解释人脸检测和人脸关键点检测的区别。关键点数量可以分为 68、81、106、194 甚至 1000 个点，检测的关键点越多，人脸追踪效果越好。Google 推出的 MediaPipe 也内置了人脸追踪技术，分别为 Face Detection 和 Face Mesh，前者由于检测的关键点较少，所以能实现超快的人脸检测，后者能实现对人脸 468 个坐标的实时估计并构成一个 3D 网格，无须使用专用的深度传感器，如图 7-4 所示 。

图 7-3　人脸检测（左）和人脸关键点检测（右）的区别

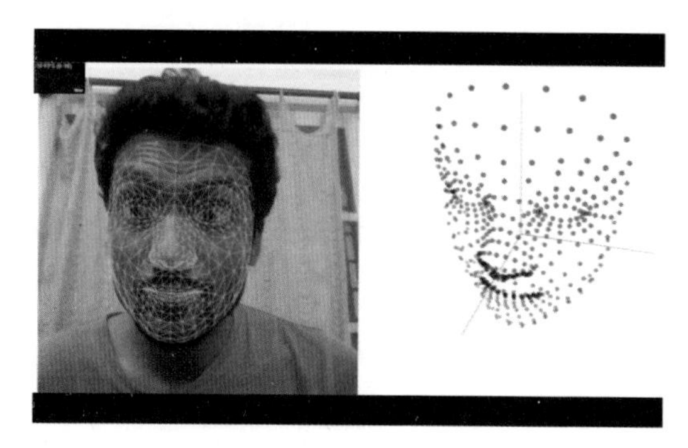

图 7-4　MediaPipe Face Mesh 人脸关键点检测效果

在美颜相机中，磨皮、大眼、瘦脸等美颜效果其实就是对关键点区域进行高斯模糊及拉伸，当关键点越多，美颜效果以及 AR 特效贴纸贴合到人脸的效果也会越好，不过对设备算力的要求也会越高，这也意味着在低算力设备上实时性很可能不符合预期。除此之外，实现更多关键点的算法需要获得开发该算法的公司授权才能使用。如果读者想使用开源项目，不妨考虑 Google 的 MediaPipe 相关项目，类似的项目还有 OAID 的 TengineKit，感兴趣的读者可以到 GitHub 自行搜索。

如果是面向苹果设备开发相关应用，读者可以直接关注 ARkit 2 的 ARFaceAnchor 及相关技术。ARFaceAnchor 通过 iPhone 或者 iPad 的前置摄像头对人脸进行位置和方向的跟踪，并构建相关的坐标空间，如图 7-5 所示，开发者可以通过坐标空间对需要使用的 AR 素材进行矩阵变化。ARkit 2 本质上也是对人脸关键点进行识别，不过它将各种关键点封装成一个个库、接口或者参数，除了以上方法，还有 ARBlendShapeLocation、ARSCNFaceGeometry 等，ARBlendShapeLocation 涉及的参数见表 7-1，读者可以认为脸部的细节最后会转变成表 7-1 所列的参数，人脸追踪就是对头部位置以及脸部细节的捕获和建模，最后转换成不同参数，而每一个参数的变化范围为 0 ～ 1。

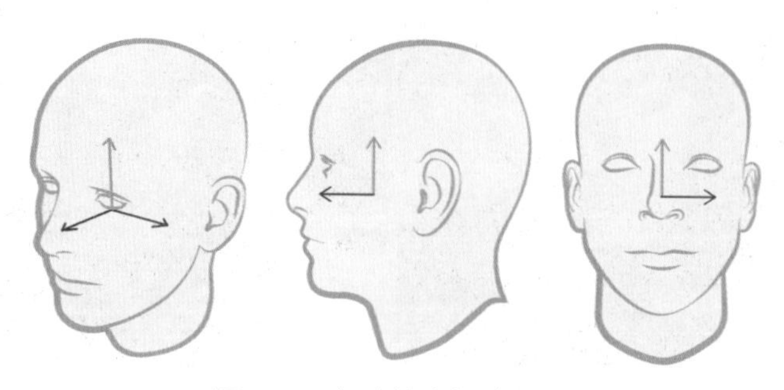

图 7-5　人脸的空间坐标系

表 7-1　ARBlendShapeLocation 涉及的参数

位置	相关参数		
左眼	ARBlendShapeLocation EyeBlinkLeft 描述左眼上眼睑闭合的系数	ARBlendShapeLocation EyeLookDownLeft 描述与向下注视一致的左眼睑运动的系数	ARBlendShapeLocation EyeLookInLeft 描述左眼睑运动与向右凝视一致的系数
	ARBlendShapeLocation EyeLookOutLeft 描述与左眼注视一致的左眼睑运动的系数	ARBlendShapeLocation EyeLookUpLeft 描述与向上凝视一致的左眼睑运动的系数	ARBlendShapeLocation EyeSquintLeft 描述左眼周围面部收缩的系数
	ARBlendShapeLocation EyeWideLeft 描述左眼周围眼睑变宽的系数	—	—
右眼	ARBlendShapeLocation EyeBlinkRight 描述右眼上眼睑闭合的系数	ARBlendShapeLocation EyeLookDownRight 描述与向下注视一致的右眼睑运动的系数	ARBlendShapeLocation EyeLookInRight 描述与左眼注视一致的右眼睑运动的系数
	ARBlendShapeLocation EyeLookOutRight 描述与向右凝视一致的右眼睑运动的系数	ARBlendShapeLocation EyeLookUpRight 描述与向上凝视一致的右眼睑运动的系数	ARBlendShapeLocation EyeSquintRight 描述右眼周围面部收缩的系数
	ARBlendShapeLocation EyeWideRight 描述右眼周围眼睑变宽的系数	—	—
嘴巴和下巴	ARBlendShapeLocation JawForward 描述下颌向前运动的系数	ARBlendShapeLocation JawLeft 描述下颌向左运动的系数	ARBlendShapeLocation JawRight 描述下颌向右运动的系数
	ARBlendShapeLocation JawOpen 描述下颌张开的系数	ARBlendShapeLocation MouthClose 描述嘴唇闭合的系数与下颌位置无关	ARBlendShapeLocation MouthFunnel 描述双唇收缩呈张开形状的系数
	ARBlendShapeLocation MouthPucker 描述双唇收缩和压缩的系数	ARBlendShapeLocation MouthLeft 描述双唇一起向左移动的系数	ARBlendShapeLocation MouthRight 描述双唇一起向右移动的系数
	ARBlendShapeLocation MouthSmileLeft 描述左嘴角向上运动的系数	ARBlendShapeLocation MouthSmileRight 描述右嘴角向上运动的系数	ARBlendShapeLocation MouthFrownLeft 描述左嘴角向下运动的系数

续表

位置	相关参数		
嘴巴和下巴	ARBlendShapeLocation MouthFrownRight 描述右嘴角向下运动的系数	ARBlendShapeLocation MouthDimpleLeft 描述左嘴角向后移动的系数	ARBlendShapeLocation MouthDimpleRight 描述右嘴角向后移动的系数
	ARBlendShapeLocation MouthStretchLeft 描述左嘴角向左移动的系数	ARBlendShapeLocation MouthStretchRight 描述左嘴角向右移动的系数	ARBlendShapeLocation MouthRollLower 描述下唇向口腔内侧移动的系数
	ARBlendShapeLocation MouthRollUpper 描述上唇向口腔内侧移动的系数	ARBlendShapeLocation MouthShrugLower 描述下唇向外运动的系数	ARBlendShapeLocation MouthShrugUpper 描述上唇向外运动的系数
	ARBlendShapeLocation MouthPressLeft 描述左侧下唇向上压缩的系数	ARBlendShapeLocation MouthPressRight 描述右侧下唇向上压缩的系数	ARBlendShapeLocation MouthLowerDownLeft 描述左侧下唇向下运动的系数
	ARBlendShapeLocation MouthLowerDownRight 描述右侧下唇向下运动的系数	ARBlendShapeLocation MouthUpperUpLeft 描述左侧上唇向上运动的系数	ARBlendShapeLocation MouthUpperUpRight 描述右侧上唇向上运动的系数
眉毛、脸颊和鼻子	ARBlendShapeLocation BrowDownLeft 描述左眉毛外侧向下运动的系数	ARBlendShapeLocation BrowDownRight 描述右眉外侧部分向下运动的系数	ARBlendShapeLocation BrowInnerUp 描述两个眉毛内部向上运动的系数
	ARBlendShapeLocation BrowOuterUpLeft 描述左眉毛外侧向上运动的系数	ARBlendShapeLocation BrowOuterUpRight 描述右眉外侧向上运动的系数	ARBlendShapeLocation CheekPuff 描述双颊向外运动的系数
	ARBlendShapeLocation CheekSquintLeft 描述左眼周围和下方脸颊向上运动的系数	ARBlendShapeLocation CheekSquintRight 描述右眼周围和下方脸颊向上运动的系数	ARBlendShapeLocation NoseSneerLeft 描述鼻孔周围鼻子左侧抬高的系数
	ARBlendShapeLocation NoseSneerRight 描述鼻孔周围鼻子右侧抬高的系数	—	—
舌头	ARBlendShapeLocationTongueOut 描述舌头伸展的系数		

表 7-1 中每一个参数其实是将一个区域中的不同关键点组合在一起形成相应的部位，而表情识别就是识别不同部位的特征并匹配不同的表情。例如当人的脸部细节存在双眉下压、嘴用力张大等特征时，这时会认为此人当前处于愤怒的情绪，如图 7-6 所示。面部表情识别是情感识别的主要途径，目前大多数的研究集中在 7 种主要的情感上，即平静（没有任何表情）、愤怒、悲伤、惊奇、高兴、害怕和厌恶。目前网上已经有很多表情识别的开源项目，例如 GitHub 上点赞数较高的 Face Classification，不过表情识别的准确率只达到 66%，但是在识别大笑、惊讶等计算机理解起来差不多的表情时效果较差，原因在于两者的关键点变化时差异不大，算法很难区别两者。另外，面部表情和情感并不完全相等，例如人在压力极大的时候，面对亲人可能也会用微笑掩饰当前的难过，所以情感交互仍有不少文化、技术的问题需要解决。

图 7-6　愤怒表情

7.2.2　人脸识别

人脸识别和人脸追踪在作用上存在一定的差异，人脸追踪是通过对关键点的追踪知道一个人的头部细节和脸部细节发生了什么变化，并给予相应的交互事件；而人脸识别关注的是这个人是谁，是一种基于面部特征信息进行身份识别的生物识别技术。目前的人脸识别技术在图像比对方式上主要分为 1 ∶ 1、1 ∶ N 和 n ∶ N 三类。

1 ∶ 1 验证是指用户需要通过输入手机号、身份证号、名字等验证方式获得预存的照片，然后把人脸识别采集的图像和预存的照片进行一对一的对比，多用于个人设备或安全级别较高的场景，例如手机的刷脸登录和支付。1 ∶ N 验证是把人脸识别采集的图像和预存的人脸库中的所有照片进行对比，后台检索并对对比结果打分，超过设定的阈值则识别成功，否则失败。在这个过程中，不需要用户进行其他操作。1∶N 验证一般用于对安全级别要求相对宽松的场景。例如，公司、校园、小区物业的通行门禁或会议签到，摄像头在捕捉人脸后，与员工、业主等预先录入的人脸数据库进行比对，快速大批量进行身份核实。n∶N 验证即多个 1∶N 同时作业，多个采集到的用户面部图像和预存的人脸库进行对比，主要用于公安安防领域。

人脸识别可以通过不同的方法实现，例如通过 OpenCV 的方式在低算力的树莓派和其他智能硬件上运行，也可以通过深度学习的方式在计算机、手机等拥有算力较高的设备上运行。随着神经网络芯片在物联网的逐渐普及，基于深度学习的人脸识别技术已成为主流。跟图像识别一样，在训练模型时样本越多，算法的准确率越高。

读者有没有考虑过为什么有些应用和小程序在人脸识别过程中会涉及一系列的眨眼睛、扭动头部等流程，但在商店使用刷脸支付却不需要这些烦琐的流程？这涉及“活体检测（Face Live Detect）”的概念。活体检测是指通过图片或视频检测图片或视频中的人物是否是真人，常见的做法是通过面部打光方案完成炫瞳活体检测，其中会配合眨眼、张嘴、左右转头、上下点头等动作。使用这种方式的原因在于很多手机的前置摄像头属于普通的 RGB 摄像头，单纯靠 RGB 摄像头拍摄的 2D 平面图像容易被不法人员通过摩尔纹、成像畸形甚至面具、头套、纸张图片等方式欺骗人脸识别算法，所以一般要求被检测人员通过一系列的动作录制视频后完成活体检测。

为了避免不法人员通过面具、头套、纸张图片欺骗算法解锁手机，部分手机增加了红外摄像头解决该问题，因为红外成像可以区分人脸肤质和非人脸材质的成像差异，以及实现对深度信息的检测。以 iPhone X 为例，2017 年的 iPhone X 首次采用了 3D 结构光技术来提升人脸识别的精度和活体检测，后续的 iPhone 系列都采用了该技术。3D 结构光包含了点阵投影器和红外摄像头，点阵投影器投影上万个光点到用户的脸上，而红外摄像头则找到投影到脸上的光点，然后基于三角测量原理计算出人脸的深度信息，通过深度判断人脸是否吻合。由于 3D 结构光技术成本过高，部分手机采用 TOF（Time of Flight，飞行时间）摄像头替代 3D 结构光技术。TOF 技术通过传感器发射红外光，红外光再从物体表面反射回传感器，传感器根据发射光和反射光之间的相位差换算出深度信息，通过深度信息判断人脸是否吻合。

3D 结构光技术和 TOF 摄像头都属于深度摄像头的其中一种，使用深度摄像头的好处是不需要用户根据提示做一些诸如眨眼、点头之类的动作，它能尽快完成整个人脸识别过程，所以现在大部分人脸支付设备都会采用深度摄像头实现人脸支付功能。那为什么在部分拥有深度摄像头的手机上仍需要考虑动作活体检测？因为应用程序很难判别当前的用户手机是否拥有相关的摄像头，即使有，适配起来也很麻烦，而且还要考虑一系列环境光线对摄像头的影响，所以应用程序还是用动作活体检测实现人脸识别能更好地保障用户信息安全以及避免自己产生法律风险。

7.3 实时人脸识别的设计注意事项

7.3.1 环境等因素的影响

在人脸识别和追踪过程中，相关的算法会受到以下环境因素的影响：

（1）光线问题。当光线投射到人脸时产生的阴影会加强或减弱原有的人脸特征，尤其是在夜晚，由于光线不足造成的面部阴影会导致识别率急剧下降。

（2）距离和朝向问题。如果一个人离摄像头过远导致脸部信息分辨率不足，那么算法是无法准确识别到这个人是谁的。另外一种情况是当用户离摄像头过近或者用户脸部侧着脸对准摄像头，这时摄像头捕获不到完整脸部信息也无法对该用户做出判断。

（3）遮挡问题。眼镜、帽子等饰物都有可能使得被采集出来的人脸图像不完整，从而影响面部的特征提取与识别，甚至会导致人脸检测算法失效。

（4）动态识别。人的运动导致面部图像模糊或者摄像头对焦不准确都会严重影响面部识别的成功率，尤其在高速公路卡口、地铁等场景中。

如果要基于人脸识别实现身份认证，算法会受到以下因素的影响：

（1）用户的容貌变化。一个人从婴儿到少年、青年、老年，容貌会发生较大的变化，从而导致识别率下降，这也是为什么身份证 10 年、20 年一换的原因。即使不是年龄的问题导致用户容貌变化，用户的容貌也可能会受到环境、生理的影响，例如脸部受伤遗留了较大面积的伤疤。

（2）伪造人脸图像。知道人脸识别原理的黑客会通过特制的 3D 面具和含有对抗样本图案的眼镜突破人脸识别的防线，为此基于活体检测的人脸识别技术变得异常重要。

（3）人脸的相似性。上文提到 Face ID 面部识别被相同面貌破解的概率为一百万分之一，对于双胞胎或者通过化妆、整容模仿某用户的人来说，破解对方手机的可能性会加大。

以上这些因素会直接影响人脸识别和追踪的准确率，从兜底的角度出发，以下方式可以提升人脸识别的准确率：

（1）关于光线不足的问题，可以通过光线传感器获取当前环境亮度，并动态调整摄像头的曝光值。如果设备主要服务于晚上、隧道等光线较差的场景，可以使用红外摄像头作为输入。

（2）测距有很多方法，包括深度摄像头、双目摄像头以及各种传感器等，最简单的做法是利用人体特征去估计设备和摄像头之间的距离。由于小孩和成年人的头部和躯体比例和人脸大小是相对固定的，这时可以通过画面中出现的人脸大小估算该用户离摄像头的距离，如果有需要可以通过提示让用户站在合适的位置，这也是大部分应用的常见做法，如图 7-7 所示。最后，关于用户头部朝向的问题可以加入姿态识别来识别并提示来解决。

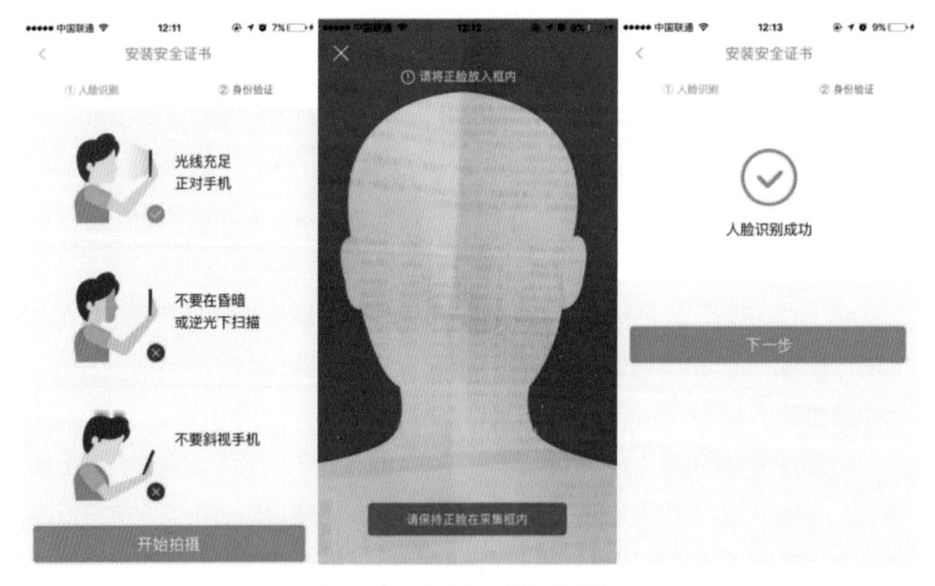

图 7-7　人脸识别界面设计

（3）既然眼镜、帽子等事物有可能影响人脸识别的准确率，那么应该提前通过物体识别的方式对饰物进行确认。如果当前识别的准确率较低，可以提示用户将饰物挪开。但是如果该饰物用户必须或者经常佩戴，那么算法应该支持基于该饰物的物体识别和兼容基于此物的人脸识别，例如苹果的 iOS 15.4 率先支持用户可以戴着口罩进行人脸解锁手机，线下的支付宝刷脸支付设备也支持用户戴口罩刷脸支付。

（4）人的运动导致面部图像模糊的根本原因是摄像头帧率过低，如果是在高速公路卡口、地铁等场景应该采用高帧率摄像头。为了降低对算力的要求，视频中每一帧不一定都需要计算，读者可以根据实际需要和开发人员商量调节一秒计算多少帧的画面。

（5）一般而言人脸识别算法有一定的容错性，即用户突然长了青春痘并不会导致人脸识别失效。但是随着时间的变化，人脸确实有可能发生较大的改变，尤其是正在发育的儿童。为了避免该问题的发生，苹果的 Face ID 在每次识别过程中会定期学习人脸的变化并更新数据。

（6）关于伪造人脸图像的问题只能通过活体检测解决。

（7）人脸相似性的问题并没有办法解决。

7.3.2 表情互动存在的问题

人脸表情是传播人类情感信息与协调人际关系的重要方式，据心理学家 A.Mehrabia 的研究表明，在人类的日常交流中，通过语言传递的信息仅占信息总量的 7%，而通过人脸表情传递的信息却达到信息总量的 55%。当前通过表情互动存在两个问题：第一个问题是表情识别的准确率较低，种类较少；第二个问题是脸部表情不一定代表当事人的情感。

先来看第一个问题。1971 年研究人员第一次将表情划分为 6 种基本形式，包括悲伤、高兴、恐惧、厌恶、惊讶和愤怒。在后续的研究中发现，人类的面部表情至少有 21 种，除了上述 6 种表情外，还有惊喜（高兴 + 吃惊）、悲愤（悲伤 + 愤怒）等 15 种可被区分的复合表情。上文提到，当前 GitHub 上点赞数较高的 Face Classification 表情识别只能以 66% 的准确率识别 7 种表情（6 种表情和平静），其余 15 种复合表情难以匹配，导致整个表情识别算法存在很大的局限性，无法很好地支撑整个表情互动。

表情互动的背后是情感交互，是根据用户的情感变化触发不同的交互策略。但是，表情不等于情感，因为情感的表达会受文化、教育和环境的影响，例如成年人相比年轻人更容易控制自己面部肌肉的变化隐藏自己的情感，在这个细节上东方人相比西方人也是如此。另外，有些时候人类会通过不一样的表现体现自己的情感，例如通过假笑掩饰自己的尴尬、无奈和压力。而且人类的脸部动作还有一种说法叫微表情，这是一种人类在试图隐藏某种情感时无意识做出的、短暂的面部表情，持续时间仅为 0.04 ～ 0.2 秒，且脸部动作变化极小，目前工业界暂无针对微表情识别的可商业落地技术。

在设计过程中应该慎重对待以上问题，尤其是涉及虚拟形象和数字人相关的项目。和虚拟形象的交互方式主要有两种，第一种是虚拟形象成为用户的化身，这时虚拟形象可以通过多个关键点识别或者 Face Mesh 的形式捕获用户的脸部细节并映射到自己的模型上，具体的案例可以参考苹果的 Animoji。如果想在虚拟形象的基础上加入创新的玩法，例如用户表现愤怒时虚拟形象出现冒火的特效，这时要考虑表情分类和准确率的问题，因为大笑有可能被识别成惊讶，上下文的突然变化容易引起用户的误解。

第二种交互方式是虚拟形象和用户进行情感交互，但虚拟形象很大概率不知道用户的当前情感是什么。该问题可以通过设计去解决，主要的思路如下：虚拟形象应该有自己的设定，表情的变化应该根据自身设定去变化，而不是时刻跟随用户表情的变化而变化。在这个前提下虚拟形象可以特定识别某些表情，在识别到准确率低的表情可以通过上下文理解修正准确率，因为用户的表情变化会受虚拟形象上一轮对话内容而影响，这时读者在设计对话内容时可以借鉴编剧制作剧本的方式判断用户可能会出现哪种情感的变化，如果匹配到类似的表情则很有可能用户正想表达该情感。

最后，无论是哪种表情交互方式都是基于实时的计算机视觉实现的，所以设备的算力会决定整体的交互体验是否卡顿，读者在设计相关体验时应该和产品经理、开发人员沟通清楚是否需要兼容较旧的设备，如果兼容，需要开发人员找到合适的人脸追踪算法才能保证良好的体验。

7.4 设计拆解：人脸识别闸机的设计

现在很多公司都会采用人脸识别闸机进行安保措施，这时摄像头的摆放位置以及识别流程都会影响用户通过闸机时的体验细节。假设用户的平均步速是 1.2m/s，当用户距离闸机门还有 1 ～ 1.5 米距离的时候给出人脸识别的成功反馈结果可以让用户不停顿直接通行，提升整个通行效率。在整个过程中需要注意并设计哪些细节？

整个人脸识别流程可以分为捕获和识别两个阶段。在捕获阶段需要考虑在多人情况下以哪张人脸作为识别对象，这时可以利用图像识别将不同人的区间分割出来，然后基于图像面积大小计算不同人离闸机的距离，最后判断谁离闸机最近则优先识别并进入闸机。记住，当人离摄像头距离过远时，人脸图像过小会影响识别的效果，所以在有效的距离和规定的人脸像素面积大小内（需要和开发人员确认人脸识别采用哪种技术），人脸识别算法准确率更高。

在识别过程中应该考虑通过视觉和听觉通道将反馈结果告知用户，尤其在设计视觉通道的信息反馈前需要基于人体工程学考虑设备的摆放位置。在《人脸识别交互设计研究——以通行场景为例》论文中，百度的设计师建议人脸识别设备应摆放在闸机上更靠近用户的位置，设备与闸机的夹角在 45° 左右；由于大部分闸机高度在 1 ～ 1.3m，所以人脸识别设备需要支持高度调节，屏幕仰角可以在 0 ～ 30° 的范围上下调整。

针对视觉通道反馈时是否需要显示人脸的问题，在上述论文中提及用户更倾向于在屏幕上看见自己的脸，因为实时显示人脸会明显增加用户的控制感，而控制感能显著影响用户使用意愿。相反，无人脸或无真实人脸（如仅有头部轮廓、卡通脸）等人脸信息缺失的设计会增加用户使用的不确定性。所以在捕获和识别过程中，读者可以考虑将摄像头捕捉的图像在屏幕上显示出来。

在捕获过程中，为了避免有部分用户觉得自己的隐私被窃取，屏幕上的实时画面可以优先做模糊处理。在进入识别流程时视频画面从模糊变为清晰，同时界面加入一定的动效设计可以告知用户已经进入识别区域并且机器正在识别中。为了提高用户的注意力以及更快地让用户获取信息，可以通过大面积的色块来提示用户识别成功或者失败。识别成功时应该将识别到的用户身份信息显示给用户做二次确认，这时界面也可以增加简短的问候作为情感化设计（由于用户通行时间很短，所以笔者建议问候语最好少于 10 字）；失败时应该告知用户失败的原因和建议，例如摘下口罩或者墨镜。在使用颜色上，笔者建议在设计时需要留意色盲人群，可以考虑使用无障碍的色彩设计。

由于用户很有可能急促地通过闸机，完全没有注意到闸机上的信息，所以读者有必要在听觉通道上增加反馈的设计。相比于屏幕提示，基于文字的语音反馈需要一定的时间，笔者建议可以通过音效来提升整个反馈的效率，例如在刷卡过地铁闸机时，闸机会发出“滴”的音效告知用户刷卡成功，失败时会发出另外一种音效。在设计音效时笔者可以考虑融入一定的情感元素，例如，2019 年日本横滨市地铁站闸机的刷卡音效换成了绝大部分日本人都熟悉且喜爱的皮卡丘叫声。但是，音效的选择上用户认知的差异较大，不明确的声效反而让用户困惑，所以读者设计音效时需要做好相关的用户研究。

最后，闸机的通过方法不应该只有人脸识别一种方式，常见的方式还有通过刷 NFC、IC 卡等设备通过闸机的交互。读者可能会问，蓝牙、UWB、Wi-Fi 等互联技术可以考虑吗？这样用户可以通过手机进行刷卡。理论上可以，但由于过闸机过程中需要近距离的识别，NFC 在安全性和近距离交互上明显优于后者，而且加入 NFC 的硬件成本和开发成本也低于后者，所以能看到大多数闸机都配备了 NFC、IC 等刷卡方式。NFC、蓝牙、UWB、Wi-Fi 之间的差异会在第 9 章详细介绍。

7.5 设计拆解：表情设计和互动

如何通过人脸关键点的变化去驱动一个虚拟角色或者 AR 贴纸？首先需要知道市面上有哪几种玩法。第一种玩法是将一张静态照片通过液化（Liquify）的方式实现人脸不同关键点区域的变形，这也是很多美颜相机的常用做法。2017 年欧美相机应用有一种流行玩法是将液化过程保存下来生成动画视频或者 GIF 文件，如图 7-8 所示的 HAHAmoji。在这种玩法中，设计师的主要工作如下：

（1）结合用户画像寻找一张合适的模特脸部照片。

（2）通过 Photoshop 的液化工具对脸部不同关键点进行液化操作。

（3）将液化细节和过程保存下来并告知开发人员，包括液化画笔大小以及变化方向和速度，开发人员将这些细节转换为代码。

（4）设计好玩的玩法也是设计师应该考虑的事项。为了提升表情动画的有趣度，笔者在曾经的工作期间提出了“表情组合”的概念。表情组合分成两部分，前者是允许用户将眼睛、嘴巴、鼻子等不同部位的素材拼凑出一个不一样的表情，例如可以将瞪大眼、眯着眼、闭眼跟微笑、大笑等素材自由组合。后者是允许用户将不同的表情动画按照先后顺序播放，这时用户的一张静态照片就不仅仅是一个表情 GIF，而是一个能表达用户心情节奏变化的动画，这样的玩法极大提升了一个表情制作工具的趣味性。

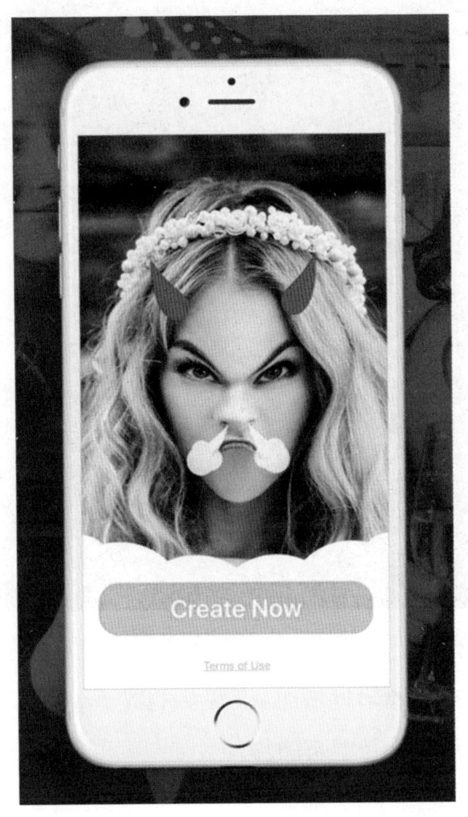

图 7-8　HAHAmoji 相机应用

从图 7-8 可以看到液化效果是基于平面的部位变形，并且是基于标准模特的液化步骤对用户照片进行操作，这带来的问题是不够自然。如果用户的脸型和模特的脸型存在较大差异，而且当用户头部姿态偏向侧方，液化效果会非常差。为了优化整个效果，2017 年有部分应用开始采用“Face Mesh+Blendshape”的方式优化整个动图效果，具体做法是将一张照片的人脸部位通过 Face Mesh 的方式分割成若干个碎片，然后将碎片贴在一个 3D 模特的模型上，也就是我们理解的 UV 贴图。表情的变化是通过 Blendshape 方式驱动，如图 7-9 所示，加上用户的脸部区域已经变成一个立体模型，所以在动画中表情的变化会更自然。这时设计师的主要工作是设计一系列 Blendshape 参数来驱动 3D 模特的表情变化。

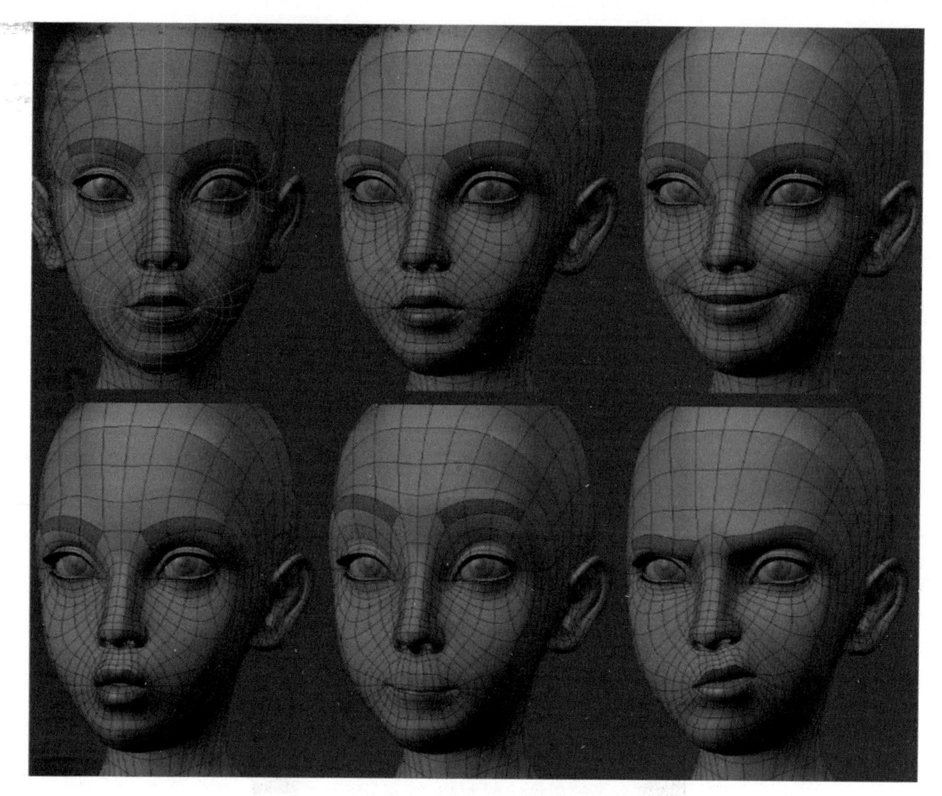

图 7-9　基于 3D 模型的脸部表情变化

除了表情变化，在人脸附近增加 AR 贴纸也是表情交互的重要玩法，但这种玩法更适合用于视频流而不是静态图片。这时贴纸就要考虑根据用户的头部和表情的实时变化发生改变，主要的改变如下：

（1）用户的头部扭动或者脸部的表情发生变化时，AR 贴纸应该有相应的旋转和透视效果，3D 模型的贴纸还好处理，2D 贴纸可以通过投影算法，即矩阵形变实现透视效果，不过形变过大会导致视觉效果严重受影响。Live2D 针对该问题推出了自己的解决办法，它将素材分割成若干个碎片，然后允许用户对每个碎片进行角度调整和拉伸，如图 7-10 所示，这在一定程度上能解决透视效果问题。但这种方法存在很大的问题，即必须依赖 Live2D 软件才能实现相关的设计，目前笔者没看到有其他可视化的软件能实现相关效果。如果开发团队自行实现存在很大的技术难度，而且设计师不知道通过什么样的形式参与进去。还有另外一种方法是提前制作多个角度的素材，然后通过换图的形式实现贴纸角度的变化，但这样每张贴纸的制作成本过高，所以大部分的 2D 贴纸都是通过简单的拉伸实现形变。

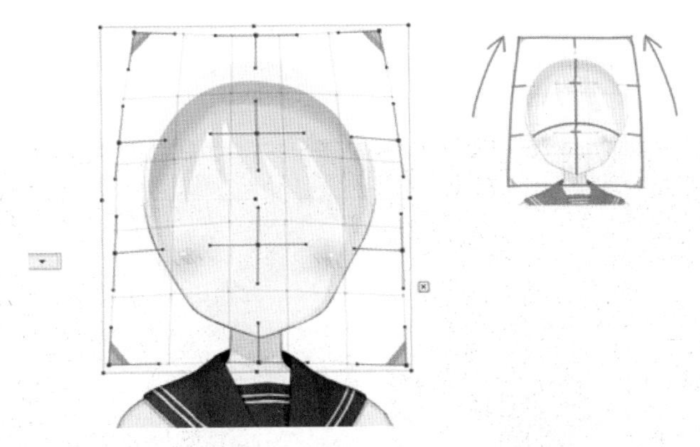

图 7-10　在 Live2D 中对 2D 图形进行矩阵变形

（2）贴纸和人物之间的关系可以分类成前景和背景。如果贴纸在人物的前面，这对技术的要求不会太高；如果贴纸在人物背后，这时需要通过背景分割技术将人物和画面背景分割出来，然后将贴纸放置在两者之间。但这里存在一个技术难题，那就是实时抠图并且要将人物和背景分割得很好才能实现较好的效果，所以贴纸很少会放在人物背后，而是放在人物的前面或者附近。

（3）如果读者需要根据用户不同表情给出不同特效，一定要注意上文提及的准确率问题，尤其是关键点变化相似的表情，例如惊讶和大笑，算法很有可能识别错误。这种问题暂时并没有很好地解决问题，读者只能尽量规避为这些表情做相应的特效。

在设计美颜效果、贴纸和特效时还有一个很重要的细节：需要贴近用户的文化特征。除了年龄段外，社会文化、审美等因素会直接影响产品的生存。举个例子，为中国人设计的美颜效果不一定适用于欧美国家，iPhone XS 发布时推出了相机自动磨皮效果，部分欧美用户对苹果手机的这一次升级显得非常失望，并将之称为“美颜门”。为中国用户设计的贴纸特效也有可能不适合欧美用户，甚至欧美用户可能会觉得粗鲁，例如 6.5.11 节提及的 OK 手势的不同含义。所以设计表情、贴纸和互动时一定要知道当地用户的文化并做出合理的设计。

最后是制作一个虚拟形象并用人脸追踪去驱动。这时读者需要和产品经理、开发人员等角色沟通清楚是用什么方式显示，是 Live2D、3D 模型还是 Deepfake。相关的制作方法请读者上网搜索，最后只要能和相关的算法绑定一起即可，例如使用 ARkit 2 算法时模型的细节应该满足以上表格的所有参数和细节，每个部位能满足 0 ～ 1.0 的变化。如果读者需要设计一款超高保真的数字人模型，可以上网搜索虚幻引擎提供的 MetaHuman Creator，它能制作的数字人逼真程度可以参考图 7-11。

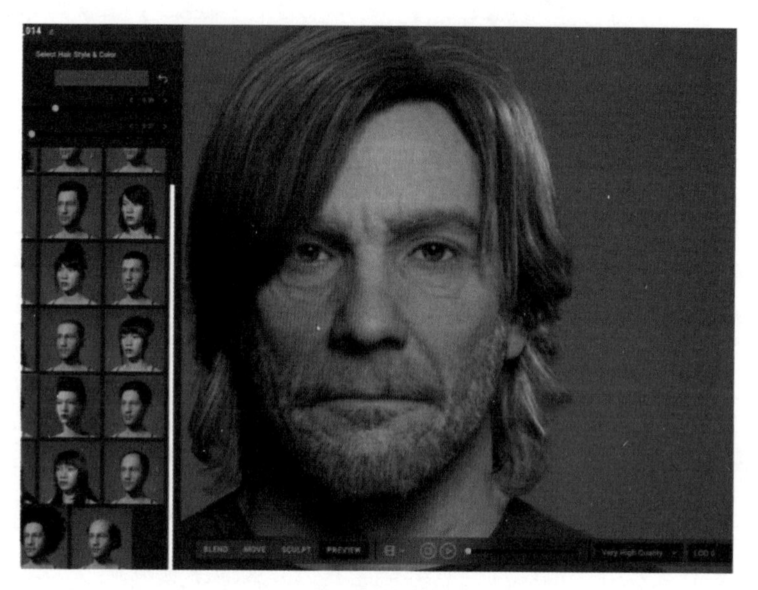

图 7-11　MetaHuman Creator

如果读者想使用 PC 端上一些特定的软件实现虚拟形象的驱动，这里笔者介绍一个国产软件 Avatar Studio，它是 Facegood 公司开发的人脸表情动画制作平台，提供了完整的表情采集、自动跟踪解析、驱动与表情建模等工具，相比传统的建模，表情动画制作效率高出不少。Avatar Studio 为用户提供肌肉绑定功能，只需要上传一个基础模型，系统自动生成 47 块肌肉，通过肌肉仿真引擎，为用户生成最自然的表情动画。通过 Maya，Avatar Studio 可以直接驱动 UE 的 MetaHuman 数字人模型，极大降低了整个虚拟形象的制作成本，读者感兴趣的话可以上网搜索相关资料。

7.6　人脸识别和追踪的设计工具箱

最后对人脸识别和追踪做个总结，在设计相关交互体验前，需要优先关注以下问题：

（1）摄像头和运算平台是使用已有的移动终端还是自行寻找摄像头和运算平台。

（2）确定使用场景和用户需求，是为了人脸识别还是追踪？

如果是在已有的移动终端实现人脸识别，那么优先考虑使用终端配备的 SDK 和 API，例如在 iOS 平台接入 Face ID，Android 接入人脸识别身份验证 HIDL，不过 HIDL 只支持 Android 10 以上版本，同时不同手机厂商有自己独立的人脸识别身份验证方法，所以 Android 上会比较麻烦。如果无法调用相关 SDK 和 API，例如小程序和网页端，那么优先考虑基于普通摄像头的活体检测 SDK，百度、阿里巴巴等公司都有相关 SDK 的提供。使用别人家的 SDK 和 API 会带来一个问题，就是别人提供的人脸识别算法是固定的，我们无法通过其他手段来优化该准确率，所以读者应该多对比不同 SDK 提供商的算法准确率，再来确定是否使用。

如果是自行寻找摄像头和运算平台来实现人脸识别，这时需要考虑使用场景是什么，上文提及的 1 ∶ 1、1 ∶ N、n ∶ N 都是需要考虑的。如果是线下购买等需要安全性高的场景，那么活体检测是必须的，这时应该采用能采集深度信息和有红外的摄像头，这能有效减少交互步骤而且能在暗黑环境下使用。为了提升人脸识别的准确率和提高效率，平台应该多保存、多更新用户脸部不同角度的数张照片。为了提升整个人脸识别的友好度，这些照片不一定需要用户自己亲自上传，可以在用户每次做完人脸识别后将视频流的前后帧中清晰的图像保存下来即可，这也体现了“用得越多，效果越好”的智能体验。对于闸机等使用场景，结合时间和距离等上下文信息进行设计是提升识别准确率的关键，提供听觉通道的反馈能减少用户入闸时的视觉确认，提升入闸效率。

如果是在已有的移动终端实现人脸追踪，ARkit 和 MediaPipe 是首选技术，但读者也需要考虑相关算法是否运行得起来，因为旧一点的设备有可能算力并不够。总的来说，需要识别的人脸关键点越多，追踪效果会越好，但需要消耗的算力也会越多。这时读者优先考虑的问题是算法是否能支持实时检测，其次再考虑关键点数量的问题。因为人脸追踪是实时交互，如果卡顿或者延迟都会对体验带来极大的伤害，这时读者可以选择不同的算法模型来满足不同机型的人脸追踪效果，具体可以参考 MediaPipe 提供的不同解决方案，但它们对人脸关键点的识别准确率也会有一定的差异，而且也是没有办法去提升准确率的，这需要读者确认是否可以接受。另外，由于实时性的要求，人脸追踪无法将算法放置在云端运行，只能放在客户端运行。

如果是在 PC 端上实现人脸追踪，Avatar Studio、Facerig 都是已经打包好的软件，它们可以直接和虚拟形象的模型进行绑定。如果要在自己的应用中实现人脸追踪，MediaPipe 也是不错的选择，同时 MediaPipe 可以借用 TensorFlow.js 在浏览器上运行。

最后是在其他平台上实现人脸追踪，例如在智能座舱、物联网等场景追踪人脸的转向、表情变化等实现分神、疲劳驾驶的检测。这时人脸追踪对算法性能和所需要的算力的考验是巨大的，因为人脸追踪跟前面两个平台不一样，前者是打开一个应用实现人脸追踪或者拥有足够的算力，而后者需要的算力是要和其他功能模块竞争，例如在智能座舱下，系统会同时运行地图、音乐等任务，也会有手势识别、眼动追踪、姿态追踪等功能的实时运算，这时人脸追踪能有多少资源可以占用会成为体验和设计的关键，读者需要提前和产品经理、开发人员充分沟通清楚，多提及人脸追踪对于平台的价值，这样才能有效推动相关功能进入需求池中。

总的来说，人脸识别和人脸跟踪已经是很成熟的技术，准确率已经达到可用状态。在算法层面由于更多采用第三方 SDK，所以很难对其进行修改，不过提升摄像头的分辨率以及基于环境亮度从底层调整摄像头的曝光值能有效地让算法处于较好的状态，但也会带来新的工作量和算力要求，所以读者需要和开发人员多沟通相关事项。

关于人脸关键点的追踪，如果读者认为在大部分情况下人脸关键点都没有和实际位置对齐，也就是所谓的假阳性，这有可能是人脸跟踪模型在训练时没有考虑当前的用户类型，例如用了一个成年人的人脸跟踪模型来跟踪儿童的人脸，这时存在误差是有可能的。笔者认为现有模型的通用性都已经不错，这种细小的误差是可以被接受的。如果读者认为这种误差是无法接受的，应该和开发人员一起寻找更佳的模型来解决该问题，以及考虑是否有必要识别不同人群并采用不同的人脸跟踪模型。

第 8 章

眼动追踪

8.1 眼动追踪在不同领域的作用

8.1.1 用户研究

人类有 83% 的信息是通过眼睛的运动获取的，眼动跟踪是指自动检测人眼瞳孔相对位置来估计视线方向的过程。眼动追踪常用于用户研究，它能通过平均注视时间、注视次数、注视顺序、平均眼跳幅度、眼跳次数、扫描持续时间、扫描方向等客观指标记录以下信息：用户在屏幕上或现实世界中看了哪些视觉元素，是几时看的视觉元素，顺序是什么，每次凝视持续的时间有多久，哪些视觉元素会重复观看，等等，所以很多公司都会基于眼动追踪产生的热点图和轨迹图（如图 8-1 所示）修改自己的产品设计。

图 8-1　眼动追踪热点图和轨迹图

在用户研究中，最常见的是针对网页布局、软件界面和产品外观等设计内容进行视觉传达效果和功能的可用性测试，通过眼动追踪可以比小组访谈、用户体验地图等定性分析得到更多客观真实的数据和指标。对这方面感兴趣的读者可以阅读《眼动追踪：用户体验优化操作指南》等相关书籍。

8.1.2 智能座舱

智能座舱正在将眼动追踪技术落地到各个体验细节上。众所周知，AR HUD 是对路面环境信息进行增强显示，体验中最重要的一环是如何将路面和 AR HUD 的投影图像匹配在一起。最好的方法是 AR HUD 根据驾驶员的眼睛位置在驾驶员的视线水平上投影信息，从而消除驾驶员移动头部时投影图像和路面信息之间的潜在不匹配。在 CES 2022 大会期间松下汽车系统公司发布了整合眼动追踪系统的 AR HUD 2.0，它可以识别司机个人的身高和头部运动，动态地进行视差补偿（正确对齐光路中的 AR 图标）自动对焦（考虑到驾驶员位置的变化）。同理，基于眼镜的增强现实交互系统也需要利用到该技术。

除了提升界面的显示质量，部分车企还在研究如何将眼动追踪用于交互流程上。2020 年小鹏汽车 P7 的官方宣传视频中有一幕是驾驶员看向中控屏幕时，屏幕左侧卡片的信息会“悬浮”起来，如图 8-2 所示。在驾驶状态下，由于驾驶员双手在方向盘上，同时部分车型的中控屏离驾驶员距离较远，基于眼动追踪控制屏幕内容确实是一个很好的选择，尤其是利用眼动追踪来控制 AR HUD，但为什么截至本书出版前暂没看到相关技术的落地，笔者会在下文提及。

图 8-2　小鹏 P7 眼动追踪时“悬浮”的卡片

美国国家公路交通安全管理局（National Highway Traffic Safety Administration，NHTSA）发布的 *Visual-Manual NHTSA Driver Distraction Guidelines* 中提到，车载系统的 GUI 设计尽量能让司机在行驶过程中快速完成任务，在一次任务过程中

眼睛单次离开道路不应该超过 2 秒（在 2 秒内一辆时速 100 千米的汽车能开出 54 米的距离），总时间不应该超 12 秒。为什么美国会提出这样的要求？因为每年各个国家有很多人因分心驾驶造成车祸死伤。为了提升车辆和道路的安全性，Euro NCAP 决定从 2020 年起将驾驶员监控系统（Driver Monitoring System，DMS）作为五星评级中的必备安全功能指标。DMS 主要通过捕捉驾驶员的头部姿态、注视方向、眨眼频率和眼睛的睁开程度信息来实时检测疲劳和注意力分散迹象，从而提升车辆驾驶的安全性，因此眼动追踪技术在智能座舱中起到安全的作用。

8.1.3 虚拟现实和增强现实

除了用户研究、智能座舱和增强现实领域，眼动追踪还用于 VR 和 AR 上。VR 最大的瓶颈是性能和时延的平衡，基于眼动追踪的注视点渲染技术在一定程度上能降低渲染带来的性能问题。它的原理是人眼在看东西时，整个视野范围不是一样清晰，而是眼睛的中央凹区域清晰，越往两旁越模糊，因此在虚拟现实的设备上渲染显示图像时，并不需要整个画面都是同一分辨率，而是正在注视的那个画面中间分辨率最高，附近的分辨率会以不同的程度进行下降。图 8-3 是德国知名的眼动追踪设备生产商 SMI 公司提出的注视点渲染技术，它将画面分成 3 个区域，分别是视觉中心、视觉边缘和中间过渡区，对其分别进行 100%、20% 和 60% 分辨率的渲染，如此一来运算量能有效地减少。

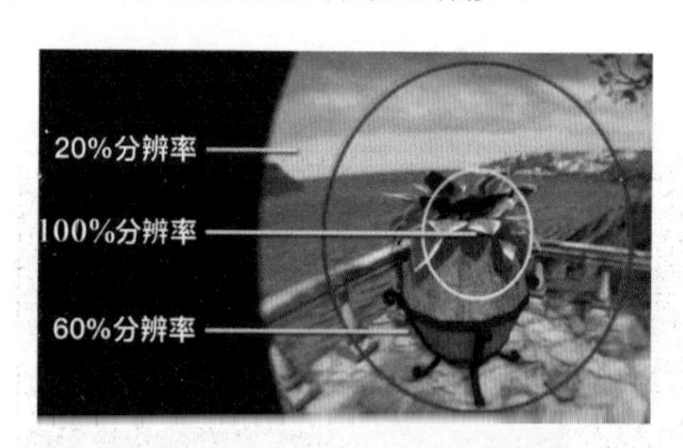

图 8-3　对视野不同部位的渲染

当 AR 眼镜没有手部控制器和手势识别的情况下，眼动追踪是不错的交互手段。尽管现在的 AR 眼镜已经能通过头部姿态追踪去初步判断用户的注视方向，但眼动追踪的精度会远高于头部姿态追踪。如果用户视线中央区域存在多个目标对象，基于头部姿态追踪的 AR 眼镜需要用户转动头部或者移动身体才能选中目标，因为光标会固定在显示区域中央，对于拥有眼动追踪的 AR 眼镜来说，光标会随着眼球运动而移动，用户可以轻松地选中对象，再也不用谨慎地转动头部或者移动身体。HoloLens 2 和 Magic Leap One 等 AR 穿戴设备已经具备了眼动追踪技术。

8.1.4 信息无障碍

在信息无障碍上，眼动追踪技术成为残疾人士输入文字的有效方式之一。伟大的物理学家斯蒂芬·霍金在世时，英特尔研究院的技术专家曾尝试开发过一款“眼动输入法”帮助身患渐冻症的霍金“说话”，简单来说就是通过检测眼部的细微运动来确定霍金正在看哪个字母并完成一系列的输入操作。在中国，为了帮助渐冻人、高位截瘫患者等可能连手指、脚趾都无法自如控制的群体进行信息输入，2022 年 1 月搜狗输入法联合 Tobii 眼动仪发布了“眼动输入法”，如图 8-4 所示。该方案主要借助一款内置眼球追踪技术的眼控仪，让残障用户通过眼球转动和凝视即可操作计算机完成文字输入，在 8.4 节笔者会介绍其背后的设计细节。

图 8-4　搜狗输入法联合 Tobii 眼动仪发布的“眼动输入法”

8.2 眼动追踪的技术原理和区别

目前常见的眼动跟踪方法可以分为四类：视频记录法（Video Oculography，VOG）、红外线法（Infrared Oculography，IOG）、探查线圈记录法（Scleral Search Coil Technique）和电流记录法（Electrooculography，EOG），前两种方法

已被眼动仪广泛使用，而后两种方法由于需要在用户眼睛附近放置一系列仪器才能使用，所以很少在市面上看得到。

眼动仪可分为可穿戴眼动仪和远程眼动仪，如图 8-5 所示。可穿戴眼动仪佩戴在用户的头上，而且允许用户自由移动；而远程眼动仪是指放置在参与者面前的固定位置的设备，它可以是专业眼动仪、计算机摄像头甚至是手机，但它一般不允许用户头部有较大的移动。眼动仪检测眼球注视的位置的细节很多，下面笔者会简单描述一下主流的眼动追踪方法，感兴趣或者需要深入了解的读者可以自行阅读眼动追踪的相关资料。

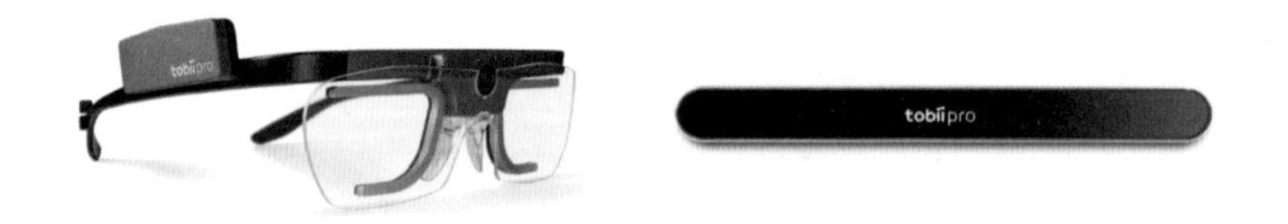

图 8-5　可穿戴眼动仪和远程眼动仪

最简单的眼动追踪方法是通过单个 RGB 摄像头采集图像，最常见的方法是使用计算机和手机摄像头实现对眼睛部位的视频记录，然后从眼睛图像提取的瞳孔轮廓来计算瞳孔中心，进而推断每帧照片中眼睛的位移量，如图 8-6 所示。如果通过 RGB 摄像头实现眼动追踪，那么摄像头的帧率和分辨率对跟踪的准确性有显著影响，镜头的焦距、角度以及眼睛与摄像头之间的距离都会影响眼动追踪的工作距离和质量。

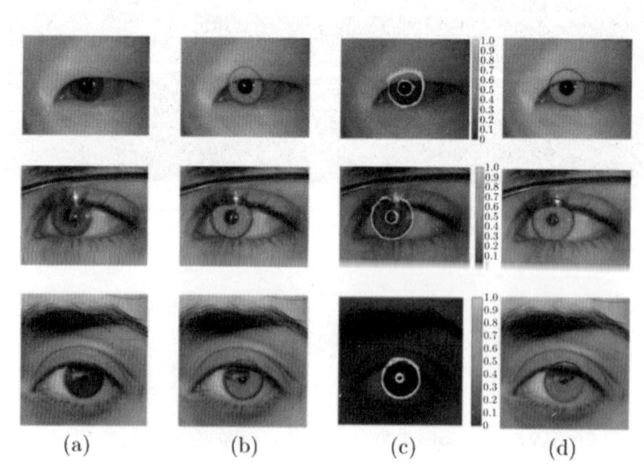

图 8-6　从眼睛图像提取的瞳孔轮廓来计算瞳孔中心

这种基于单个 RGB 摄像头和识别瞳孔中心的眼动追踪技术已有开源技术，但存在的误差较大，所以无法实现准确的视线估计。如果读者想用桌面计算机的摄像头尝试，可以上 GitHub 搜索“trishume/eyeLike”相关项目；如果想在移动设备上尝试，苹果的 ARCore 也提供了相关技术，不过苹果在 iPhone X 和后续系列手机配备了前置的结构光传感器（基于近红外光源），所以眼动追踪效果的精度会比普通的 RGB 摄像头好；对于大部分只拥有 RGB 摄像头的 Android 手机来说，笔者暂时没有找到合适的开源项目，尽管是 Google 推出的 MediaPipe Iris，官方也宣称无法推断人们正在看的位置（MediaPipe Iris 基于机器学习，能够使用单个 RGB 摄像头实时跟踪涉及虹膜、瞳孔和眼睛轮廓的位置）。基于现有资料来说，基于单个 RGB 摄像头的眼动追踪解决方案精度在 4°[①] 左右，追踪的物体越远，偏移量就会越大，如果读者找不到眼动追踪的相关技术，可以考虑是否可以将方案降级为人脸识别或者头部姿态追踪的方式解决相关问题。

由于 RGB 摄像头识别瞳孔中心实现的眼动追踪误差较大，而且追踪过程中不允许用户头部移动，所以研究人员提出了瞳孔角膜反射技术。瞳孔角膜反射技术的主要原理如下：当一名用户保持头部不动，向左、右、上、下 4 个方向看，他的角膜反射(即图 8-7 中眼球里的小白点，它来自眼动仪自身发出的光源)不会移动，只有瞳孔会移动；当用户观察同一部位时稍微移动一下头部，瞳孔中心和角膜反射之间的关系不会变，如图 8-8 所示，所以一个人看向哪里可以由从瞳孔中心相对于角膜反射的位置确定。

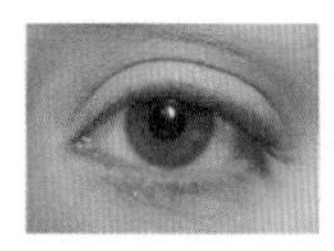 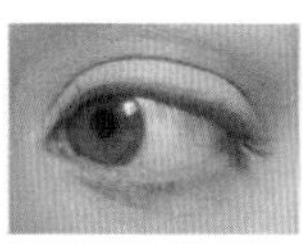 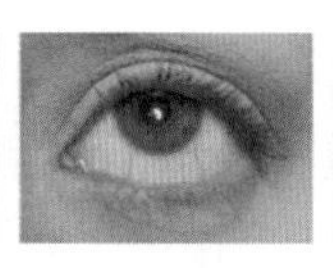 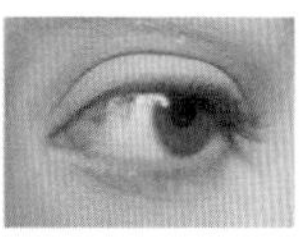

图 8-7　头部保持不动，瞳孔和角膜反射的相对位置会随眼球转动而改变

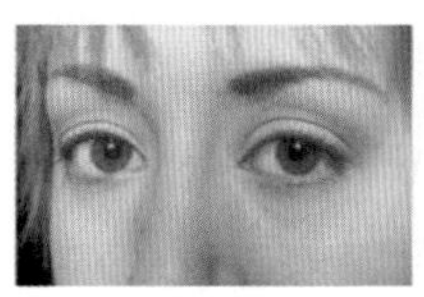 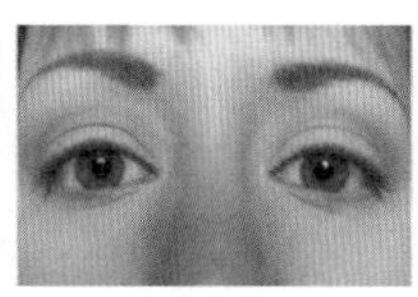 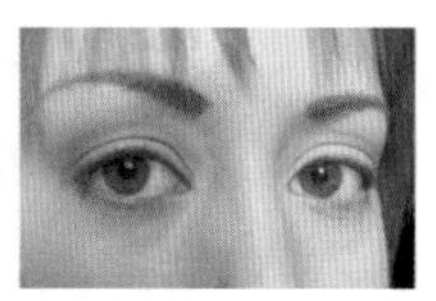

图 8-8　头部移动但看着同一部位，瞳孔和角膜反射的相对位置不会改变

由于用户附近的可见光源显示在角膜上，加上眼动仪发出的可见光源会引起用户的注意力分散，所以一般眼动仪采用了人类不可见的近红外光源替代可见光

① *Eye Tracking in the Wild.*

源，而摄像头改为红外摄像头可以减少其他光源的干扰，这也是为什么大部分专业眼动仪会由高帧率的红外摄像头、近红外光源发射器组成。基于近红外的眼动仪精度在实验室环境下最高可以达到0.5°[1]，为了实现更高的精度，专业的眼动追踪设备会增加近红外光源发射器的数量。以 Magic Leap One 为例，设备左右透镜内置的 4 个近红外光源以及镜框底部的红外摄像头能让 Magic Leap One 实现更精准的眼动追踪，如图 8-9 所示。

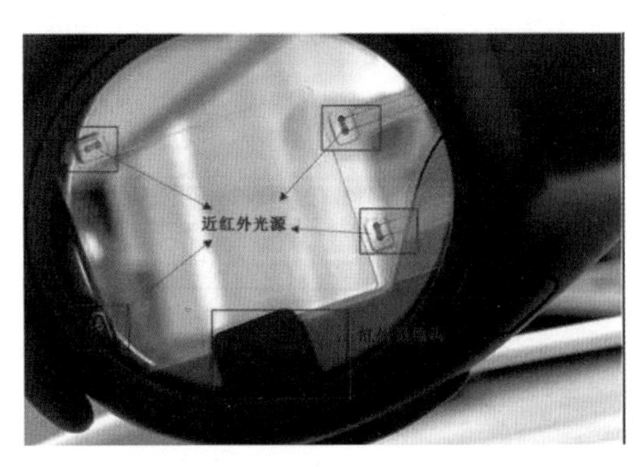

图 8-9　Magic Leap One 内置的 4 个近红外光源以及镜框底部的红外摄像头

为了进一步提高精度，研究人员进一步发现眼动追踪可以通过人眼视轴来估计，所以提出了角膜反射法，这也是大部分眼动仪获取用户视线的常见手段。角膜反射法的主要原理是通过人眼的光轴以及光轴和视轴之间的卡帕角（Kappa Angle）推算出视轴的方向，然后推算出用户注视的位置。然而卡帕角因人而异，所以眼动仪需要通过校准获取每个人的卡帕角才能开始使用，具体原理读者感兴趣的话可以直接搜索“角膜反射法”查阅更多内容。

除了以上手段，当前还有其他的眼动追踪技术，例如基于三维几何的视线估计方法，它主要通过拟合三维眼球模型来确定眼球中心、半径等眼睛特征，再结合各特征之间的几何关系进行视线估计。还有就是通过特征学习进行视线预估，特征学习背后是深度学习、图像处理、计算机视觉技术等技术的结合，同时它只需要 RGB 摄像头即可实现，拥有更强的鲁棒性，所以基于特征学习的眼动追踪技术正在崛起。但是这种方法需要较高的算力和数据样本，而数据样本容易受到光线的影响，所以截至本书出版前该方法的精度仍较低，如果使用环境光线经常变换，精度会进一步下降。

① *Eye Tracking in the Wild.*

8.3 眼动追踪的设计注意事项

眼动追踪拥有高速的指向性，而且不费任何力气，所以眼动追踪在AR、VR、智能座舱领域备受欢迎。如果读者想把眼动追踪作为输入部件，最好先了解眼动追踪存在的问题并思考该怎么设计。

8.3.1 摄像头摆放位置和用户穿着打扮的影响

对于远程眼动仪来说，摄像头和用户之间的位置关系直接影响识别率。以座舱为例，当前DMS的摄像头常见的摆放位置分别是车内后视镜、A柱和方向盘后方三个区域，其识别精度依次增加。原因在于车内后视镜离驾驶员脸部的距离是最远的，而且偏离角度是最大的，所以DMS摄像头很难精准地获取到瞳孔的变化数据，只能通过人脸关键点获取头部移动方向以及眼睛的眨眼变化。A柱摄像头离人脸的距离和偏离角度都会比车内后视镜好一点，但存在着另外一个问题，假设坐在汽车左侧的驾驶员头部转向右侧时，A柱的摄像头会拍不到驾驶员的右眼，导致数据统计时容易产生偏差。放在方向盘后方的摄像头相比前者识别率会好很多，因为它离人脸最近且角度最合适，但也会存在拍摄不到人眼的问题，第一是驾驶员拐弯打方向盘时手部和方向盘会遮挡到摄像头，第二是有少数驾驶员偶尔会单手12点钟方向手握方向盘驾驶车辆，这时手部在一段时间内会直接挡住摄像头的拍摄。

当驾驶员戴着墨镜或者美瞳驾驶汽车时，摄像头很难获取到瞳孔数据的变化。即使用户戴的是普通眼镜，眼镜在不同光线角度的照射下也会产生一定的反光效果，这时会削弱眼动追踪的精度。为了解决反光问题，DMS一般都会采用红外摄像头来捕捉瞳孔数据，同时红外摄像头相比RGB摄像头能更好地在黑暗环境下工作。

针对以上问题，读者在设计眼动追踪相关体验前，一定要和团队沟通清楚产品会用哪种摄像头，以及摄像头的摆放位置。关于用户穿着打扮影响识别率的问题是不可避免的，如果整个交互体验都依赖眼动追踪，那么用户在使用前，应该有相应的说明和指引。

8.3.2 使用前需要校准

绝大部分的眼动追踪技术需要校准后才能使用。为什么要校准？原因在于这些眼动追踪技术一般根据人眼生理结构所构建的眼球模型，并通过人脸关键点、瞳孔中心及深度信息、眼角位置等的几何关系来估计人眼的视线方向或者注视点，然而每个人的眼球生理结构不一样，眼动追踪技术需要通过校准过程调整已有的眼球模型数据。所以，一名用户使用另外一名用户的眼动追踪配置很有可能存在较大的误差。

常见的校准做法是一个小点分别出现在界面上不同的地方，然后设备向人眼发出近红外光源（近红外光源不易受到其他光源的影响），当人眼在移动过程中红外光源通过眼球反射回来被红外摄像头接收即完成一次标定，如图 8-10 所示。一般的标定需要 6 ～ 13 次，整个校准过程如果成功的话需要耗时 1 ～ 2 分钟。根据文献 *General theory of remote gaze estimation using the pupil center and corneal reflections* 记载，如果设备仅使用一台摄像头和一个光源，只有当头部完全静止时才能估计注视点；如果设备使用一台摄像头和多个光源，可在完成多点校准过程后自由移动头部来估计注视点；如果设备使用多台摄像头和多个光源，可经简单的单点校准程序后来估计注视点。

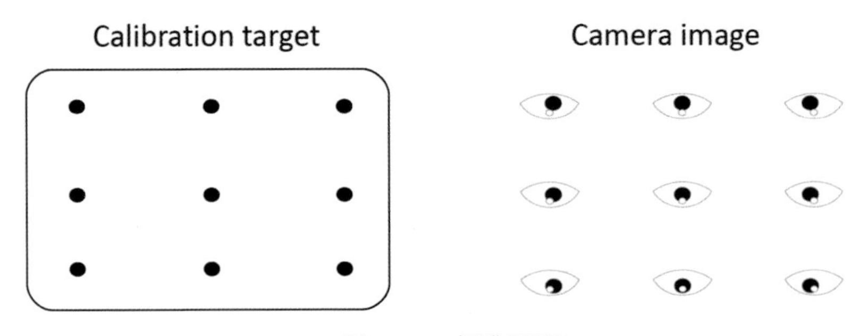

图 8-10　标准界面

如果校准失败，用户需要发起新的一轮校准。校准失败的原因更多是用户在校准过程中头部移动或者分散了注意力看错区域，所以在校准前系统一定要告知用户该怎么做，否则校准过程中有可能需要不停地校准。如果用户每次使用眼动追踪都需要校准，这会极大影响整个交互体验，所以读者可以基于以下情况提示用户校准设备：

（1）用户首次使用设备（包括设备检测到新用户使用设备）。

（2）用户之前选择退出校准过程。

（3）用户上次使用设备时校准过程不成功。

（4）用户已删除其校准配置文件。

（5）设备将被关闭并重新打开，且上述任何情况都适用。

除此之外，用户校准时所处的环境尽量和后续眼动追踪所处的环境保持一致，尤其两者所处环境的亮度不应该有明显的变化，其次是眼动追踪设备和用户之间的距离和角度也要尽量保持一致，否则眼动追踪数据很可能不准确。从以上因素可以看出眼动追踪对于环境的要求相对较高，更多用于室内环境。

8.3.3 头部运动的影响

在眼动追踪过程中需要用户的头部尽量不要动，但让头部保持完全不动是不可能的。在远程眼动仪中有个重要的概念是头箱，头箱表示的是允许用户头部移动的自由度，如图 8-11 所示。只要用户的头部保持在这个假想的框中，眼动仪就可以完成工作并跟踪眼睛的位置。因此，头箱越大，由于头部运动而丢失的数据就越少。头箱的大小取决于眼动仪，在《眼动追踪：用户体验优化操作指南》中提到头箱典型的范围是 30 ～ 44 厘米长、17 ～ 23 厘米高、20 ～ 30 厘米宽。最后，可穿戴眼动仪没有指定的头箱，因为眼动仪与参与者的头部一起移动，所以没有运动限制。

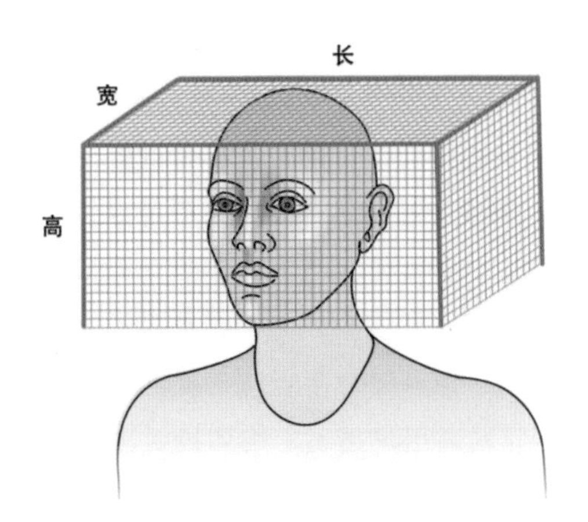

图 8-11　眼动仪头箱显示的头部运动的允许范围

8.3.4 眼动追踪误差带来的影响

上文提到一个词：精度。精度更多是指眼动仪性能指标中的准确度，它代表了用户注视的实际位置与眼动仪采集到的视线位置之间的平均误差。怎么理解上文提到 0.5° 的精度？假设用户面前有一台 1024×768 分辨率的 17 英寸显示器，而用户距离这台显示器 70 厘米，那么 0.5° 代表大约 15 像素，这意味着眼动追踪定位到的地方跟用户实际的注视点可能相差 15 像素。由于环境照明和用户瞳孔大小的变化，眼动追踪过程中会产生一定的漂移，所以这个误差有可能大于 15 像素。当用户在注视某个点时，他的眼睛会进行非常微小、快速的运动，即所谓的微扫视，以保持视网膜中的神经细胞活跃并纠正轻微的焦点漂移，这意味着眼动追踪定位到的坐标在以实际注视点为圆心，半径为 15 像素的范围内。

因此，如果读者需要用眼动追踪配合 GUI 交互，千万不要把视线考虑成一根细线进行设计，否则用户很难瞄准自己想看到的内容，而是应该将视线设计成一个锥体，如图 8-12 所示，只要界面元素处于锥体内即可被选中。

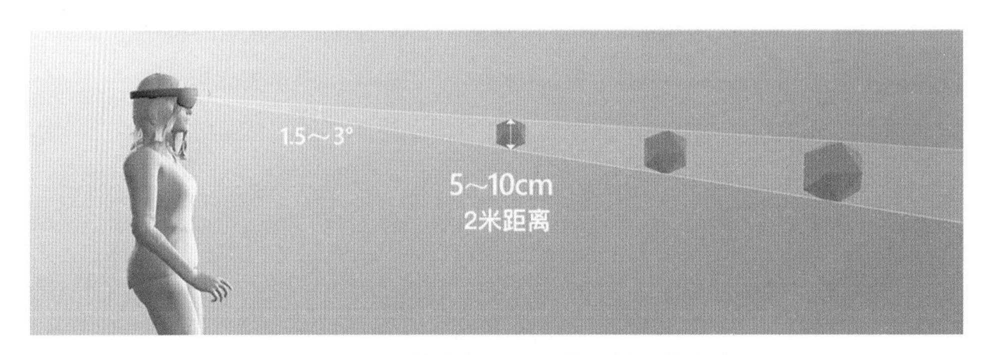

图 8-12　不同精度在不同距离下的误差大小

在桌面计算机或者智能座舱中，用户离屏幕的较近，所以视线落在屏幕的横切面也会较小，所以在设计界面时一定要充分考虑每个交互元素的大小和间距符合眼动追踪的要求。如果担心因为容错的设计降低交互效率，读者可以在容错设计的基础上结合吸附作用提升用户选择内容的交互效率，该设计可以参考 iPadOS 光标移动到图标或者控件附近时出现的吸附设计。在拥有无限距离的 AR/VR 中，当界面元素离用户越远，锥体投射出来的圆也会越大，这时更多的元素会被误选中。为了避免这个问题，需要对 AR/VR 中的视线约束范围，例如界面中只有中近距离的元素可以被用户视线选中，而远处的元素并不能被选中。

8.3.5　视线运动不代表用户想要的

人在自然的浏览状态时，经常会有一些无意的眼跳或者眨眼，这些无意的眼动如果触发了界面的变化，用户很有可能会被该变化吸引，但事实上这些变化并不是用户真正想要的，该问题被称为“米达斯接触问题”。如果不仅是元素变化，甚至是激活某些交互流程会直接给用户带来一系列的麻烦。要解决该问题最重要的是把用户的真正意图和无意活动分离开来，最简单的办法是在交互设计中增加一定的延迟触发，例如用户在某个元素上注视超过 100 毫秒才判断为注视，然后该元素才会真正获取焦点。

对于一些拥有渐冻症失去其他交互手段的残疾人群来说，在元素获取焦点后增加延时触发交互行为是最好的交互方式。但对于其他可以使用交互手段的人来说，只用眼睛进行所有交互并不是最好的交互模式，结合语音、手势等交互手段能提高交互效率的同时也能提高自然性。例如在一个菜单界面上，眼睛的运动轨迹能够反映在菜单项中，使选项处于待激活状态，这时可以搭配语音交互的“确认”指令或者通过特定手势、按键激活选项。

8.4 设计拆解：Tobii 眼动仪和 GUI 的配合

上文提到，为了帮助渐冻人、高位截瘫患者等可能连手指脚趾都无法自如控制的群体进行信息输入，2022 年 1 月搜狗输入法联合 Tobii 眼动仪发布了“眼动输入”，下面笔者将结合官方视频内的截图讲解眼动追踪怎么和 GUI 配合，以及配合时存在的设计细节。

从图 8-13 可以看到计算机屏幕上的一个小圆框，它代表了眼睛专用的光标。在 8.3.4 节提到眼动追踪存在一定的误差，加上眼睛会进行非常微小、快速的运动，如果光标也跟随一起运动，很容易分散用户的注意力。所以基于眼动追踪的光标会比正常的光标大很多，目的是解决眼动仪或者用户、环境等问题产生的误差；同时光标范围内的视线漂移都会被过滤掉，这样光标就能平稳地显示在当前位置，不会时刻发生抖动而引起用户的分心。因此，眼动仪的分辨率比其他鼠标或者其他指点设备的分辨率都要低，它更像一个触摸屏，但它比触摸屏效果更差，因为屏幕边缘或者光标范围内有多个选项时，用户很难对它们进行操作。

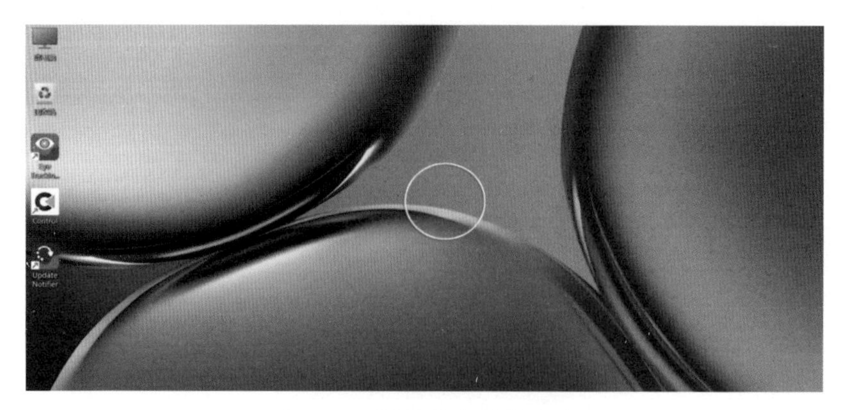

图 8-13　眼动仪光标的大小

当使用鼠标移动屏幕上的光标时，光标需要平滑地移动到所指的位置，但眼动追踪不一样，因为用户移动眼睛是潜意识的行为，而且眼睛可以瞬间扫视完不同区域，如果光标也跟随眼睛的速度瞬间移动，光标移动的动效会直接降低眼睛扫视的速度，而且使得用户难以集中注意力，所以基于眼动追踪的光标移动并不是即时的，而是眼动仪检测到眼睛注视到某个区域时光标才会移动到那个区域，所以光标的移动具有一定的滞后性，而这个细节需要用户使用一段时间后才能形成习惯。

在任意处保持一段的时间注视停顿后，光标周围会出现射线并进入菜单，如图 8-14 所示。这里涉及眼动追踪如何与事物进行交互。跟鼠标不一样的是，鼠标拥有多个按键和单击、双击等交互方式，而眼睛无法通过各种手段模拟这些按键和交互方式，所以只能用常见的眨眼或者注视停顿来激活菜单，然后将鼠标中的按键和交互方式放进菜单里。

图 8-14　用户注视停顿后，光标周围会出现射线告知用户准备进入菜单

那么该选择眨眼还是凝视来激活菜单？这里涉及一个细节，强制用户眨眼作为交互信号并不符合用户习惯，因为它要求用户考虑何时眨眼，但用户有时会不由自主地眨眼，从而降低了基于眼球运动的对话的自然性。最后，在文字输入过程中要求用户频繁眨眼更不太可能，所以我们不应该选择眨眼激活菜单。

通过凝视激活菜单有些细节是需要注意的，在上文提到眼动追踪需要一定的注视停顿（假设 100 毫秒）来实现光标的移动，为了区分前者，菜单在前者已完成的基础上停留更长的时间（假设 500 毫秒）才能触发激活，这能较好地解决“米达斯接触”效应，但它会削弱使用眼球运动进行输入的速度优势，并且还会降低界面的响应能力。在这个细节上，使用已久的专业用户和刚接触眼动交互的新手用户需要的停留时间并不一样，因此停留时间可以交由用户自己去设置，例如专业用户需要 300 毫秒，而新手用户可以设置为 1000 毫秒。

在设计菜单时，如果像 PC 端的菜单一样把功能都并排在一起，这对于有误差的眼动追踪来说没有任何好处，最好的办法是将不同的功能放在不同方向以及相隔一定的距离，如图 8-15 所示。

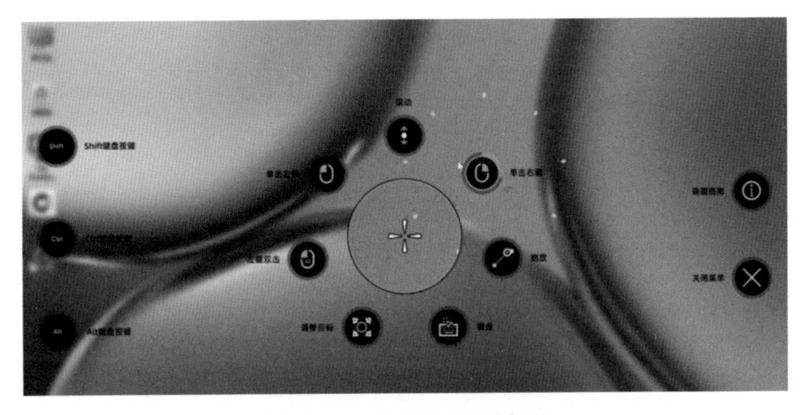

图 8-15　菜单中不同选项

另外，从图 8-15 中可以看到光标在菜单界面中消失了，取代的方法是被选中的选项会出现加载态，这也是眼动交互中常见的设计方式：在支持眼动交互的控件或者组件中，可以通过眼动追踪对组件中的选项进行走焦让选项获得焦点。

当用户需要打字时，可以在 Tobii 的菜单中呼出搜狗中文软键盘，然后在键盘上依次注视需要选中的字母。下面对比一下基于眼动追踪的搜狗中文软键盘和常见的搜狗中文软键盘有什么区别，如图 8-16 和图 8-17 所示。

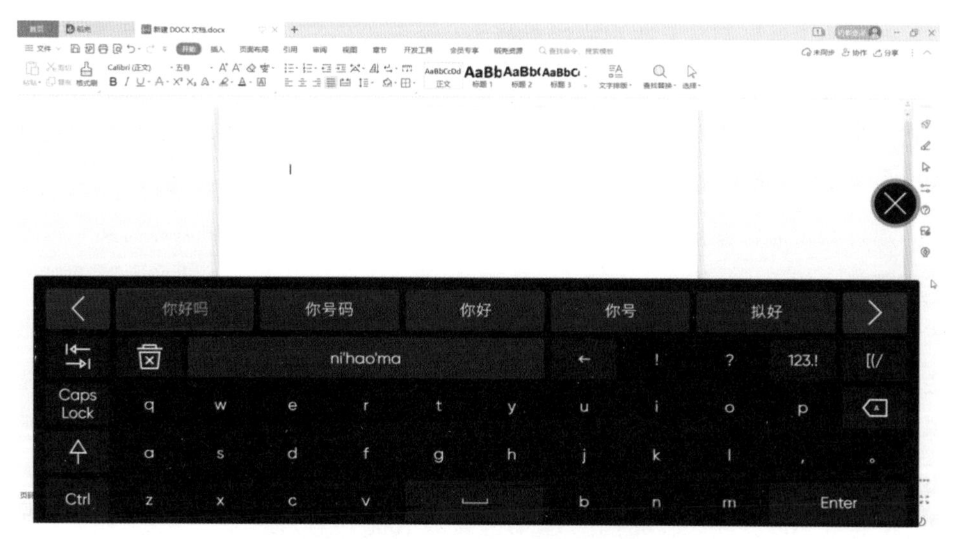

图 8-16　基于眼动追踪的搜狗中文软键盘

图 8-17　常见的搜狗中文软键盘

（1）基于眼动追踪的文字输入框以及选项会显示在键盘区域，而普通的软键盘会将文字输入框以及选项显示在光标附近，软键盘显示在任意区域。前者的设计是为了降低用户眼睛频繁运动的距离，而后者的做法与通过实体键盘打字一样，也就是光标和文字输入框以及选项强绑定。笔者认为该设计是有问题的，因为用户的视线和鼠标需要在两处来回切换，设计师可能顾及一致性的问题没有对软键盘及选项栏进行更改，但实际上采用基于眼动的软键盘效果更佳，因为用户不需要在软键盘和选项栏来回切换视线，同时鼠标也不需要移动过长的距离去单击文字选项。

（2）考虑到用户有可能需要连续删除输入框的内容，如果需要用户长期注视删除按钮有可能出错，所以基于眼动追踪的文字输入框左侧增加了一键清空输入框的功能。

（3）基于眼动追踪的软键盘对于字符串和常见功能设定了位置，例如将 Shift 键 + 相关按键才能敲出的“？”“！”直接放在软键盘上，这样做的目的是因为用户无法通过眼动追踪实现 Shift 键和其他键的同时注视，同时“？”“！”是中文标点符号中的常用符号，直接显示在软键盘上能减少用户对符号的寻找。

8.5 眼动追踪的设计工具箱

最后对眼动追踪做个总结，在设计眼动交互体验前，需要关注以下问题：

（1）系统或者应用是否能为眼动仪提供充足的算力？

（2）眼动仪是采用 RGB 摄像头还是红外摄像头？

（3）摄像头的分辨率是多少？

（4）眼动仪相对用户的头部摆放位置在哪？

（5）用户使用时周围环境是否会有较大的变化？

（6）眼动仪的使用范围大概有多少？超出范围时该如何提示？

（7）眼动交互过程中是否允许用户移动头部？头箱范围大概是多少？超出了如何提示用户？

（8）当眼动仪无法识别时，是否需要立刻提示用户重新校准眼动仪？

以上的问题（1）～（6）都会影响眼动追踪的精度（准确率），要提升精度只能从硬件规格、算法、摆放位置和使用环境入手。关于问题（6），可以通过摄像头中的人脸大小大概判断用户离眼动仪的距离，如果不符合推荐距离，应该做出相应的提示，例如根据人脸大小提示用户靠近一点或者离远一点。至于问题（7），由于眼动仪在使用前已经明确了头箱范围，加上可以增加头部姿态的识别来判断用户头动是否超出头箱范围，当超出了头箱范围应该做出相应的提示，相关设计可以共用问题（6）的设计方案。关于问题（8），如果是桌面眼动仪，毫无疑问需要重新校准眼动仪，但是在 AR、VR 眼镜中，微软建议使用超时（例如 500 ～ 1500 毫秒）来确定是否切换，此操作可防止每次系统由于快速眼球运动或眨眼和眨眼而短暂失去跟踪时出现光标。

眼动交互体验主要分为对象选择和确认两大步骤，在对象选择步骤中主要有三种交互方式，分别是控制光标移动、在目标对象之间移动和通过控制面板交互，如图 8-18 所示。

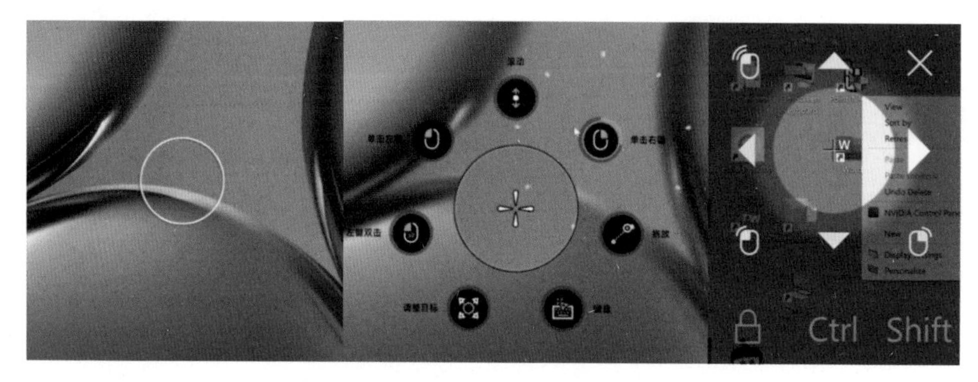

图 8-18　三种不同的对象选择方式

对于光标来说，如果无法基于用户离设备的距离自动调整光标大小，就无法控制误差带来的影响，可以像图 8-13 所示的光标一样设置一个较大的范围，按照常见的屏幕来说分辨率高达 1920×1080 像素，光标宽度占据了屏幕 1/10 以上，这意味着光标半径约等于 100 像素，远高于上文提及 17 英寸屏幕的 15 像素。尽管这样的做法能提升光标移动的准确率，但用户精准交互的难度会明显提升，所以设置光标大小需要考虑两者平衡的问题。

如果采用在目标对象之间移动的方法，那么目标对象越大，用户控制的难度越小，但屏幕内能显示的内容会越少。不过，由于用户视线在目标对象之间移动是有迹可循的，读者可以基于眼睛注视方向的变化结合算法降低用户视线在目标对象之间切换的误差，所以目标对象的体积设计时不需要像光标那么大，具体的大小和比例可以参照图 8-15。

以上两种方式都会导致眼动仪无法对界面进行精准地选择，为了解决该问题，读者不妨采用控制面板，提供上、下、左、右 4 个选项让用户实现高精度的光标位移，以及增加各种用户常用的功能。由于这种交互方式效率很低，所以笔者建议不要将它设置为默认的交互方式。

在确认流程上，由于眼球运动快于其他交互手段，所以眼动交互可以配合桌面计算机的鼠标、座舱的方向盘、VR 控制器以及语音交互实现更高效的选择和确认。如果非要用眼动追踪实现确认，那么要求用户长时间注视有助于防止错误的选择，但让部分用户感到不舒服，因为注视时间超过 800[①] 毫秒经常被眨眼或扫视打断，凝视确认的时间长短应该由用户自主选择。

在多模交互设计上，每一次的选择和确认可以通过听觉进行反馈，尤其是文本输入时。在每次选择后添加一个简单的“点击”音效可以显著提高文本输入速度和准确性，因为它带来了节奏感，如果读者不太能理解，可以参考触摸键盘增加音效反馈的原因。有学者研究过，如果是基于语言的反馈，例如输入字母时系统读出字母是什么，这对于使用较长停留时间的新手很有用，但对于使用较短停留时间的老用户来说并不是什么好事，因为读出字母和单词需要时间，用户倾向于停下来聆听，这会降低文本输入速度的同时导致同一个字母无意中输入了两次，需要用户的重复修改。

① Stampe DM，Reingold EM (1995) Selection by looking： a novel computer interface and its application to psychological research. In： Findlay JM，Walker R，Kentridge RW (eds) Eye movement research： mechanisms，processes and applications. Elsevier Science，Amsterdam.

第 9 章

感知、互联和追踪

在移动互联网初期，苹果 iPhone 无法通过蓝牙将照片传给 Android 手机，只能通过第三方应用例如 QQ 或者将照片保存到计算机，再用 USB 线传给 Android 手机；而 Android 手机之间可以通过蓝牙互传文件，但体验较差，因为两台 Android 手机需要蓝牙配对后才能实现数据互传，这时候需要用户在一堆看不懂的蓝牙列表中找到对方设备后发起请求，对方输入验证码后才能完成配对工作，但是当时大部分 Android 手机使用的蓝牙 3.0 技术传输速度最高只有 24Mbit/s，传输较大的文件需要很长的时间。

要完成两台设备之间的数据传输，前提是知道对方设备 ID 是多少，然后通过蜂窝网络、蓝牙、Wi-Fi 等形式将数据传输到该设备上。在 2013 年 Google 花费 2000 万美元收购了一家名为 Bump Technologies 的创业公司，它们设计的应用 Bump 允许两名用户通过手机碰一碰的形式完成照片、联系人、视频等文件的分享，如图 9-1 所示。更重要的是，它解决了 iPhone 和 Android 无法传输的用户痛点。Bump 是如何做到碰一碰互传文件的呢？当两位用户碰一碰手机时，Bump 会将手机的位置，当前时间、IP 地址、加速度计读数以及其他传感器读数等数据发送到 Bump 服务器，Bump 服务器根据这些参数计算出哪两台设备相互碰了一下，然后通过网络将对应的文件传到另外一台手机。Bump 传输数据的交互方式是有趣且简单的，但是它始终是第三方应用，能做的事情和效率提升上是极其有限的。

图 9-1　Bump 传递名片

在我们的生活中已经拥有了大量的智能设备，每次使用它们都要解锁→寻找App→控制设备，这并不是最高效的解决方案。为了让我们的生活更加便捷，基于当前空间内的多设备互联互动已经成为各个科技公司的研究课题，它们主要采用了RFID、NFC、蓝牙、Wi-Fi、红外线、UWB和ID识别等技术，一般而言这些技术各有优缺点，各个厂商都会将它们混合使用，例如苹果的AirDrop采用了蓝牙和Wi-Fi技术。接下来会一一介绍相关技术。

9.1 不同的技术方案和案例

9.1.1 RFID和NFC

RFID（Radio Frequency Identification，射频识别）是一种非接触式的自动识别技术。RFID的工作原理是基于RFID阅读器，例如带有NFC的手机设备会不断地发出射频信号（具有远距离传输能力的高频电磁波），当RFID标签（又名电子标签，如图9-2所示）处于RFID阅读器的磁场范围内时，凭借自身感应电流所获得的能量，将存储在芯片中的产品信息或者信号传送给阅读器，阅读器接收、读取和解密信息后将数据交给信息系统进行处理。

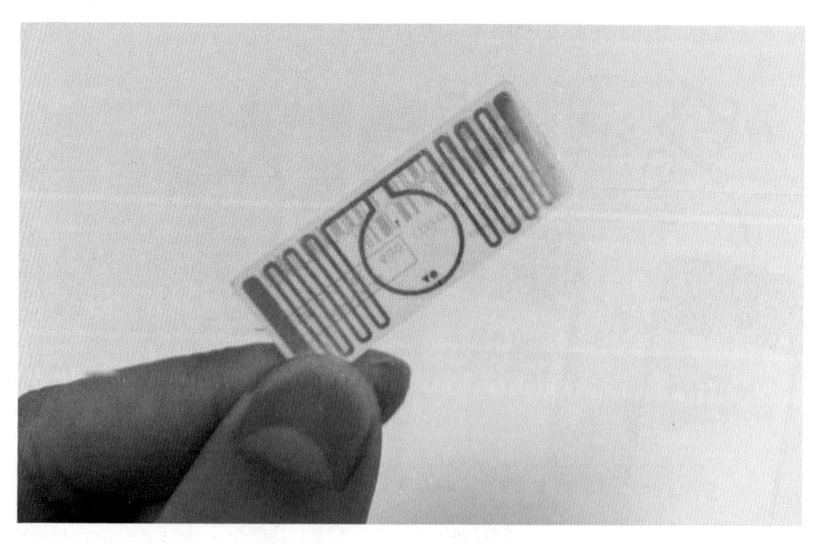

图9-2　RFID标签

RFID标签被大量应用于商品的生产、物流、跟踪、资产管理等场景上，优点如下：

（1）RFID 标签的结构特别简单，只由射频芯片和天线构成，没有电池等电子器件，成本很低，只需要 0.3 元左右。

（2）RFID 标签能存储 1 ～ 1024bit 的信息，能反复增删信息。

（3）RFID 所用的材质多为 PET 材料，具有耐高温、耐腐蚀、耐用等优点。

（4）RFID 读写器可以一次性识别多个 RFID 标签。

（5）RFID 读写器可以隔着纸张、木材和塑料等非金属材料识别 RFID 标签。

（6）当 RFID 标签和电池设备相连接处于通电状态时，识别距离可以高达数十米，高速公路自动收费站以及自动停车场的 ETC 系统正是采用了该技术。

NFC（Near Field Communication，近场通信技术）由 RFID 技术演变而来，属于 RFID 的其中一种，但跟 RFID 有以下区别：

（1）相比 RFID 几米到数十米的传输距离，NFC 的传输距离只有 10 厘米。

（2）RFID 传输速度由当前频段和传输距离决定，NFC 同理，但是由于 NFC 频段较少和传输距离可以忽略不计，所以 NFC 的传输速度最大是 424 Kbit/s。

（3）RFID 被不同组织定义了多套标准，相比之下 NFC 标准简单得多，厂商对 NFC 的接受度更高。

（4）NFC 拥有点对点通信模式，它能让两台具有 NFC 功能的设备在近距离范围内连接并进行点对点的数据传输。

（5）RFID 拥有一对一和一对多的交互方式，而 NFC 只有一对一的交互方式，相比之下 NFC 安全性更高。

基于以上的区别，NFC 更多地应用于消费类电子设备领域，在门禁、公交、手机支付等领域发挥着巨大的作用。近年来各大手机厂商逐渐将 NFC 技术用于设备互联上，通过“触碰”这个动作，NFC 标签能成为一把打开 IFTTT（If This Then That）大门的钥匙，实现各种各样的功能。以小米 NFC 碰碰贴（如图 9-3 所示）为例，用户可以将不同的任务流程写入不同的碰碰贴并放置在不同位置，用户每天起床时只需要将手机触碰床前的碰碰贴就能自动打开电动窗帘和用智能音箱播放音乐；每天离开家时只需要将手机触碰门口的碰碰贴就能开启离家模式，关闭所有灯和空调，开启监控摄像头和让扫地机器人开始工作，如果结合时间参数还可以反过来开启回家模式。

图 9-3　小米 NFC 碰碰贴

近年来中国手机厂商都在不断地发展设备互联技术，华为的“碰一碰”也是很好的案例。据华为官网介绍，“碰一碰”是华为的一项多终端业务协同的解决方案技术，用户可以通过使用设备的 NFC 进行“碰一碰”交互（如图 9-4 所示）。例如“一碰传文件”帮助用户将文件从发起方设备传到目标设备；“一碰投屏”帮助用户将服务从发起方设备投放到目标设备；“一碰上网”帮助用户建立连接或者配对设置，大大简化了手机与其他终端设备间的协同与接续。

图 9-4　通过“碰一碰”将音频传给音箱

那么，“碰一碰”技术是如何做到的？原理很简单，只要厂商提前定义好 NFC 的数据交互协议，当两台设备近距离接触时，当前要完成的交互任务、设备 ID、蓝牙、Wi-Fi 密码等关键信息就能通过 NFC 传输给对方，瞬间完成设备互联和数据传输流程，极大提升了交互效率。

9.1.2 Wi-Fi 和蓝牙

相信大家对 Wi-Fi 并不陌生，Wi-Fi 是一种允许电子设备连接到一个无线局域网（WLAN）的技术，可以简单地理解为：只要当前设备进入了无线局域网，就能访问和操控局域网内的其他设备，只要有连接着外网的路由器就能直接无线上网。苹果在 iOS 7 和 OS X 10.7 上推出了 AirDrop 功能，用户只要选中文件即可传输到附近其他拥有 AirDrop 功能的设备上。使用 AirDrop 的前提是确保你要发送文件的人在 9 米范围内并且开启了蓝牙和 Wi-Fi，当两台设备通过蓝牙和标识码发现对方后，它们会自动建立一个点对点的 Wi-Fi 网络实现高速、加密的文件传输，同时对文件的大小和数量没有限制。AirDrop 的好处是即使两台设备没有连上网或者不在同一个 Wi-Fi 下也能使用 AirDrop，同时不会消耗双方的手机流量，小米、vivo 和 OPPO 等 Android 设备厂商联合推出了相似的互传功能。

Wi-Fi 模块可以认为是推动了家用电器和物联网的发展，传统家居直接升级成智能家居。以小米的 AIoT 为例，通过米家 App，用户可以在家里或者远程看到自己家里智能设备的运行情况，前提是智能设备属于小米生态链的一部分，如图 9-5 所示。2018 年小米 CEO 雷军在小米 AIoT 全球开发者大会宣布小米 Wi-Fi 模组仅售 9.99 元，成本降下来后越来越多的电子产品开始往智能路线发展。

图 9-5　在米家 App 就能看到所有的小米生态链产品状态

蓝牙也是设备互联的常见手段，据蓝牙技术联盟预测，到了 2025 年内置蓝牙模块的设备会高达 60 亿台。蓝牙有两个技术细节需要读者注意，第一个技术细节是蓝牙发布 4.0 版本后，蓝牙模块分为经典蓝牙模块和低功耗蓝牙模块（Bluetooth Low Energy，BLE），它们之间无法相互传输数据。经典蓝牙模块一般用于数据量比较大的传输，例如计算机和手机、打印机之间的文件传输，手机和蓝牙耳机之间的音频传输。经典蓝牙模块能做到向低版本兼容，例如蓝牙 5.0 能和蓝牙 3.0 互传数据，由于现在的音频体积越来越大，为了更好地满足高带宽传输，经典蓝牙模块在蓝牙版本 3.0 后的传输速度可以达到 24Mbit/s。低功耗蓝牙模块只支持蓝牙 4.0 以上的版本，但它拥有以下优点，所以受到很多厂商的青睐：

（1）相比经典蓝牙，低功耗蓝牙拥有更高的实时响应和长连接能力。

（2）经典蓝牙传输距离一般在 2 ～ 10 米，而低功耗蓝牙的有效传输距离可以达到 50 ～ 300 米。

（3）低功耗蓝牙待机和运行只需要极低的功耗，使用一粒纽扣电池就可以连续工作一年。

总的来说，我们需要处理各种事务的手机、计算机内置的蓝牙会同时配备经典蓝牙模块和低功耗蓝模块；对于一些要求功耗低、响应迅速快、数据传输量小的智能家居、智能穿戴来说，低功耗蓝牙已经能满足绝大部分需求。

第二个技术细节是将低功耗蓝牙模块分为主设备、从设备、广播者和观察者 4 种工作模式，主从设备的区别是主设备是指能够搜索别人并主动建立连接的一方，而从设备则不能主动建立连接，只能广播连接信息等主设备连接自己，例如手表、鼠标、耳机都属于从设备。由于主设备和主设备、从设备和从设备之间无法互联导致一些设备无法互联，例如都属于从设备的车载系统和蓝牙耳机无法建立连接，所以蓝牙技术联盟在后续的 BLE 版本中增加了主从一体的概念解决以上问题，这意味着这个设备既能当主设备，也能当从设备。由于目前绝大部分设备的蓝牙模块都停留在 4.0 版本，当程序员告诉你两个设备由于技术限制无法连接时，读者应该第一时间考虑到主设备、从设备互联的问题，并且通过更新的蓝牙版本解决该问题。

蓝牙的广播者模式会每隔一定时间广播一个数据包到周围，它跟从设备有点类似，但它不能与主设备建立连接，最具代表的例子就是 Beacon 设备。蓝牙的观察者模式会持续监听搜索周围的广播事件，它跟主设备工作原理相似但无法发起和从设备的连接。使用广播者的好处是双方无须配对，广播者就能将信息传输给主设备和观察者，例如在某些大型商场中一些商店会布置一些 Beacon 设备，它会在几毫米到五十米的范围以 20 毫秒的时间间隔不断将推送服务广播给用户的手机，当用户的手机安装了相关 App 会自动弹出商店的优惠信息。例如星巴克很早采用了苹果的 iBeacon 技术，当用户走近星巴克咖啡店时，手机会收到星巴克推送的优惠券吸引用户注意，星巴克也会推送用户平时常喝的咖啡类型，用户可以直接一键下单简化了整个下单流程，Beacon 技术对于精准化营销有着重要作用，但由于精度问题一直没被广泛应用。

9.1.3 UWB

UWB（Ultra Wide Band，超宽带）出现在公众视野得益于苹果在 2019 年发布的 iPhone 11 Pro，它搭载的 U1 芯片包含了 UWB 技术，2021 年苹果推出的 AirTag 也是采用了相关技术。其实 UWB 在 20 世纪 60 年代就用于军事用途，直到 2002 年美国联邦通信委员会才发布了商用化规范，由于技术成本过高直至 2019 年才逐渐商用。

UWB 是一项具备空间感知能力的技术，它能够精确定位其他同样具备 UWB 模块的设备。例如用户的 iPhone 11 Pro 发起 AirDrop 并指向其他人的 iPhone 11 Pro 时，系统会自动识别对方并前置到列表的首位。2020 年小米和 OPPO 先后基于 UWB 技术推出了“指一指”的功能，支持 UWB 技术的手机指向任意智能设备后都能直接控制该设备，实现“指谁谁听话”的便捷体验。以小米手机为例，当小米手机指向电扇时，控制电风扇的卡片会自动弹出；当小米手机转向电视时，当前卡片会自动替换为控制电视的卡片。

UWB 最高拥有 500Mbit/s 的传输速度，能让用户更快地完成数据传输任务，因此后续对于无线 VR/AR 有着重要作用。除此之外，UWB 技术还拥有功耗低、安全性高、抗干扰能力强等优势，不过由于 UWB 技术 2016 年才逐渐兴起，整个产业链仍不成熟，建设成本相对较高，而且技术标准尚未统一，导致整个 UWB 生态系统还不够完善，目前只有少量的设备具有 UWB 技术。

UWB、蓝牙、Wi-Fi 和 RFID 都能用于设备的定位和追踪上，就定位精度来讲，UWB 在室内定位可达到厘米级，蓝牙为厘米到米级，而 Wi-Fi 和 RFID 仅为米级的精度；就抗多径和抗干扰方面，UWB 定位明显好于其他三者；传输距离来看，RFID是最远的，Wi-Fi、UWB和蓝牙依次降低；此外，在建设成本方面，UWB的成本要远远高于Wi-Fi和蓝牙，而RFID是最便宜的。UWB、蓝牙、Wi-Fi的定位方式和精度跟实现原理有关，实现原理有以下几种方法：TDOA（Time Difference of Arrival，到达时间差）、AOA（Angle of Arrival，到达角度测距）和位置指纹法等，感兴趣的读者可以自行查阅相关资料。

9.1.4 红外线和ZigBee

在没有智能设备以前，红外线广泛应用于遥控器和电子设备的控制连接上，但是距离不能太远，方向要对准的同时中间不能有物体遮挡，而且单向传输使用起来比较麻烦。既然如此，随着技术的革新，为什么现在绝大部分的空调、电视都仍要采用红外线连接技术呢？这里笔者需要介绍一下红外线的连接方式。基于红外线的遥控器采用红外发光二极管来发出经过调制的红外光波，这种光波对于人类来说是不可见的，但机器可以通过红外接收器接收特定光波后转换成相应的指令。也就是说，只要遥控器和机器有电，遥控器就能控制机器，免去了一大堆连接流程。红外线遥控器对于空调以及挂在屋顶的投影仪来说尤其重要，因为用户也不想蓝牙、Wi-Fi连接失败后需要搬个梯子爬上去重新配对遥控器，所以在设计智能设备互联体验时读者需要充分考虑各种环境因素带来的影响。

“ZigBee”这个专业术语大家可能很少听到，可能有些小米用户听说过，因为市面上小米智能家庭套装（如图9-6所示）前期采用了ZigBee技术。即使小米将Zigbee第一次推到了大众视野，但2021年小米商城中唯一一款支持Zigbee的产品“多模网关”已经显示售罄，同时小米开发者平台已经官宣不再推广Zigbee的接入方案。

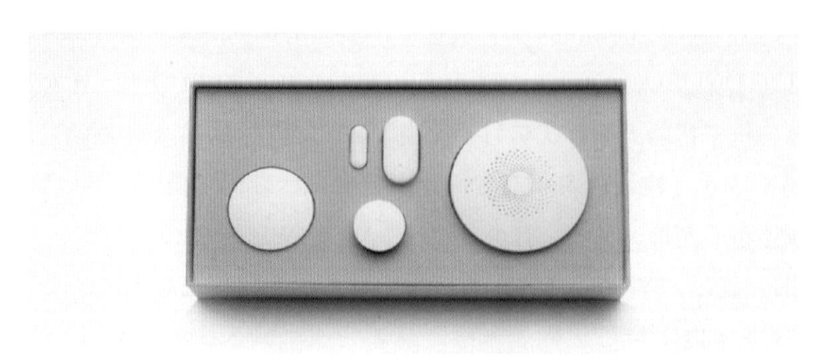

图9-6　小米智能家庭套装

为什么 Zigbee 会被小米放弃？主要原因为 ZigBee 的特点是支持 Mesh 组网，读者可以简单理解为网络中的任何设备都能成为传输数据的节点，不再需要一个路由器分发数据，而且从包装盒拿出来就能使用，无须配网非常方便。2017 年蓝牙技术联盟宣布蓝牙 4.0 以上的设备能通过 OTA 升级的方式支持 Mesh 组网，而蓝牙几乎已经成了智能手机甚至智能硬件的标配，同时 Zigbee 模块比蓝牙模块贵，所以 ZigBee 不再具备优势，市面上支持 ZigBee 技术的设备有可能越来越少。

不同科技巨头都在推荐和使用自己的设备互联技术和协议，智能家居设备可以任意使用蓝牙、Wi-Fi、无线 USB、Z-Wave、ZigBee 等技术和协议，但这种现象导致各个设备之间难以兼容。随着智能家居市场规模不断扩大，国内外科技巨头意识到亟须建立一个能够兼容不同家居设备的标准，打破各自为营的僵局。据悉，国外科技巨头谷歌、亚马逊、苹果正在联手开发智能家居连接标准“Matter”，Matter 将致力于构建一套基于 IP 网络构建以及打造连接物联网的生态系统，用户可以通过苹果 Siri / HomeKit、Amazon Alexa 以及 Google Assistant 实现对智能家居的控制。在我国，京东、百度、海尔、华为、小米在内的 65 家企业共同成立了物联网联盟——开放智联联盟（Open Link Association，OLA），同样致力于“打造物联网统一连接标准”。

9.1.5 SLAM

除了以上技术，计算机视觉也能实现不同的识别和追踪方案，在这里笔者不再重复计算机视觉的作用。在本节笔者介绍一下 SLAM（Simultaneous Localization and Mapping，同步定位与建图），SLAM 是指运动物体根据传感器的信息，一边构建环境地图或模型，一边计算自身位置的过程，常用于 VR/AR、扫地机器人、无人机以及无人驾驶领域。SLAM 的工作原理比较复杂，读者感兴趣的话可以自行上网搜索相关资料，在这里笔者简单介绍一下扫地机器人是如何测距和建模的。扫地机器人分为视觉导航和激光导航两种，分别采用了摄像头和激光雷达两种传感器。

视觉导航主要通过两种摄像头来获取信息，第一种是通过结构光和 TOF 等深度摄像头测距实现三维空间的感知；第二种是通过双目摄像头采集到的图像的差异，计算出距离信息并预估出三维空间模型。视觉导航技术的优势在于硬件成本较低，只需要摄像头和能搭载 AI 模型的计算单元即可。但弊端也同样突出，由于仅靠摄像头采集信息，容易受到环境光的干扰；其次，摄像头和人眼一样，距离越大，误差越大，同时过多的光线数据也让处理单元难以负荷。

激光导航通过激光雷达进行测距。激光测距就是朝特定方向发射一束光线，光线遇到物体反弹回来被接收器捕获，已知光速，通过时间便可以计算出自身与物体之间的距离。激光导航通过激光雷达向各个方向更多点位测距并对地图进行建模，同时确定扫地机器人自身的位置。由于激光导航原理相比视觉导航更简单，无须通过 AI 模型，涉及计算量也不致短时间内让处理单元难以负载，并且在同一环境下得到的数据更加精确，所以使用激光导航技术的扫地机器人往往可以更精准地绘制二维地图或者三维模型。当然，性能更加优异的激光导航技术所需的硬件成本也更高，以及激光雷达测距传感器损坏时维修成本也更高，所以目前只有价格较高的扫地机器人使用激光导航。

9.2　设备感知、互联和追踪的设计注意事项

9.2.1　硬件的约束条件

从人机交互和用户体验的角度来看，选择合适的设备互联技术主要考虑体积、传输速度、传输距离、功耗和使用场景等问题，由于红外线和 Zigbee 的使用场景较少，因此下面仅对 NFC、Wi-Fi、蓝牙和 UWB 进行比较。

1. 体积

体积这个因素读者可能之前没留意过，如果一个设备体积越小能塞进去的芯片就越少。目前笔者从互联网了解到的数据来看，全球尺寸最小的低功耗蓝牙芯片尺寸只有 1.7mm×2.0mm，而最小的 Wi-Fi 芯片尺寸为 6.0mm×6.0mm，能查到的 UWB 芯片最小尺寸数据为 9.0mm×15.0mm，这也意味着把 Wi-Fi 和 UWB 芯片加上其他模块塞进现在流行的 TWS 耳机并不现实。如果读者设计的产品直径大于 4cm，也就是 AirTag 的尺寸，那么不用担心芯片体积对产品的影响，因为 AirTag 内部包含了低功耗蓝牙、UWB 和 NFC 模块，最后 NFC 便签的体积可以忽略不计，类似的技术会影响后续智能织物的发展。

2. 理论传输速度和距离

表 9-1 所示为不同技术（小型化）的理论传输速度和距离，是笔者从互联网

查到的。

表 9-1　不同技术（小型化）的理论传输速度和距离

	NFC	低功耗 Wi-Fi	蓝牙 4.0	蓝牙 5.0	UWB
传输速度	424Kbit/s	150Mbit/s	24Mbit/s	48Mbit/s	1000Mbit/s
传输距离	0.1 米	150 米	50 米	300 米	10 米

3. 功耗

NFC 便签无须供电就能使用。BLE 和 UWB 模块可以一颗纽扣电池使用几个月甚至一年以上，而 Wi-Fi 功耗高一直是物联网设备的痛点，但 2020 年英国的 Dialog 半导体公司推出了低功耗 Wi-Fi 模块（具体量产和商用时间待定），同样也能做到以上成绩，所以高功耗不再是 Wi-Fi 的缺陷。总的来说，对于任意一款芯片，在同等制程和封装工艺下，往往尺寸越小功耗就越低，因此功耗后续不会成为影响设备互联的重要因素。

4. 使用领域和场景

NFC、Wi-Fi、蓝牙和 UWB 能同时出现在不同场景中，而且能搭配使用，所以很难定义哪些技术适合用于哪些领域或者场景中，以下是笔者结合互联网内容和自身经验给出的建议。

- NFC：针对移动支付、身份认证、快速接收或切换等场景，包括门禁、公交卡、一碰连接等。
- Wi-Fi：针对需要上网或者大量数据传输的场景，包括需要远程控制的智能家居设备。
- 蓝牙和 UWB：针对实时连接和快速响应的场景，包括穿戴式设备、短距离内即可使用的智能家居设备。

硬件的体积、功耗和成本都会决定设备采用哪些器件，尤其对于一些体积小、需要充电的硬件来说。尽管当前很多模组体积都做得特别小，但是像无线耳机、AirTag 这样的产品就无法把一颗 Wi-Fi 模组嵌入设备，而且 Wi-Fi 模组的功耗较大，如果一旦使用耳机会很快没电。对于一些对体积、功耗没有限制的设备来说，例如电视、空调等电器，可以结合使用场景采用不同的传感设备。但是有一点需要注意，部分设备即使在开机状态也不会实时在线，例如智能电表和可以远程控制的热水器，即使它们通过网关接入互联网，它们也只是 30s（假设值）轮询一次的方式向网关获取或者传输数据，这时候手机连接并且控制它们的时候会存在一定的滞后性，这种问题读者在设计时也应该考虑相应的解决办法，包括设计合理的轮询时间，以及基于这种不连续性设计合理的用户体验。

9.2.2 如何绑定新设备

如何高效地绑定一台新设备是设备互联的关键，尤其是智能设备没有触摸屏，用户如何将自己家里的账号、密码以及 Wi-Fi 信息输入当前设备呢？这时关键要看设备拥有哪些互联技术，如果只有 Wi-Fi 模块，可以参考以下小米空气净化器的做法：

（1）当用户第一次启动小米空气净化器时，空气净化器会通过 Wi-Fi 模块开启一个热点，该热点的名字已经被提前定义好并存在服务器上。

（2）用户在手机上打开米家 App 感知到新的设备时会自动从服务器下载最新的热点名字，并自动检索当前 Wi-Fi 列表是否存在匹配的热点，如果检测到匹配的热点名字会直接连接该热点，这时候手机和小米空气净化器完成了设备互联。

（3）接着用户在米家 App 选择家里的 Wi-Fi 账号并填写相关密码，米家 App 会将账号密码发送给小米空气净化器，接收到数据的小米空气净化器关闭热点并自动连接相关 Wi-Fi，这时候小米空气净化器已经能正常使用并和同一 Wi-Fi 下的小米生态链产品互联。

如果智能设备增加了低功耗蓝牙模块和 NFC 标签，新设备入网的交互任务被进一步简化。只要提前在 NFC 标签上加入蓝牙模块的信息，手机触碰到 NFC 标签时读取内置的信息并用蓝牙连接设备的蓝牙，两者即可完成互联。如果是拥有系统权限的 App，用户需要在手机上手动输入 Wi-Fi 账号和密码的过程可以直接免去，因为系统可以直接获取当前 Wi-Fi 信息并直接发送给设备，当设备接收到账号和密码则自主连接上 Wi-Fi，整个体验流程可以做到无感和便捷。如果是没有系统权限的 App 只能通过手动输入 Wi-Fi 信息的方式完成绑定，但也比上文小米空气净化器的绑定要少 1 ～ 2 步的操作。

苹果的绑定会在 9.3 节提及。总的来说，绑定的交互流程可以分解为发现设备、建立关联和传输信息三个步骤，当信息同步到新设备上，新设备连接 Wi-Fi 以及用户名下的设备能关联新设备即完成设备的绑定。发现设备、建立关联也可以压缩为一步，例如上文提及的 NFC 碰一碰就是很好的例子；传输信息要看传输什么样的信息，是系统信息还是用户信息？如果应用不能自动获取，那么只能让用户自行输入。任何的连接都有失败的可能性，尤其是配网或者账号绑定时，因此读者在设计相关体验时一定要考虑清楚如何给用户明确的反馈机制，包括连接前有哪些注意的事项，例如手机不能离开设备过远，以及当前的连接进度、绑定哪个账号，如果出现了连接失败的状况，应该根据失败码（和产品、开发人员沟通清楚失败的原因有哪些，以及用哪些数字标识这些原因）给予用户失败的原因和相应的解决措施，并且允许用户重新绑定一次。

9.2.3 信号强弱和精度

如果读者正在使用各种传感器实现对人或者对物体的识别和追踪，一定需要注意传感器信号的强弱，而这个值由本身的算法、当前距离范围以及其他信号源的干扰决定。举个例子，我们在家里存在着多个 Wi-Fi 信号和信道，当出现 Wi-Fi 上网慢、经常掉线的情况时，很多人会认为网络安装有问题，其实大部分原因是墙壁的隔挡以及自己的 Wi-Fi 信号被邻居家的 Wi-Fi 干扰了。如果读者感兴趣可以下载一个 Wi-Fi 分析仪查看当前环境里的所有 Wi-Fi 信号实时的具体状态，包括附近有多少 Wi-Fi 信号？互相干扰严不严重？用户无线路由器的 Wi-Fi 信号在某个位置的强度是多少？以上问题都会影响基于 Wi-Fi 的交互行为以及预测的准确率。

同理，蓝牙也存在着上述问题，在 2013 年苹果发布基于低功耗蓝牙的 iBeacon 技术，它是一套可用于室内定位系统的协议，帮助智能手机确定它们大概位置或环境的一个应用程序。在一个 iBeacon 基站的帮助下，智能手机的软件能大概找到它和这个 iBeacon 基站的相对位置。iBeacon 能让手机收到附近售卖商品的通知，也可以让消费者不用拿出钱包或信用卡就能在销售点的 POS 机上完成支付。但是如果要在一个 30000 平方米的商场布置多个 iBeacon，就要看商家怎么取舍精度和数量的问题，例如 20 平方米内布置一个 iBeacon 的精度会比 50 平方米内布置一个高，尽管前者的精度可以达到分米级别，但使用的数量会比后者多 900 个 iBeacon，每个 iBeacon 节点电量监控的成本以及每次更换电池的成本也会更高。所以当前商场并不会大规模使用 iBeacon 作为广告推送或者其他的交互行为，只会用于流量分析或者室内定位等用途。所以读者在做相关功能时需要和开发人员沟通清楚当前技术的使用范围和精度才能确定自己的功能是否能够实现。

9.2.4 基于场景的触发

基于场景设计一系列的触发条件是本章内容的重点。如果我们将场景分解成若干参数，那么时间、距离、用户身份、用户的意图和行为等参数的不同结合可以产生不同的触发机制，从而让产品实现基于千人千面的智能体验。

1. 时间

不同时间段有着不同的特点。例如在深夜时刻，大部分用户已经睡着的情况下设备是否还需要长时间运行？对于上班族来说周一到周五的白天都会去上班，那么设备是否也需要长时间运行？让设备学会对时间的感知和理解不仅能避免自己长时间运行，同时也能减少用户主动开机的频率，也能为用户带来不同的信息和服务。以一款在日本卖得很好的智能投影仪 PopIn Aladdin 为例，用户可以自行设置开关机时间和闹钟，当 PopIn Aladdin 开机后触发了闹钟功能，会主动推送一些跟风景相关的视频给用户，例如图 9-7 模拟了用户在飞机上起床看到窗外云海的场景，同时 PopIn Aladdin 也会根据不同时间段推送用户照片、风景照片、艺术时钟、国内外信息等内容。

图 9-7 用户起床后 PopIn Aladdin 显示云海景色

2. 距离

在人机交互中，人和设备之间的距离会成为是否开启人机对话的重要线索，尤其在设备互联以及追踪交互时。首先要知道正在使用的技术方案有效范围是多少，哪个区域信号最好，超出这个区域信号会如何衰减。这部分内容跟功耗有关，读者需要咨询相关的开发人员。另外需要结合使用场景来定义人和机器之间不同距离的关系是什么。美国人类学家爱德华·霍尔（Edward Hall）在经典著作《近体行为的符号体系》中将人类的空间区域距离分为亲密距离（0 ～ 46cm）、个人距离（46 ～ 120cm）、社交距离（1.2 ～ 3.6m）和公共距离（3.6m 以上）。

如果设备需要追踪人的位置给出不同的反馈，那么一定要结合上述提到的距离进行设计，因为在未来用户周围一定有很多可交互的设备，如果全部的设备经常与用户互动，我们可以想象被一群吵吵嚷嚷的孩子包围的感觉是怎样的。因此我们设计的任意对象应该根据用户与设计对象之间的距离做出不同的响应，以下是笔者的观点：

- 处于社交距离以及公共距离（大于 120cm）时设计对象应该保持沉默状态。
- 处于远位亲密距离以及个人距离（16 ～ 120cm）时设计对象应该处于已激活状态，随时可以与用户进行交互，同时可以考虑适当地主动与用户进行交互，例如主动展示信息以及打招呼。
- 处于近位亲密距离（0 ～ 15cm）时设计对象与用户之间的信息交换应该是毫无保留的，还有设计对象主动与用户交互的次数可以考虑适当增加。
- 若有紧急状况或者用户定制的信息需要提醒用户，可忽略距离限制及时告知用户。若距离过远请考虑最合适的方式通知用户。
- 语音交互突破空间的距离而发生交互。

3. 用户身份

为不同用户提供合适的、差异化的服务是实现千人千面体验的基础，但是怎么识别用户身份是个好问题。由于隐私的问题，摄像头不可能无处不在，根据用户佩戴的手机和手表来识别用户身份是目前最好的办法，但是当设备周围存在多个用户身份时，设备也是无法分辨出是哪个用户正在唤醒自己，除非用户通过语音交互的方式和拥有声纹识别的设备互动，或者设备可以通过 UWB、毫米波等方式检测用户的生理数据并判断用户身份，否则很难实现多人环境下每个用户的身份是谁。

4. 用户的意图和行为

在上文提到人和设备之间的距离会成为是否开启人机对话的重要线索，但是用户靠近设备不代表用户需要使用设备，例如用户只是刚好路过并离开了设备周围。对用户意图和行为的追踪能有效解决用户是否需要使用设备，摄像头仍是一个不错的选择，通过姿态识别和手势识别能有效判断用户的当前意图，但如何不侵犯用户隐私仍是一个大问题。

Google 的 ATAP 团队在 2022 年 3 月发布了基于毫米波雷达 Soli 读取用户靠近的距离以及肢体语言变化的技术，而这项技术被称为“非语言交互技术”。从图 9-8 中可以看到一个蓝色的椭圆和黄色的圆形，蓝色的椭圆代表人走过的路径，黄色的圆形代表计算机，两者之间的距离代表人和计算机之间的距离。当人走近计算机并转向计算机时，两者会重合并产生紫色区域，如图 9-9 所示。这项技术的原理可以简单理解为毫米波发出的信号被路径上的物体或人拦截并反射回雷达天线，然后算法分析反射波的能量、时间延迟和频移等属性，从而提供有关反射器尺寸、形状和与传感器距离的线索；接着机器学习进一步解析数据，使传感器能够确定物体的方向、与设备的距离以及移动速度等信息。通过这项技术，ATAP 团队希望能实现对用户意图和行为的理解，包括转向或远离屏幕、接近或离开空间或设备、扫视屏幕等，但这项技术几时能商用仍是未知。

图 9-8　蓝色椭圆代表人走过的路径，黄色圆形代表计算机

图 9-9　人靠近计算机时，黄色圆形和蓝色圆形重叠出现紫色区域

场景还可以分解为更多的参数，但也需要有更多的感知技术来实现，得到这些参数后可以通过 IFTTT 的理念实现对条件和命令的组合。IFTTT 的意思就是基

于不同的条件来决定是否执行下一条命令，是编程开发中最重要也是最基础的设计。如果把 IFTTT 融入场景触发的设计中，那么感知、追踪和互联技术都能成为条件和命令，不同的组合方式会产生不同的作用，这也是物联网平台以及智能设备之间交互的通用做法。如果是基于界面的用户意图和行为的判断，那么怎么观察用户的交互行为并减少中间的步骤实现更便捷的交互体验是产品设计的问题，以下笔者将结合苹果的“连续互通”来解释 IFTTT 该如何设计。

9.3 设计拆解：苹果的设备互联是如何实现的

2011 年苹果公司发布了 AirDrop（之后改名为“隔空投送”），它是苹果公司的 macOS 和 iOS 操作系统中的一个随建即连网络，允许用户在 Mac 电脑和 iOS 设备之间相互传输文件，再也不需要通过邮件或大容量存储设备，简化了整个传输流程。自从那时开始，苹果设备之间的互联协同让用户越来越离不开苹果的整个生态，如图 9-10 所示的功能是苹果官网在 2022 年 3 月前公开的“连续互通”。

如果读者有使用过苹果相关产品，应该能感受到多设备协同对于效率提升和流程简化的好处。笔者最喜欢用到的就是通用剪贴板，它减少了通过设备或者应用之间的互传步骤，只需要“复制”和“粘贴”两个步骤就能把另外一台设备的信息粘贴到当前设备上。那么苹果是怎么做到这一点的呢？

苹果官网提及“连续互通”功能需要所有设备上使用同一个 Apple ID 登录，此外设备还必须打开 Wi-Fi 和蓝牙且满足系统要求。但是笔者通过测试发现，即使 iPhone 没有打开 Wi-Fi 和蜂窝网络，在 MacBook 上复制的内容也能粘贴到当前 iPhone 上，这是为什么？因为“连续互通”是苹果自己定制的私有协议“Continuity”，该协议主要通过蓝牙不停地广播和接收数据供所有附近的设备使用，所以可以认为实现“连续互通”功能最依赖 Apple ID 和蓝牙，Apple ID 用于验证对方身份，蓝牙用于传输和发送信息，而不停地广播和接收数据使得交互的实时性得到保障。

通过蓝牙技术能改变很多设备的连接体验，以 2016 年苹果发布的 Airpods 为例，它彻底改变了蓝牙连接手机的交互体验。以往连接蓝牙耳机需要蓝牙耳机进入配对模式，手机需要到“设置”→“蓝牙”界面搜索并配对蓝牙耳机，流程较为烦琐。对于拥有 AirPods 的用户来说，当用户的 AirPods 放在 iPhone 附近第一次连接手机时，用户打开耳机充电盒后 iPhone 会自动弹出一个弹窗显示 AirPods

隔空投送：通过无线方式将文稿、照片、视频、网站、地图位置等发送到附近的 iPhone、iPad、iPod touch 或 Mac 上。

隔空播放至 Mac：在 Mac 屏幕上共享、播放或演示来自其他 Apple 设备的内容。

Apple Pay：在 Mac 上在线购买，并使用 iPhone 或 Apple Watch 上的 Apple Pay 完成支付。

自动解锁：在您佩戴 Apple Watch 期间，快速访问 Mac 系统，还可以快速批准其他要求输入您的 Mac 管理员密码的请求。

"连续互通"相机：使用 iPhone、iPad 或 iPod touch 扫描文稿或拍摄照片，随后相应文稿或照片会立刻出现在您的 Mac 上。

标记连续互通：使用 iPad、iPhone 或 iPod touch 将速绘、形状和其他标记添加到 Mac 文稿中，并在 Mac 上实时查看或更改。

速绘连续互通：在 iPad、iPhone 或 iPod touch 上创建速绘，然后将速绘轻松插入 Mac 上的文稿中。

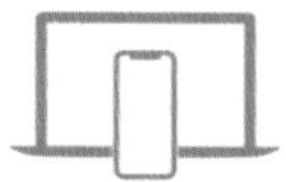

接力：在一台设备上开始工作，再切换到附近的另一台设备上继续工作。

智能热点：无须输入密码，便可以从您的 Mac、iPad、iPod touch 或另一台iPhone 连接到您的iPhone 或 iPad（无线局域网 + 蜂窝网络）上的个人热点。

iPhone 蜂窝网络通话：从 Mac、iPad 或 iPod touch 拨打和接听电话，只要这些设备与 iPhone 连接到同一网络。

随航：将您的 iPad 用作第二个显示屏，以扩展或镜像您的 Mac 桌面。或者，将它用作平板电脑输入设备，以在 Mac App 中使用 Apple Pencil 进行绘图。

短信转发：在您的 Mac、iPad 和 iPod touch 上发送和接收 iPhone 短信和彩信。

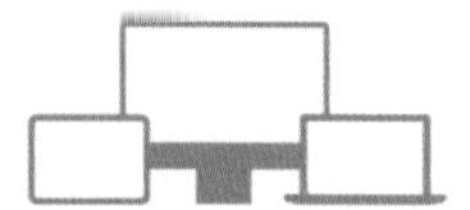

通用控制：使用 Mac 的键盘、鼠标或触控板可控制最多两台附近的其他 Mac 或 iPad 设备，并在它们之间无缝操控。

通用剪贴板：在一台 Apple 设备上拷贝文本、图像、照片和视频等内容，然后在另一台 Apple 设备上粘贴这些内容。

图 9-10　2022 年 3 月前苹果推出的"连续互通"功能

的相关信息，用户点击“连接”就能完成 iPhone 和 AirPods 的配对任务。为什么 AirPods 能做到如此便捷的体验？主要是因为 AirPods 内置了一颗芯片负责 Continuity 协议的处理，苹果通过软硬一体的方式实现了蓝牙耳机的连接。以下是 AirPods 一键配对的可能原理（由于相关细节苹果没有公布，笔者只能结合自己的技术经验进行推测）。

（1）用户打开 AirPods 充电盒时，AirPods 通过 BLE 的广播者模式发出一系列呼叫内容，内容类似于“嗨，我是 AirPods！”（笔者称为“AirPods 寻找服务”）。

（2）由于 iPhone 会通过 BLE 的广播者模式和观察者模式不时地发送和接收数据，所以附近的 iPhone 都会收到 AirPods 的呼叫内容，这时它们会跟 AirPods 相互发送信息，从而让 AirPods 找到最合适的连接设备。怎么才算是最合适的？第一是没锁屏的 iPhone，第二是距离最近的 iPhone（由于蓝牙的信号强度会随着距离迅速衰减，这使得两台设备可以很容易地估计它们之间的距离）。

（3）找到最合适的 iPhone 后，AirPods 会告诉 iPhone 它们没有与任何其他设备配对，iPhone 会显示一个屏幕 UI，提示“您要连接到这些 AirPods 吗？”

（4）当用户选择“连接”后，iPhone 会告诉 AirPods 与之配对，这两台设备会创建配对记录和密钥以供日后使用（笔者认为这有可能是一对公私钥对，一个用于 AirPods 的公钥，一个通过 iCloud 在用户设备之间共享的私钥，公私钥对可以有效将当前用户的设备与其他陌生人的设备区分开来）。

（5）当配对成功后，AirPods 不再向外发送 AirPods 寻找服务，而是转成传输音频的蓝牙模式，同时会把耳机和充电盒的电量信息返回给手机，整个流程如图 9-11 所示。

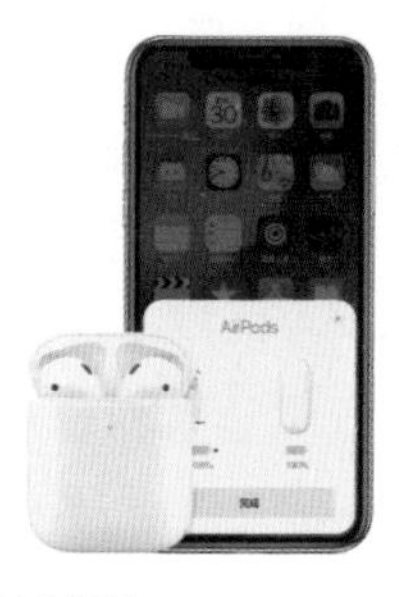

图 9-11　连接新 AirPods 的过程

由于私钥会通过网络或者 Continuity 协议分发并下载到用户的其他设备上，所以用户的 iPhone、iPad 或者 Mac 设备都能通过公私钥的配对连接该 AirPods，完成一系列的蓝牙配对过程，如果用户想在其他设备上使用 AirPods，可以直接在其他设备的蓝牙列表选择 AirPods 选项即可。在装有 macOS Big Sur、iOS 14 或者 iPadOS 14 及更高版本的设备上，第二代 AirPods 以及 AirPods Pro 可以在以上设备之间自由切换，例如当用户正在聆听 Mac 上的音乐，这时用户接听了 iPhone 上的来电，用户的 AirPods 会自动从播放 Mac 上的音乐切换为播放 iPhone 上的通话内容。但是这里有个问题需要注意，当用户在一台设备上删掉了当前 AirPods，苹果会默认将 iCloud 以及其他设备的私钥全部删除，用户需要重新发起配对才能使用。

除了“连续互通”，蓝牙还能用于设备的位置追踪上。苹果的“查找”功能的原理是由丢失的设备发出可由附近使用中的其他 Apple 设备检测到的短距离蓝牙信号。当设备丢失且无法接入无线局域网或蜂窝网络时，例如已离线且处于睡眠状态的 MacBook 被忘在公园长椅上，这时 MacBook 会开始在短时间内定期广播蓝牙加密信息，附近路过的苹果设备接收到信号后，会将检测到的丢失设备的位置上传到苹果服务器，丢失了 MacBook 的用户可以在“查找”App 中定位它遗失在哪。

读者有没有想过 Apple Watch 是怎么做到接近 Mac 电脑 3 米距离时自动解锁电脑？这种测距方法是否也是通过蓝牙实现的？并不是。这有可能是因为苹果认为蓝牙作为精准的距离预测准确率较低，所以苹果在这个细节上采用了 Wi-Fi 的“飞行时间”进行 Apple Watch 和 Mac 之间的距离计算。解锁功能可以简单理解为以下过程：当手表发送蓝牙信号触发解锁时，Mac 通过 Wi-Fi 向手表发送额外的 802.11v 请求（802.11v 是 Wi-Fi 5 新增的一个时间戳字段，被提议用作“飞行时间”来计算），然后对该请求进行定时到达。由于 Mac 知道手表必须在 3 米以内才能把自己解锁，因此数据包上的时间戳对延迟有非常严格的容忍度。如果偏差在可接受的参数范围内，则 Apple Watch 解锁请求被批准这时用户的 Mac 会被解锁。如果偏差超出可接受的范围，解锁请求将失败，因为系统意识到 Watch 位于解锁 Mac 的安全区域之外。

苹果正是通过一系列用户感知不到的技术细节和流程把用户经常做的流程去掉，以及把设备互联时最重要的操作放置在用户一步可触达的地方，节省了用户大量时间，提高了整体效率。如果读者对于 Continuity 协议感兴趣的话，可以阅读以下两篇论文：*Discontinued Privacy: Personal Data Leaks in Apple Bluetooth-Low-Energy Continuity Protocols* 和 *Handoff All Your Privacy: A*

Review of Apple's Bluetooth Low Energy Continuity Protocol，两篇论文的研究人员通过逆向工程的方式解读了 Continuity 协议，读者可以尝试理解这部分工作是如何实现的，但要记住，由于协议存在被破解的可能性，导致用户隐私安全得不到保障，苹果会不断变化和调整这部分协议，所以仅供读者作为参考。

9.4 设备感知、互联和追踪的总结

最后对设备的感知、互联和追踪做个总结，在设计相关交互体验前，需要优先关注以下问题：

（1）如果是自己设计一款硬件，硬件的约束条件是什么？

（2）当前能使用的技术方案包含哪些？各自的优缺点有哪些？

（3）当前技术方案是否能满足现有场景和用户需求？如果不能满足，是否可以增加其他技术方案来弥补？

（4）当用户拿到新设备时，如何更快地实现设备之间的绑定？

（5）当前的技术方案能为用户解决哪些问题？如何提升交互体验和效率？它们需要关注哪些参数？

要实现智能便捷的交互体验，笔者认为最重要的是利用各种传感器技术去理解当前场景是什么，以及通过各种传感技术的组合减少当前的交互流程。上文提及的 Soli 正是利用毫米波雷达实现了对人和机器之间距离的识别，以及人是否看向屏幕的意图预测，从而安静地为用户提供相关的服务，这正是通过感知场景减少了用户“打开屏幕”“打开应用”“查看信息”等一系列交互流程。苹果的“连续互通”只采用了大部分设备都拥有的 Wi-Fi 和蓝牙实现如此多的功能，最重要的一点还是对于用户需求和场景的理解，那些烦琐的交互步骤可以通过技术优化。

由于这部分内容涉及领域特别广，笔者只能抽象出“感知”“互联”和“追踪”三个关键词来帮助读者更好地理解这部分设计该怎么完成。“感知”是指在当前范围内实现对物体或者行为的发现和识别，无论是通过摄像头、蓝牙还是毫米波等技术；“互联”不只是两台设备的连接，也可以是人和设备之间的互联（锁定当前用户并提供相应的服务）；“追踪”更多是对设备或者用户在当前范围的锁定。追踪是动态的，这也意味着读者要考虑清楚在动态过程中想观察用户做什么，或者希望用户做什么，从而给出不同的服务或者体验。

第 10 章

未来设计方向存在的挑战

智能座舱、AR、VR、数字人、智能家居、普适计算、数字孪生甚至是元宇宙都是正在成长的行业，每个行业都会随着技术的革新产生新的变化，因此设计会随着时代的发展产生更多的不确定性。笔者将结合自己的从业经历、所见所闻以及 2022 年的技术现状，浅谈一下未来设计方向存在的挑战，每个方向将讲述 1 ～ 4 个问题，这些问题有可能随着技术的进步得到解决，但笔者认为，它们在本书出版几年内仍会存在。

10.1 智能座舱

2018 年是中国造车新势力的元年，随着车联网、自动驾驶、V2X（Vehicle to Everything）等概念不断推出，越来越多的互联网从业人员开始往汽车行业发展。智能座舱会给从业人员带来什么样的挑战？笔者结合自身经历试举例几个方面。

10.1.1 算力是体验的最大瓶颈

随着智能座舱的发展，更多的屏幕、摄像头和传感器接入座舱，同时需要更多的算法和软件对其数据进行处理。在智能座舱中，除了多个屏幕、界面和动效渲染，以及各种常见应用占用算力，还有很多看不见的功能和技术占用智能座舱的算力，例如语音交互的声源定位、唤醒词识别、声音降噪、ASR（Automatic Speech Recognition，语音识别）离线指令识别、人脸识别、手势识别、DMS（Driver Monitor System，驾驶员监测系统）、AR-HUD 导航、地图导航等，这么多功能同时运行在一颗车载芯片上并不容易，因此选择一个有足够算力的车载芯片保障座舱的用户体验至关重要。

有个细节需要读者注意，车载芯片要比当前手机芯片晚 2 ～ 3 代，以高通的车载芯片为例。高通 2018 年量产的第二代骁龙车载芯片 820A 是以 2015 年的高通骁龙芯片 820 为基础构建的；高通 2021 年上市的第三代骁龙汽车数字座舱平台中，量产装车车型最多的是旗舰级芯片 SA8155P（简称 8155 芯片），8155 芯片的 CPU、GPU、NPU 的性能相比上一代高通 820A 芯片提升了数倍有余，AI 算力为 4TOPS，但这颗芯片和 2019 年的移动平台旗舰处理器骁龙 855+ 的参数几乎一致；2023 年才能用上高通量产的第四代骁龙车载芯片，算力跟 2021 年发布的骁龙 888+ 相近，达到 30TOPS。因此我们可以这么理解，我们设计的座舱体验基本都是基于 2 ～ 3 年前的芯片实现，而且这款芯片将用在未来 2 ～ 3 年的车型上，所以 2021 年的车型仍搭载着 2015 年算力的芯片，算力极度缺陷是很好理解的。

尽管如此智能汽车可以通过 OTA 升级体验，但算力瓶颈就摆在那，同时汽车更新换代没有手机频繁，所以读者设计座舱体验时一定要考虑算力的问题，避免设计和实现完原型发现无法落地。随着技术发展，算力带来的瓶颈问题将逐渐减少，但不可否认的是，未来肯定会有更多新问题出现，例如辅助驾驶和自动驾驶更加成熟，AR-HUD、影音、游戏娱乐会对算力有更多的要求。以 AR-HUD 为例，当 AR-HUD 能结合路面环境显示相关信息时，有不少的问题将会是技术和设计面临的挑战，笔者试着列举几个问题：

（1）AR-HUD 内容如何与路面信息贴合？

（2）信息贴合不好对驾驶员的影响有多少？

（3）AR-HUD 展示内容是否需要根据驾驶员的眼部和头部姿态进行动态调整？

（4）AR-HUD 展示内容时是否能根据路天气、光线等参数进行动态调整？

（5）当 AR-HUD 边界外出现预警时，AR-HUD 该怎么显示相关信息？

（6）如果 AR-HUD 边界外出现预警但不能显示，用户怎么看待 AR-HUD 的作用？

10.1.2 难以遍历完整的驾驶任务

“场景”一词相信读者并不陌生，辅助驾驶和自动驾驶的最大区别是驾驶员是否需要在特定场景下接管汽车。以图 10-1 所示的 SAE 提出的自动驾驶自动化水平为例，什么样的任务才算监视驾驶环境？什么场景下自动驾驶失败需要驾驶员来接管？提前预警的时机是什么？这种情况占总场景的百分之几并不得知。

SAE J3016™ 驾驶自动化分级™

图 10-1　SAE 提出的自动驾驶自动化水平

驾驶场景中拥有自然环境、车况、路况、司机驾驶水平、紧急情况若干个参数，每个参数结合在一起可以得到数不尽的驾驶场景，即使有人能把所有场景遍历完也没有人能把所有的场景实例化以及开发出来，在这种情况下还要提前预判未来几秒会发生什么，这是设计和实现辅助驾驶技术最困难的地方。

研究人员很早就发现了该问题并提出来了动态驾驶任务（Dynamic Driving Task，DDT）的概念。动态驾驶任务是辅助驾驶和自动驾驶中最重要的术语，它是指在道路交通中操作车辆所需的所有实时操作和策略功能，不包括行程安排、目的地和航路点选择等战略功能。研究人员将驾驶的整体行为分为三种类型：战略、策略和操作。战略工作涉及行程规划，如决定是否、何时何地、如何行驶、最佳路线等；策略工作涉及在交通行程中操纵车辆，包括决定是否和何时超车或改变车道、选择适当的速度、检查后视镜等；操作工作涉及可被视为预知或先天的瞬间反应，例如对转向、制动和加速进行微小修正，以保持交通中的车道位置，或避免车辆道路的突然障碍或危险事件。

从以上广泛的定义中我们可以理解为什么这称为“动态驾驶任务”，因为它仅仅是一个驾驶任务的框架。在学术界有学者总结了驾驶场景中包含了什么任务，在《汽车人因工程学》中，作者盖伊 · H. 沃克设计的驾驶层次任务包含 1600 个子任务和 400 个计划，其中涉及一系列的逻辑判断和跳转，笔者在此摘录框架层面的内容，感兴趣的读者可以自行阅读该书籍。但需要注意的是，盖伊 · H. 沃克设计的驾驶层次任务是界定在英国的驾驶任务，读者若要使用应该遵循当地法规和车规。

1. 执行驾驶前任务（Pre Drive Tasks）
    a. 执行预操作程序
    b. 起动车辆
2. 执行基本车辆控制任务（Basic Vehicle Control Tasks）
    a. 使车辆从静止起步
    b. 执行转向动作
    c. 控制车速
    d. 降低车速
    e. 进行方向控制
    f. 通过弯曲道路
    g. 通过起伏道路
    h. 倒车
3. 执行驾驶操作任务（Operational Driving Tasks）
    a. 从路边并入主线交通
    b. 跟车
    c. 行进间超车
    d. 接近路口时的处理
    e. 到达路口时的处理
    f. 穿过路口时的处理
    g. 驶离路口时的处理
4. 执行战术驾驶任务（Tactical Driving Tasks）
    a. 应对不同的道路类型 / 分类
    b. 应对与道路有关的危险

c. 对其他交通工具的响应

d. 紧急情况下的操作

5. 执行战略驾驶任务（Strategic Driving Tasks）

a. 执行检查

b. 执行导航

c. 遵守规则

d. 响应环境

e. 执行高级机动车驾驶研究所（Institute of Advanced Motorists，IAM）系统定义的汽车控制

f. 展示对车辆 / 机械部件的呵护

g. 展示适当的驾驶人举止和态度

6. 执行驾驶后任务（Post Drive Tasks）

a. 将车停在车位

b. 使车辆安全

c. 离开车辆

从该框架可以看出动态驾驶任务涉及一系列流程，每个流程其实又涉及一系列子流程，而这些流程都是需要驾驶员在秒或者毫秒级内做出相应的预判和决策，哪些预判可以交给机器实现从而让驾驶员的工作负荷保持一个良好的状态是辅助驾驶中最难权衡的点。因为一旦出错，错误是由驾驶员负责，还是由车厂甚至是设计该功能的员工负责？因此难以遍历完整的动态驾驶任务将成为设计辅助驾驶体验最大的挑战。有读者可能会问，我们是否可以不关注动态驾驶任务？答案是不可以，因为驾驶体验设计中关注重点永远是安全问题，如果忽略动态驾驶任务，意味着设计的汽车要么是处于 L0 或者 L1 级别的汽车，要么就是辅助驾驶或者自动驾驶出现问题时，由驾驶员听天由命的汽车，笔者相信这两种汽车都不是消费者有意向购买的。

10.1.3 人因工程学的帮助和挑战

基于屏幕界面设计的互联网从业人员可能很少听过“人因工程学”这个词，但这个学科的相关知识在设计汽车座舱、空间交互等体验时必须考虑和运用到。人因工程学（Human Factor Engineering）是一门研究人 - 机 - 环境三者之间相互关

系的学科，简单理解的话，人因工程学研究人的身体构造和功能、生理学以及心理学特点与特性，从而了解人的能力与极限、人与工作系统中其他元素的关系，在其他地区也被称为工效学（Ergonomics）、人因学（Human Factors）、工程心理学（Engineering Psychology）等。

为什么要考虑驾驶任务？这里笔者要先介绍几个理论知识。首先是多重资源理论（Multiple Resources Model），如图 10-2 所示。多重资源理论模型是由美国著名工程心理学教授 Christopher D.Wickens 提出来的注意力模型，他认为不同任务对注意力资源的分配是不同的，所造成的干扰程度也不同。多重资源理论模型强调注意力不只是局限在单一的认知资源，而是存在多个认知资源的概念。Wickens 主张不同感官与不同信息处理阶段都可能有各自独立的认知资源，执行复杂任务时的表现由作业困难度、信息的输入过程、信息的接收方式（即通过哪种感官接收）、编码处理方式和视觉处理过程决定，每个背后都存在一个认知资源。

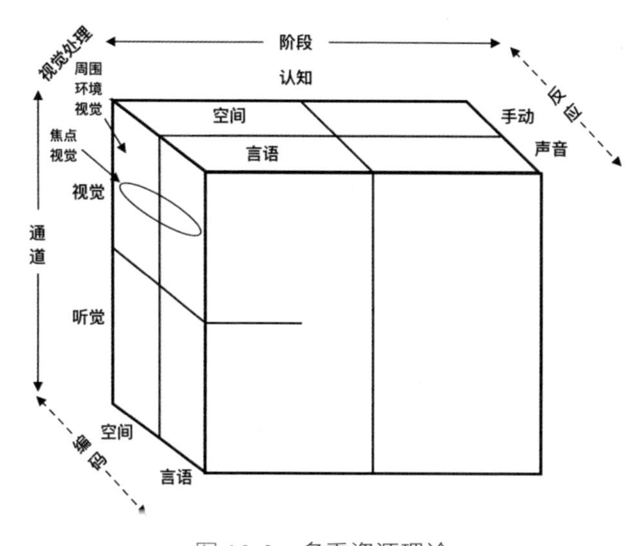

图 10-2　多重资源理论

第二个理论是耶德定律（Yerkes–Dodson Law），如图 10-3 所示。它是心理学领域学习绩效的一个传统理论，常被研究人员用于座舱领域，它在驾驶场景中可以通过衡量驾驶员的工作负荷解释当前会出现什么问题。第一种情况是驾驶员需要同时关注和决策多项事情，认知资源已经处于过饱和状态，这时驾驶员工作负荷会特别高，从而手忙脚乱；第二种情况是驾驶员的工作负荷过低很有可能已经产生驾驶疲劳；第三种是在辅助驾驶或者自动驾驶情况下，驾驶员长期不关注路面环境导致注意力缺失，以上问题都容易造成危险。

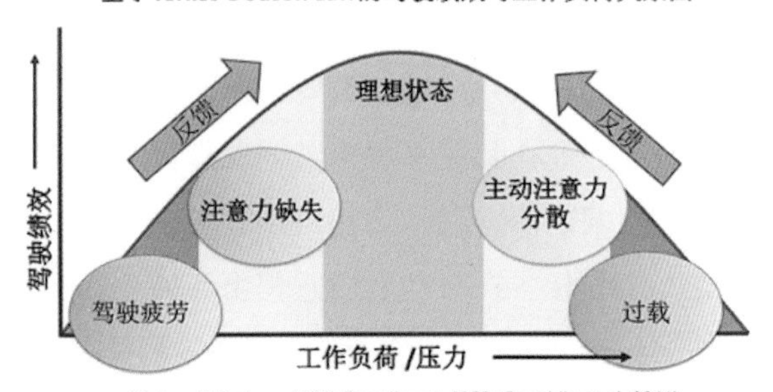

图 10-3　耶德定律

第三个理论是态势感知（Situation Awareness），态势感知也被称为情境意识，是指人对所处的状态和周围的环境拥有正确的感知、理解和预测。驾驶员开车的过程可以简单抽象为对周围环境进行数据采集，然后加工处理、进行决策、采取行动、操作车辆。如果驾驶员长时间没有采集数据，当车辆突然需要驾驶员对其进行操作，例如，辅助驾驶需要驾驶员突然接管，这时驾驶员因为对环境没有一个正确的感知，很容易出现决策失误、操作延迟等问题导致事故。因此，在辅助驾驶或者自动驾驶情况下，尽管驾驶员不在操控车辆，也需要驾驶员保持良好的情境意识，否则最简单的操作也可能出错。

第四个理论是 SRK 模型（Skill-Rule-Knowledge Model），该模型描述了人机环境中的人类行为和决策以及由此产生的错误。它常用于航空领域，由丹麦系统安全和人为因素教授 Jens Rasmussen 开发。SRK 模型描述了基于技能的操作对人的工作负荷最低，如果形成了习惯行为，对人的注意力要求也是最低；如果是基于知识的操作，对人的工作负荷和注意力要求也是最高的。

这四个模型综合在一起能解释很多事情。例如，新手司机需要非常专注地看着前方开车，因为他的驾驶操作仍处于知识层面，这时对新手司机的工作负荷和注意力要求是很高的，当有其他事项影响到新手司机导致认知资源过载，很容易发生危险。但对于驾驶熟练的司机来说，驾驶操作已经成为技能，他无须将大部分的认知资源放在路面上，这时许多简单的任务可以同时进行，他可以在处理非驾驶任务的同时，通过余光来留意前方的路况，从而判断是否继续完成当前任务。尽管老司机在同时进行多任务，但他瞟一眼就能感知、理解当前状况，并做出正确的预测，所以他的情境意识、工作负荷都处于良好的水平，不容易造成失误。

关注驾驶任务有以下目的：第一是判断当前驾驶任务是否需要驾驶员投入更多的认知资源，如果需要更多认知资源是否容易引起驾驶员注意力分散甚至工作负荷过载，如果是，要么提前让驾驶员放下其他非驾驶任务，专注于驾驶任务；要么将信息通过驾驶员空闲的感官通道传递给驾驶员，多重资源理论解决的就是这个问题。第二是哪些驾驶任务在自动驾驶过程中需要驾驶员接管，这些都需要提前识别出来并预留一定的时间给驾驶员提高情境意识。

既然工作负荷、注意力、情境意识都会决定驾驶安全，那么它们该如何测量？常见的方法是通过主观量表和客观数据进行评估，客观数据主要通过测量眼动、脑电、肌电、皮电和心电等方式获取。由于脑电、皮电和肌电需要佩戴设备才能监测，所以很难用于驾驶环境中。眼动和心电目前已逐步落地到座舱里，但怎么利用相关数据构建工作负荷、注意力的评估仍是业界和学术界关注的问题。

除了以上理论，驾驶员在座舱里接收信息和操作设备是在一定空间内进行的，所以设计交互体验时应该遵循人机工程学，手部操作空间和视线范围的结合能帮助读者设计出更完整、更舒适的交互体验，如图 10-4 和图 10-5 所示。在此笔者不做过多的介绍，感兴趣的读者可以自行查阅相关资料。

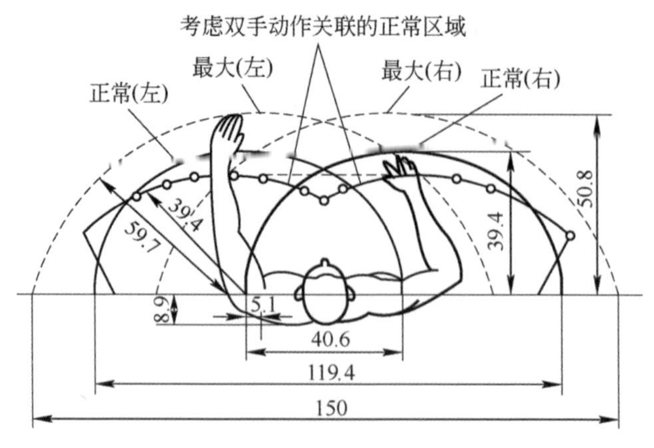

图 10-4　手部操作空间（单位：cm）

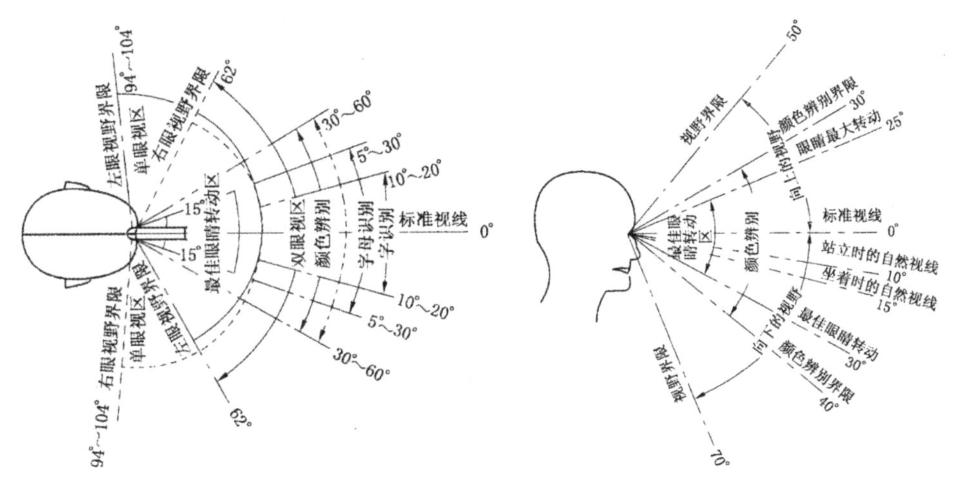

图 10-5　人眼视线范围

总的来说，座舱是一个固定的小环境，司机和驾驶座的关系是基本不变的，我们确实可以通过各种传感器以及数据分析为司机提供准确的服务，但由于算力的瓶颈以及算法仍需要完善，怎么做好容错的设计仍需要产品经理、设计师和开发人员的共同努力。至于自动驾驶几时到来以及它需要什么样的用户体验都是业界正在探索的方向，但无论怎么样，如何基于人因学做到以人为中心的设计仍是设计的重点思路。

10.2　虚拟现实

早在 2019 年的 Oculus Connect 上，Facebook（现在的 Meta）CEO 马克・扎克伯格就曾表示，VR 平台需要达到约 1000 万用户的门槛，才能成为一个可持续的、可盈利的开发者生态系统。在 2021 年 11 月，高通首席执行官克里斯蒂亚诺・阿蒙（Cristiano Amon）在高通 2021 年“投资者日”上表示，Meta 已经售出了 1000 万台虚拟现实头盔 Meta Quest 系列。毫无疑问，2021 年是 VR 再次爆发的一年，无论是国外的 Meta Quest，还是国内的 Pico VR 设备，都已经拥有成熟的技术为用户带来良好的体验，但以下问题仍需要读者密切保持关注。

10.2.1　20 毫秒的制约

为什么头戴式显示设备刷新率拥有 90Hz？因为有研究报告证明，当 VR 渲染帧率低于 90FPS，也就是 VR 的时延高于 20 毫秒，用户的头部运动和虚拟世界的运动之间的分离开始感觉不同步，导致迷失方向甚至出现晕眩。因此为了让用户获得舒适的体验，VR 内容也需要达到每秒 90FPS 的刷新率。

让 VR 内容时刻保持 90FPS，内容时延低于 20 毫秒的难度大概有多少？我们将延迟定义为用户头部移动和屏幕上显示更新图像之间的总时间，它包括传感器响应、融合、渲染、图像传输和显示响应的时间，即使不管其他手势识别、姿态跟踪、SLAM 等算法，刚才的 4 步操作只能有 4 毫秒的工作时间，每一步多工作 1 毫秒都会容易让用户感到不适。尽管当前 Meta、Pico 等公司已经让 VR 设备处于可用状态并初步解决了以上问题，但由于算力的限制，加上 VR 眼镜中两个画面都是单独渲染的，以及开发人员无法控制系统延迟的许多方面（例如显示更新率和硬件延迟），如何确保 VR 体验不会滞后或丢帧很重要。

为什么当前 VR 的 3D 内容，尤其游戏里的界面跟 21 世纪 10 年代的游戏没太大区别，就是因为上述原因导致的。现在我们在桌面端甚至移动端为了追求视觉效果，素材将具有大量多边形以及大尺寸的图像纹理，整个场景需要渲染的模型数量也更多。这些素材理应放进 VR 设备里，甚至要超越当前的视觉效果，例如需要 CG 动画般的视觉效果才能体现出 VR 的沉浸感和真实感。但由于 VR 设备无法承受高质量模型的实时渲染，为了保证性能只能让 VR 中的素材精简到整个产品运行起来时延低于 20 毫秒。

精简模型最理想的解决方案是在不影响形状的前提下，尽量减少模型的三角形数量。在模型没有变得模糊或质量不佳的情况下，尽可能减小纹理尺寸。但这也带来新的问题，尤其是从网上下载的模型，需要考虑以下问题：如果模型多边形的数量庞大，以及纹理贴图有好多张，读者可以接受优化它们所花费的时间吗？关键在于优化到什么样的程度只能通过实机测试才能知道。如果读者是从 0 到 1 为 VR 设计素材，请记住删除素材上那些永远不可见的面，还有如果创建的 3D 模型离相机镜头很远，即用户看到的远处效果，那么 3D 模型不需要太多细节，多边形的数量越少越好，纹理也无须太精细。

除了视觉效果，在 VR 中也避免运行一些较为复杂的程序，尤其跟 AI 相关的算法，因为在程序无法控制系统各方面延时的情况下它们可能会让体验更差。因此，在 VR 算力没有更大突破的情况下，产品体验和视觉效果只能做得非常简单。

10.2.2 错误的细节都会引起不适

除了上文提及超过20毫秒的时延容易引起用户的晕眩感以外，错误的细节也会让用户产生不适感。下面先来做个简单的测试，读者可以将手指靠近眼睛，然后看远处的东西。即使手指在你的视野中，它也是模糊的。接下来不要移动头部将双眼集中在手指上，这时手指变清晰了但远处变模糊了。出现这种现象的原因是我们的双眼跟两个高速相机一样，手指模不模糊跟相机对焦有关，当双眼在手机区域对焦成功的画面内容会传送给大脑做信息加工处理，从而让人感受到立体效果。

在VR中左右两侧屏幕显示的内容，即两个相机镜头捕获到的内容默认等同于双眼看到的内容。但每个镜头的焦点是由制造厂商提前设定的，用户只能在VR环境中某个区域获得立体视觉，其余地方由于镜头焦点无法根据人的双眼焦点发生变化导致用户无法获取该区域的深度信息。假设一个物体频繁地在用户面前来回晃动，当物体离用户过近时，用户看到的是模糊的重影，久而久之眼睛容易产生疲劳。

以上是头戴设备自身产生的问题，内容层面无法正确表示对象的深度也将破坏VR体验。上文提到了通过双目调焦获得立体视觉是处理深度信息的众多方式之一。还有许多视觉深度线索是基于单眼的。也就是说，即使仅用一只眼睛观看它们或出现在双眼观看的平面图像中，它们也能传达深度。另外一种深度线索是运动视差，或物体和不同距离在头部运动过程中以不同速率运动的程度。其他深度提示包括：曲线透视（直线延伸到远处时汇聚）、相对比例（物体越远时越小）、遮挡（更近的物体挡住了更远的物体）、空中透视（远处的物体由于大气的折射特性，看起来比近处的物体更暗）、纹理梯度（重复的图案在远处变得更密集）和照明（高光和阴影帮助我们感知物体的形状和位置）。如果以上深度信息读者在设计时考虑不周全，由于深度信号的冲突，体验可能会变得不舒服或难以查看。

在前面第6章已经提到手势识别的问题，在这里笔者不再重复。在VR中手势交互存在着另外一个问题，就是虚拟前臂和肘部的识别很难正确，在不加新的传感器的前提下识别用户前臂和肘部很难，因为很难构建虚拟前臂和肘部。如果虚拟前臂和肘部和用户的前臂和肘部无法匹配上，那么用户会因为本体感觉引起不适。什么是本体感觉？本体感觉是我们身体在空间中的位置和运动的意识，是对来自肌肉、关节、肌腱和皮肤受体的信息进行处理的结果。因此人即使在黑暗环境下或者闭眼的情况下，也能感知到自己的肢体在物理空间中所处位置。当用户运动时发现 VR 环境里的虚拟手臂跟自己的真实手臂位置和动作不一致时容易产生困惑，如果因为这样的困惑导致动作发生变化，那么有可能导致任务无法进行下去，这样的问题经常出现在细微的动作体验上，例如我们双手握操控器然后在 VR 游戏中给枪支上弹药，VR 里要求的动作越真实，我们越无法完成相关操作。

不适感的研究可以基于人因学展开，尽管这些问题在 VR 发展过程中仍会存在，但它们不会严重影响 VR 的发展。读者在设计 VR 体验时可以参考 Oculus 的设计规范，但也需要基于以上问题考虑该怎么权衡算力、人机工程学和体验之间的平衡。

10.3 基于头戴设备的增强现实

2013 年 Google Glass 的发布曾让 AR 眼镜火了两年，2016 年 Pokemon Go 的推出以及苹果、Google 的 ARKit 和 AR Core 的出现逐渐让基于手机的 AR 应用出现在公众视野，Magic Leap One、HoloLens、Nreal 等 AR 头戴设备也陆续推出。尽管 AR 应用和设备推陈出新，但 AR 存在的技术问题过多，例如发热量大、电池续航以及算力不足等，这些都会导致使用场景受限以及体验不佳。以下是 AR 体验设计时不可避免遇到的两个问题。

10.3.1 配准误差难以完全控制

在 8.2.2 节提及在 VR 中用户虚拟手臂和真实手臂位置存在误差也会让用户感到不适，这问题在 AR 中更严重，即使虚拟手和真实手有 1cm 的误差也会被眼睛觉察到，如何做到 100% 贴合被称为配准（Registration）。由于 VR 的高精度要求和现实环境中存在着众多误差源，配准误差难以完全控制。在论文 *A Survey of Augmented Reality* 中提到 AR 中误差源可以分为两种：静态和动态。即使用户的视点和环境中的对象完全静止，静态错误也会导致配准错误。静态错误的四个主要来源如下：

（1）光学畸变，例如广角摄像头就存在着图像畸变的问题。

（2）跟踪系统中的错误，例如光学系统分辨率不够导致的识别错误。

（3）机械未对准，例如硬件中光学器件和监视器不在预期的距离上，这些都是硬件组装时存在的常见问题。

（4）不正确的观看参数，例如 AR 显示器没有结合用户眼睛的瞳距等因素显示内容。

动态错误是指系统响应延迟或者传感器精准度问题导致的错误。在 10.2.1 节提及过时延来自传感器响应及融合、渲染、图像传输和显示响应的时间总和，用“时间差 × 速度 = 距离”来解释的话，当时延越高，越远地方显示的虚拟内容和贴合对象的误差越高，配准性越低。传感器精准度带来的问题是由于在 AR 中视觉追踪系统和惯性追踪系统基于完全不同的测量系统，视觉追踪系统是基于相机传感器上的像素和现实世界中的点进行精确匹配；而 IMU 测量的是加速度，而非距离或者速度。随着时间的增长，IMU 读数的误差累积非常快，两者之间无法完美地配合导致 AR 显示内容容易出现漂移现象，这也是为什么 AR 应用需要经常重新校准位置的原因之一。

因此，限制 AR 应用的基本问题之一是如何使现实世界和虚拟世界中的物体相互正确对齐，否则两个世界共存的错觉会让用户感到不适甚至造成重大影响，例如外科医生在用 AR 做肿瘤手术时虚拟肿瘤没有和真实肿瘤的位置对齐，整个手术很有可能失败。

10.3.2 深度知觉带来的影响

在人因研究中发现，人会通过多种深度知觉线索来判断物体的位置和距离，而 AR 内容如何做到和真实的物体完美配置还需要考虑如何实现各种深度线索。

在现实生活中，用户可以运用双眼视差来计算物体的距离，而这种能力是由于两只眼睛的水平距离相差 5 ～ 7cm 而接收的不同图像所造成的深度感知。双眼视差对于近距离的物体是一个很强的深度线索，但是双眼视差会随着物体离用户的距离增加而减少，其强度随着物体的远离而减弱。AR 眼镜如果要利用双眼视差传达深度信息，只能结合用户瞳距和眼球运动情况实时更新两个镜片所显示的内容，然而现在眼动追踪存在一定的漂移问题，因此 AR 眼镜如何为用户提供虚拟物体的正确双眼视差是技术上的一个挑战。

当用户处于运动状态，环境中物体的相对距离决定了它们在视网膜影像上相对运动的大小和方向，这个被称为运动视差。举一个生活中的例子，当车辆行进的时候，我们坐在车里看到近处的景物飞速运动，而远处的景物缓慢运动，因此我们可以根据物体运动的不同速度来断物体的远近。

当一个不透明物体遮挡住另外一个物体，我们能知道前者离用户的距离近于后者，因此遮挡是一个很强的深度线索。在 AR 中由于虚拟物体都具有一定的透明度，与我们在真实环境中所习惯的遮挡不同，同时真实物体要做到遮挡虚拟物体需要对虚拟物体模型进行裁剪，实现成本很高，所以遮挡作为深度线索没有真实环境中有效。

除此之外，物体的相对大小也是深度信息之一，简单来说就是近大远小。但是在 AR 里，如果没有其他线索，有时候很难分清这个物体是变大了，还是距离变化了。相对密度与相对大小类似，如果大小已知的物体放置在 AR 环境中，观察者能够通过其纹理的缩放来估计物体的距离，而这个线索会因为 AR 眼镜分辨率的限制而受到影响。

目前有两个深度线索 AR 眼镜无法使用，第一个涉及眼球的肌肉运动。两眼中心视线之间的角度称为辐合，当聚焦于近处的物体时，辐合的角度大，而当聚焦于地平线时，辐合的角度趋近于 0。辐合线索与双眼视差交互。不同于双眼视差，辐合线索是一种眼球肌肉线索，因为它取决于眼球肌肉的运动，而双眼视差不取决于眼球肌肉运动。同样，辐合线索的效果也随物体的远离而减弱。在 AR 系统中，辐合线索通常没有得到应用，作为一种眼球肌肉运动线索，AR 显示几乎无法正确地模拟视觉系统的辐合线索，因为这涉及实时地对使用者的眼动进行补偿。

第二个是人眼自然地聚焦于感兴趣的物体上，这种改变聚焦距离的过程叫作调节。这一线索在近距离到中等距离比较有效，在远距离时则失去效果。在 AR 系统中，调节线索通常也没有得到运用，因为通常情况下，AR 显示是通过小孔成像原理，视野中所有的物体都在焦点。如果使用虚焦渲染，则需要耗费很大的计算资源，从而很少在交互系统中使用。

以上问题是 AR 领域存在已久的问题，如果得不到很好的解决，用户难以构建 AR 内容的深度感知能力，体验效果仍会不佳。最后，AR 眼镜带来的不仅仅是技术的随身化，隐私问题也随之更为突出，它会给使用者之外的公众带来隐私担忧。试想未来如果 AR 眼镜也像现在的智能手机一样，成为普通人的标配，当你步入一个公开场合时，还敢随便说什么、做什么吗？小心，你说的每个字、每个小动作都可能被其他人记录下来并通过互联网即时发布。AR 眼镜使得隐私被侵犯的成本也大大降低，人们保护自己的隐私也变得更加困难。因此笔者认为 AR 几时会真正普及，首先解决的是隐私问题，但如何解决仍是一个未知数。

10.4 数字人

1989 年，美国国立医学图书馆发起“可视人计划”（Visible Human Project），这是人类历史上首次提出“虚拟数字人”的概念。2007 年，日本公司 Crypton Future Media 利用计算机动画和语音合成程序推出了虚拟声优“初音未来”，引发了全世界的轰动。这也是世界上第一位被广泛认可的虚拟数字人。随着技术的发展，虚拟数字人成为由计算机图形学、图形渲染、动作捕捉、深度学习、语音合成等计算机手段创造及使用，并具有多重人类特征（外貌特征、人类表演能力、人类交互能力等）的综合产物。2019 年，美国影视特效公司数字王国软件研发部负责人 Doug Roble 在 TED 演讲时展示了自己的虚拟数字人“DigiDoug”，可在照片写实级逼真程度的前提下，进行实时的表情动作捕捉及展现。在整个虚拟数字人制作过程中，流程可以分为建模、驱动和渲染，笔者将抽重点讲述设计师在以上过程中存在的挑战。

10.4.1 建模和渲染之间的平衡

建模有很多方法，省时省力的方式是通过照片转换成 3D 人脸，但精度和细节仍不够真实，当人脸模型左右移动或者面部肌肉发生变化时我们能明显感受到效果不真实。效果真实但成本高昂的方式可以通过相机阵列扫描为人物建模，现在的相机阵列已经可以实现毫秒级甚至亚毫秒级的高速拍照扫描来满足数字人扫描重建需求，但这种方式更多服务于好莱坞大型影视数字人制作。

效果好、成本较低但费劲的方式莫过于通过“捏脸”的方式去实现。著名游戏公司 Epic Games 旗下的虚幻引擎（Unreal Engine）发布的 3D 高保真数字仿真人平台 MetaHuman Creator。MetaHuman Creator 的数字人类创作可以让创作者自定义所有内容，从嘴唇伸缩到眼睛距离、皮肤颜色、牙齿形状、皱纹形态、毛细血管和胡须等，以及抬起或放下眉毛，改变颌骨的形状和耳朵的高度，甚至睫毛的长度也是可以改变的。除了极高的创作自由，MetaHuman Creator 同时兼顾了光线在面部不同条件下的变化。当他们移动脸部时，阴影会随之改变，光线在浅色皮肤的女士和深色皮肤的男士身上呈现的效果则完全不同。AYAYI 正是基于 MetaHuman Creator 开发的超写实数字人，如图 10-6 所示。在小红书亮相后，AYAYI 火速吸引到了各大品牌抛来的橄榄枝，坐拥数十万粉丝，成为 2021 年的新晋网红。

图 10-6　数字人 AYAYI

如果我们不考虑实时交互的话，数字人可以通过离线渲染拥有超丰富的细节，从而达到以假乱真的效果。以电影《阿丽塔：战斗天使》为例，主角阿丽塔头上有超过 13 万根头发、2000 根眉毛、480 根睫毛，为了让阿丽塔脸上最显眼的部分——眼睛不“露出马脚”，技术人员完整还原了人眼中的所有肌肉物理结构，直接导致阿丽塔的虹膜像素达到 900 万个，做到了史无前例的精细。据统计，《阿丽塔：战斗天使》制作过程中动用了三万台计算机，仅场景的渲染就花了 5.5 亿个小时，平均每帧花费 500 个小时。

如果我们要求在实时直播或者实时交互实现这样的效果是不允许的，与离线渲染相比，实时渲染每秒至少要渲染 30 帧，即在 33 毫秒内完成一帧画面渲染，没有公司愿意用十万台计算机来渲染一个数字人，也没有用户愿意花几百个小时等待一帧动画。由于计算资源有限，同时实时渲染的每一帧都是针对当时实际的环境光源、相机位置和材质参数计算出来的图像，所以用于实时直播或者实时交互渲染效果会大打折扣。

以 digitalhumans 的 Sophie 为例，图 10-7 中下面两张图是在实时交互中 Sophie

的渲染效果，能明显看出 Sophie 的分辨率和细节都比上方第一张图要差。这是为什么？因为 digitalhumans 公司需要考虑服务器、带宽成本等因素，不可能为所有人开启高分辨率和高精度的渲染设置。所以读者在设计虚拟数字人时需要考虑数字人模型放在哪？如果模型放在客户端渲染需要考虑模型盗窃以及客户端是否性能足够，以及体积大小和下载速度是否会让用户流失，如果放在服务器渲染则需要考虑多人同时访问的问题，这些问题跟思考客户端游戏以及网络游戏的体验问题无异。最后提醒一句，在 10.2.1 节已经提及了 VR 性能的问题，所以读者在做 VR 数字人开发时尤其需要关注 VR 的性能问题。

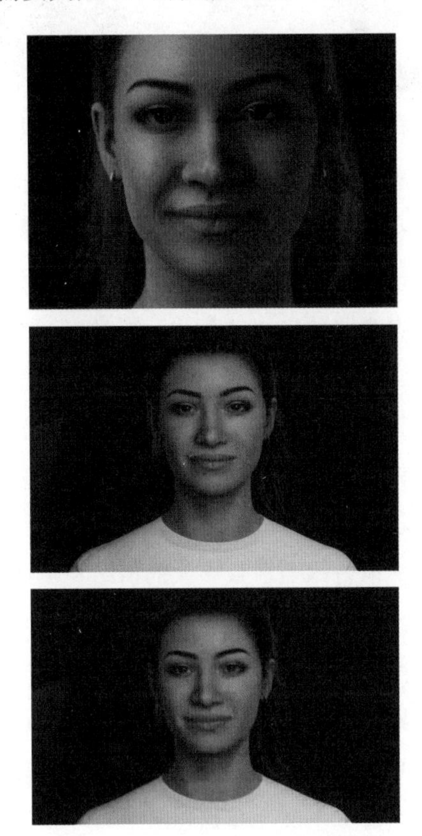

图 10-7　digitalhumans 的 Sophie

10.4.2　如何驱动数字人是关键

驱动数字人有两种方式，即真人驱动型和计算驱动型。在真人驱动中，在完成建模和关键点绑定后，通过动作捕捉设备或摄像头将基于真人的动作 / 表情等驱动虚拟数字人。由于背后有真人操作，真人驱动型在动作灵活度、互动效果等方面有明显的优势，如图 10-8 所示。

图 10-8　美国虚拟主播 CodeMiki 采用真人驱动方法调整虚拟主播的动作及标签

计算驱动型是近年来多模态技术和深度学习发展的技术集大成者，笔者先介绍一下真人说话时有什么细节是我们平时留意不到的。真人在说话时嘴型的变化与说话内容的发音有关，嘴型的变化也会带动面部肌肉变化。除此之外，人说话的过程中会通过肢体语言来强化自己的表达，同时也有一些细微的小动作，例如眨眼、微点头、挑眉等。虚拟数字人的面部表情、语言表述内容、肢体表达已经有不同的计算模型和指令驱动，但怎么把它们融合在一起是关键。

由于发音和嘴型变化有着强烈的关系，所以数字人可以通过文本驱动生成语音和对应动画，业内将此模型称为 TTSA（Text To Speech & Animation）人物模型。但面部肌肉变化以及肢体语言跟当前数字人的情绪和个性有关，肢体语言可以通过在某个位置触发某个预录好的肢体动作数据得到，而面部肌肉只能根据预设好的情绪结合当前的说话内容发生变化。同理，在语音合成方面，它跟当前智能语音助手也会有明显的差异，因为数字人是一个“人”，它说话需要带有情感，这种情感的变化跟上下文是息息相关的，但截至本书出版前，笔者暂未看到有良好的模型可以完整地理解当前上下文，并且能基于对方和说话内容形成良好的情感表达，这也是我们会觉得数字人“冷冰冰”或者表现僵硬的原因。

Epic Game 公司旗下的 Cubic Motion 对数字人类的面部有许多研究，其公司的首席技术官史蒂夫·考尔金（Steve Caulkin）认为，许多细微的情感将通过眼睛传达，凝视的方向和焦点表明角色的注意力在哪里，细微的睁大眼睛和斜视暗示着情感。人物的嘴唇必须看起来与角色的言语完全一致，而且不能忽略脸部和身体的其他部分：眼睛的运动需要与头部的运动一致，人体的一切结构都需要连贯，这些细节都是设计数字人时需要考虑的。

当前绝大部分的语音助手是基于任务和问答进行对话，这种对话类型在语音交互中被称为“封闭域”。闲聊被定义为“开放域”类型对话，因为闲聊跟上下文强相关，同时它跟用户兴趣、记忆有关，计算机无法推理出用户想聊的是什么。同时闲聊带有明显的情感色彩，所以当用户发起闲聊，语音助手很有可能表现得“一问三不知”，因为语音助手背后没有足够的数据和算力计算出用户想得到什么样的答案。2021 年 Fable Studio 的新虚拟数字人 Charlie 和 Beck 后台将由 GPT-3 支撑，据说生成类语言模型的加入明显提高了 Charlie 和 Beck 的日常交互能力，这也将是 GPT-3 实现商业化的全新途径。从以上可以看出，基于自然语言处理的对话能力将成为数字人的核心和大脑，知识图谱、业务问答库都能增强虚拟数字人的业务互动能力，但基于情感理解和交互的闲聊方式将持续影响用户对于数字人的好感，如何将“封闭域”和“开放域”有机结合在一起也是数字人的一大挑战。

恐怖谷理论（Uncanny Valley）是用来描述逼真的拟人实体（如机器人）与它引起的情绪反应之间的关系，如图 10-9 所示。如果一个实体足够拟人，那么它的非人类特征就会非常显眼，这一特征的完善程度会影响了人们是该感到害怕还是感到愉悦。

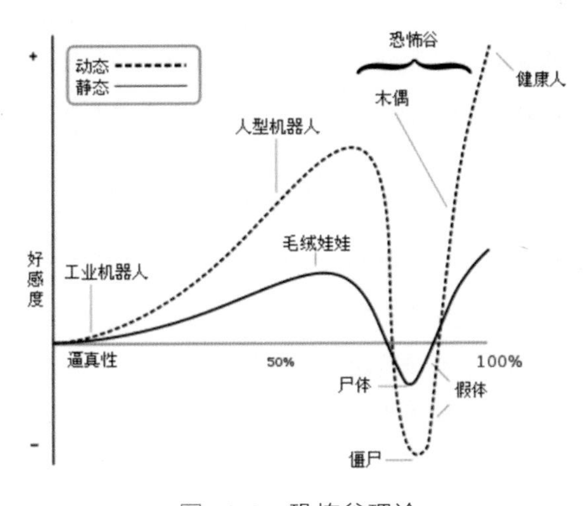

图 10-9　恐怖谷理论

引起恐怖谷效应的不仅是僵硬的面部，也有可能是眼睛、情绪甚至数字人身体的运动。在和人交互的过程中，如果数字人可以根据人的表情识别进行反馈，那么数字人错误地将一个愤怒表情识别成微笑表情会直接影响后续交互流程。同时，在交流过程中听错、错过对话中的词语，导致数字人理解失败从而喃喃自语也有可能引起恐怖谷效应。人类在说话时会自然而然地产生肢体动作，尤其是意大利人说话时有着各种丰富的手势，那么数字人说话时的手势错误表达也会对整个体验产生影响。为了让数字人有更好的体验，组成它的技术仍有不少困难需要克服，如图 10-10 所示，因此虚拟数字人还有很长的路需要走。

数字人需要的技术

自然语言处理	语义记忆
语音合成	情景记忆
反应分析	面部动画
情境意识	肌肉系统
面部识别	血液流动
情绪分析	运动/动画
检测/分类/分割	实时光线追踪

图 10-10 数字人的技术组成

10.5 空间交互

多模交互和跨设备交互的发展让用户可以从空间中获取和输入信息，如果说座舱是一个固定的小环境，司机和驾驶座的关系是基本不变的，那么在房间、公共空间里用户的随意走动可以跟任何设备发生关系和脱离关系。如何感知用户的行为但不侵犯到用户隐私，这问题在空间交互中变得非常重要。

10.5.1 摄像头、传感器的精度是否支撑设备的交互行为

由于智能设备涉及时间、空间和人三个因素，因此需要考虑不同的交互任务或者活动会给用户带来什么样的影响，基于不同场景需要考虑的交互细节会有所不同。以家庭为例，用户在家里的场景可以归纳为工作场景（办公、做饭）、娱乐场景（听音乐、看电视）和休息场景（吃饭、睡眠），读者在设计智能家居时有没有考虑过以下基础问题：

（1）你的设备支持什么样的交互行为，语音交互、手势还是肢体交互？

（2）设备支持近距离还是远距离的交互行为？

（3）多远的距离可以自动触发设备的激活？

（4）多人在场的情况下如何保证交互对象不会出现问题？

（5）有没有考虑过在房间里需要用什么样的摄像头或者传感器可以实现交互行为？

（6）摄像头和传感器能安置在哪个区域？

（7）隐私问题如何得到保障？

（8）设备算力是否支持实时交互的识别和判断？

无论在哪个场景，实时交互和隐私都是智能设备需要提前考虑的问题。实时交互的识别和判断只能通过边缘计算，也就是基于设备本身的算力来计算，因为通过云端计算网络的时延无法满足实时交互需求。基于摄像头的手势识别、肢体动作识别和人脸识别可以运行在设备上，但存在着视野和精准度的问题。产品需要覆盖多大的视野要么采用更大的广角摄像头，要么放在更远的地方，采用广角摄像头有可能存在图像畸变的问题，放在过远的地方有可能让识别目标过小无法识别。读者可以试一下在 3 米外拍摄一下自己的手掌，每根手指只占画面千分之一，所以手势识别准确率会较低，除非摄像头能识别到手掌并主动放大相关区域，但这也有可能带来图像失真导致识别准确率下降的问题，所以读者需要基于摄像头参数以及使用的算法动态调整可识别区域的范围和距离，并基于此设计相关的交互行为。

如果设备需要获取深度信息，例如用户有没有用手摸了哪个区域，那么 Tof 摄像头、双目摄像头或者结构光摄像头必不可少，它们的精度也会直接影响交互的识别，同时识别区域内物体的移动也会直接影响这些摄像头对区域的重构和识别；如果对隐私保护有强烈的需求，基于边缘计算的需求更强烈，但仍担心摄像头侵犯用户隐私，那么只能基于毫米波、激光雷达等方式识别，以上内容读者请参考第 6 章。

10.5.2 隐私问题带来的影响

关于隐私问题，除了识别问题还存在交互问题。一个房屋中存在各种利益相关者的关系，包括父母、子女、伴侣、室友和非居住者。例如在多用户共享智能音箱时，普遍存在的安全和隐私问题是，用户对智能音箱中哪些数据是所有用户可见，哪些是私密的。人们普遍担心在多用户交互过程中出现语音的错误匹配，对个人信息的不适当访问，以及对其他偶然用户的数据误用。例如，如果访客用智能音箱播放用户不喜欢的音乐，将会改变智能音箱对用户本人的音乐建议。在这种情况下，访客对功能的平等访问权会导致设备所有者承担后果。对于这些担忧，研究发现用户要么采取了回避策略，即不使用某些功能，要么采取了接受策略，即信任别人，采用一些设置或者无奈接受等。

一方面，在共享相同的物理空间时，人们可能有不同的隐私需求，因此对智能音箱记录的信息类型，以及对在音箱附近的行为可能有不同的看法。以播放音乐为例，有些人可能觉得智能音箱能够学习并了解有关他们的某些信息（例如，早上的例行活动：喜欢的音乐、天气、交通等）是一件好事，因为它可以提供个性化的服务，使生活更便利。但有些人可能觉得不需要被智能音箱和后台知道他们家里的某人喜欢什么音乐。对于一些更私密的活动，为了防止智能音箱意外被激活，有些人会在进行一些亲密互动的时候将智能音箱静音，但也有人认为在不使用智能音箱时将其静音是一种偏执的行为。

在智能家居共享空间中，不同用户之间获得和使用智能设备的能力、权利、兴趣方面存在差异，从而导致或加剧人际之间的冲突或紧张关系。类似前文智能音箱案例中提到的，不同用户存在不同的隐私需求和对信息的不同访问权限。智能设备的所有者通常可以访问、控制更多功能和信息，而其他被动用户则遵循前者的默认控制权和代理权来解决冲突。随着智能家居设备的普及，对安全和隐私敏感的设备（例如智能音箱、智能门铃）将引发更多关于技术滥用的担忧。

以上是一个设备存在的问题，如果存在着多款设备，那么相互兼容依然是智能设备面临的最大问题。不幸的是，安装许多设备和平台会导致这些智能设备小工具无法彼此相互通信。亚马逊等制造商喜欢设计为其专有平台制造的设备（Echo 或 Alexa）；因此，亚马逊的技术通常无法与其他系统（例如 Google Home、Apple Home 或 Bose）一起使用，这问题已经逐渐被亚马逊、苹果等厂商解决，它们正在构建 Master 协议来打破各个厂商之间的壁垒，但这个协议几时能流行起来仍是一个问题。

10.5.3 场景的复杂度

如果设备的基础问题已解决，那么在设计交互任务或者活动时我们不妨问自己以下问题：

（1）当前用户在做什么？

（2）如果用户当前任务被打断，用户需要多少努力才能重新开始任务？

（3）交互任务对于时间的要求是否较高？

（4）交互任务的时长需要多久？

（5）交互任务对用户产生的工作负荷是否较高？

（6）当空间内有其他人的情景下，交互任务是否会泄露个人隐私？

（7）当空间内有其他人的情景下，交互任务是否会影响到其他人？

（8）哪台设备最适合发起交互？

问题（1）和问题（2）很好理解。在不同场景下用户的身体状态和精神状态会有所不同，例如用户在写作和看电视时的工作负荷以及心流会不一样，这时候突如其来的电话会打断用户写作时的思绪，但对看电视的体验影响较小；如果用户在深度睡眠，这个电话的影响是不言而喻的。是否有必要打断用户当前任务是问题（2）和问题（3）的初衷，如果不是，笔者建议读者不要通过语音交互发出通知。还有一个建议，请思考如果在不适当的时间发送此通知，最严重的影响是什么？问题（2）、（4）、（5）是关联的，当用户正在处理工作负荷高的任务，如果插入一个高工作负荷或者较长时间的任务，这对用户的影响较大，例如用户在做饭的过程中一堆工作消息突如其来并且需要处理。问题（6）和问题（7）很好理解，在这不过多阐释。结合问题（1）～（7），我们应该从紧急程度、时间长度、工作负荷、隐私、干扰度等维度对交互任务进行优先级划分，避免多个设备产生的任务对用户生活带来过多的打断和干扰。

问题（8）跟多设备响应有关。亚马逊在发布第一代智能音箱 Echo 的时候假设每个家庭中只有一个 Echo 设备，但是自从价格更实惠的 EchoDot 出现后，家庭基于 Alexa 语音助手的设备越来越多。当用户呼喊“Alexa”，全部的 Alexa 设备都会被唤醒，我们可以想象被一群吵吵嚷嚷的孩子包围的感觉是怎样的。解决该问题有两种方法：一种方法是给不同的设备单独起一个名字，很明显这是有效的方法但会增加用户的记忆负担；另外一种方法是设备仲裁，即所有设备接收到指令后会自行选择最佳的设备和用户进行交互，这时候要求所有设备彼此了解并能够实时通信。随着用户拥有的设备数量越来越多，交互方式越来越齐全，设备仲裁将变得更加关键，设计设备仲裁时可以参考以下因素：

（1）哪台设备最近时间被用户使用？

（2）哪台设备距离用户最近？

（3）哪台设备最近时间的使用频率最高？

（4）该设备拥有的模态种类是否满足信息展示的需求？请结合表 10-1 进行考虑。

表 10-1　不同模态需要考虑的问题

输出方式	问题描述
视觉效果	1. 显示的信息需要多少空间和时间？ 2. 信息将采用什么形式展示，灯光？颜色？文本？图片？视频？动画？
听觉效果	1. 采用音效、音乐还是语言展示信息？ 2. 播报内容的长短是多少？ 3. 是否需要考虑语言中语调、语速、音量的设计？
触觉效果	1. 通过振动能表达清楚信息含义吗？ 2. 振动的强度、长度、间隔需要多少？ 3. 该如何处理被错过的信息？

设计多个设备之间的联动时，还需要考虑多个模态之间的过渡和打断。模态过渡更多考虑的是关联任务之间的信息共享，在设计模态过渡时信息需要在多个模态之间顺畅地流动，但不可避免存在信息丢失或者信息失去上下文的风险。模态过渡分为用户主动和系统主动两种情况。在用户主动情况下，用户认为新的交互方式将更容易或更适合使用，并主动更改当前的交互方式。在系统主动情况下，系统认为当前交互方式不足以支撑并继续用户的活动，主动调整是最适合的交互方式。无论是哪种方式，最重要的是多模交互框架的设计，如果无法实现完整的多模交互框架，请基于以下问题思考哪些场景下需要考虑模态的切换：

（1）当前的交互方式是否符合人体工程学？

（2）当前的交互方式是否会加大用户的工作负荷并造成危险？

（3）当前的交互方式是否是效率最高的交互方式？

（4）在多人环境下，当前的交互方式是否能保护用户的隐私？

（5）用户下一步采取的行动是什么？

（6）如果要切换模态，用户将如何知道发生了改变？

（7）如果要切换模态，是否有失去上下文的风险？是否需要提示甚至警告用户？

（8）如果不能切换模态，如何提示甚至教育用户？

模态打断更多考虑的是多个不相关任务并行的情况，包括用户 / 系统发起的任务切换和主动中断。用户发起的任务切换是指用户在多台设备之间完成多个不关联的任务，例如一边用平板电脑看视频一边用计算机办公，这对于系统来说用户多种模态发出的信息有可能是不连续的。为了避免此时的模态被打断，系统对于不同任务和上下文的理解尤其重要。系统发起的任务切换是指系统发现当前存在优先级更高的任务，例如收到短信通知用户，这时候会打断用户当前操作进入新的任务，为了避免此时的模态被打断，系统应该对不同的任务划分优先级，低于当前任务优先级的任务尽量避免打扰用户。用户发起的主动中断是指用户突然一段时间内不继续当前任务，例如长时间离开了房间，这时系统应该保存还是清空任务数据需要结合任务和场景进行判断。系统发起的主动中断很有可能是当前信息或者上下文缺失，这时候应该恢复至默认状态并提示用户下一步操作是什么。无论是模态过渡还是打断，都需要多个设备之间彼此分享数据和熟悉对方在做什么，才能为用户带来更好的跨设备和多模交互体验。

10.5.4 普适计算几时能到来

其实在很早之前已经有研究学者在研究人类如何更好地与计算机进行交互，1988 年美国施乐（Xerox）公司 PARC 研究中心的 Mark Weiser 提出了普适计算（Ubiquitous Computing）这个概念。Weiser 提出新一代计算机应该具有以下特征：它是许多高度分散和互联的，通常是融入自然环境中，不可见和不需要人们有意识操作或分散注意力的计算机。普适计算的目的是建立一个充满计算和通信能力的环境，把信息空间与人们生活的物理空间进行融合，在这个融合空间中人们可以随时随地、透明地获得数字化服务；计算机设备可以感知周围的环境变化，从而根据环境变化以及用户需要自动做出相应的改变。在 Weiser 的设想中，“普适计算”设备会时刻告知人们周围发生了什么、正在发生什么，以及将会发生什么。它们会在人们需要时进入人们的注意力范围，在人们不需要时消失至人们的注意力之外，这样人们就能在各种需求之间毫不费力地切换，而且不需要思考如何处理这些设备。

基于普适计算，Mark Weiser 在 1995 年提出了新的概念“宁静技术（Calm Technology）”。他始终认为计算系统的前景是它们可以简化复杂性，而不引入新的复杂性。Weiser 认为能融入人们工作中的工具才是好工具，所以用户关注的核心应当是工作本身，而不是使用的工具，只有工具出现故障的时候才会引起人们的注意，例如钢笔没有墨水、铅笔芯断裂、雨刷器故障、停电或椅子晃动等。

所以在实现宁静技术的时代，技术将帮助人们专注于对真正重要的事情。

普适计算最重要的两个概念仍是跨设备和多模交互，两者都涉及状态管理和信息同步。目前跨设备配置更多停留在同步阶段，在不考虑多模交互的情况下，跨设备配置更多为镜像同步或者数据同步，数据同步到新设备后通过响应式设计等方法将数据重构并展现给用户。如果要考虑异步操作和多模交互的话，多个设备之间的状态管理成为整个跨设备生态环境的难题。

（1）如何解决数据的延时或者缺失导致异步操作时步骤缺失的问题？

（2）由于不同设备支持的交互不一样，例如计算机和智能音箱，如何相互转译图形界面、声音、肢体动作、手势之间的信息？（该部分将涉及语义理解）

（3）如何解决多个模态交互同时进行时的理解问题？如何管理这些信息并同步给多个跨设备？

（4）如何实现隐式交互？用户在环境中会四处走动，如何实现对各硬件的远近距离交互和渐进式参与？此时设备之间是否应该建立权重计算，权重最高的设备成为用户的操作对象？这样做是否是最好的解决办法？

（5）管理整个跨设备生态环境和解决以上问题是否需要一个独立的终端作为中枢进行管理？那么这个终端最佳硬件形态是什么？

除了以上问题，跨设备和多模交互还有很多技术和设计问题需要解决，尤其是多用户对多设备交互时产生的问题。因为人与人之间的差异，所以他们在完成相同任务时采用的方法和工作方式不同，期望和目标不同，甚至对问题的表述也不同。因此，在协作过程中用户之间必然存在某种程度的冲突，这些问题都是需要解决的。

10.6 结语：实现元宇宙的难度有多大

元宇宙（Metaverse）一词诞生于 1992 年的科幻小说《雪崩》，小说构思了一个与现实世界平行的虚拟世界，人们可以打破时空界限以数字化身（Avatar）的形式在其中生活，而且永不下线。 2018 年，斯皮尔伯格导演的《头号玩家》将这一概念带入了主流视野。 在电影所描绘的“绿洲”中，不仅不同次元的影视游戏中的经典 IP 在这里会聚，还有完整运行的社会、经济系统，无数的数字内容、数字物品都可以在“绿洲”通行。

2021 年 10 月 28 日，Facebook 宣布把公司名字改为“Meta”，并发布了一系列理念视频，CEO 扎克伯格从社交、娱乐、游戏、健身、工作等多个方面带来了对元宇宙的美好想象，用户可以随心所欲构建自己的“家”，它可以是治愈的森林小屋、极具科幻感的太空舱等，还可以随时邀请朋友来做客玩耍，而每个人在元宇宙里都以自己喜欢的虚拟形象出现。这样的社交场景，将可以通过 Meta 旗下 VR 平台的新功能 Horizon Home 实现。为了增强现实与虚拟的社交连接，Meta 将 Messenger 电话功能引入 VR 平台。用户可以在虚拟世界给现实好友拨打 Messenger 电话，随时保持联系，邀请对方加入一起玩。

在元宇宙里，娱乐不一定要亲临线下。即使人在异国，也可以随时通过“瞬间移动”抵达现场，跟朋友一起享受律动，还能以虚拟形象参与派对，进行 NFT 商品购买。通过增强现实还能跟世界各地的好友一起玩游戏，不管是下国际象棋、打乒乓球还是冲浪，都可以有新的体验，这些未来都有可能在 Meta 上实现。

海外分析师表示，多个行业对元宇宙的投入将达到数万亿美元。虽然元宇宙的概念很大，但没有人知道它具体是什么样。研发工具 Beamable 公司创始人 Jon Radoff 在他的博客中详细分析了元宇宙市场的价值链，从人们寻求的体验到能够实现这种体验的科技。更重要的是，他还提出了方法论，即由创作者支撑、建立在去中心化基础上的未来元宇宙愿景。在 Radoff 关于 Metaverse 价值链的文章中描述了无宇宙的七层价值链，如图 10-11 所示，感兴趣的读者可以自行在 Medium 阅读 *The Metaverse Value-Chain* 相关文章。

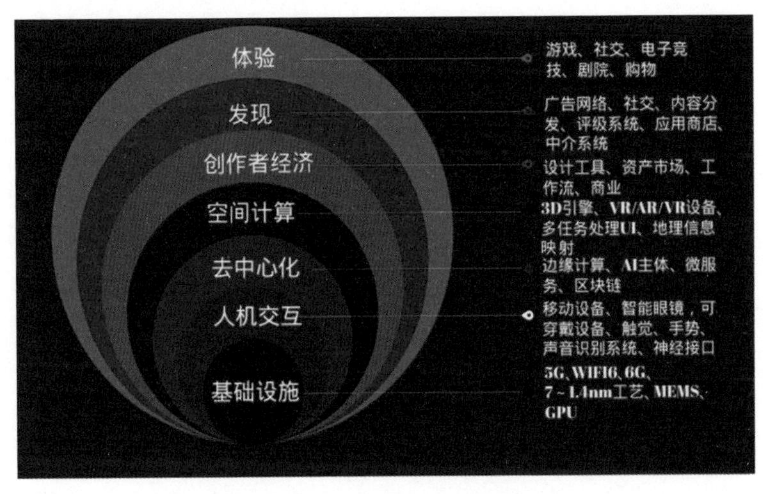

图 10-11　元宇宙的七层价值链

图 10-11 清晰描绘了实现元宇宙需要的基础设施至空间计算所需要的技术。在基础设施层面 6G 和 1.4nm 芯片仍看不到几时可以实现，数字孪生如何实现仍不明朗；人机交互层面各种多模交互融合也有不少问题需要解决，详情可以参考笔者写的《前瞻交互：从语音、手势设计到多模融合》；基于 AR 的智能眼镜仍有散热、性能、功耗等问题需要解决；去中心化层面区块链和 NFT 仍处于未明朗状态；空间计算层面的关键技术尤其是 AR、VR、空间地理制图也仍有不少技术问题需要解决。除此之外，10.1.3 节提及的人因工程学也会运用到元宇宙中，人因工程学如何支撑元宇宙这个问题业界和学术界暂没有明确的结论。所以在体验层面想实现无缝的虚实融合仍有很多跨学科的技术难题需要攻克。当有一个技术问题未解决时，上层的创作者经济、发现和体验的设计仍有很多变数，而基础设施一旦有新的突破，上层技术和商业也会有变革。

最后，笔者做个简要的总结：在未来，真实世界和数字世界将会相辅相成，无论是智能座舱、空间交互、数字人还是元宇宙，设计师可以把所有的设计抽象为对素材和流程设计。素材除了常见的 Icon、Banner、控件、组件等 UI 元素，数字人、虚拟 / 真实环境、场景动画、视频也是需要考虑的素材，如何高效率地批量生产素材将是未来不同设计工具和技术需要考虑的重点，人工智能在这方面有很大的发挥空间。流程包含了对多设备、空间、多模态、情感以及数字人交互的各个方面，除了效率、可用性等因素，用户的情感、隐私也是未来的设计重点，在这方面需要更多不同领域的研究人员和工程师制作更多的跨学科工具才能帮助设计师降低整个实现门槛。因此，未来技术将极大影响着体验和设计，设计师应该对技术有更多的了解才能更好地迎接未来。